"La vuelta de tuerca del intrigante Planeta X – 2012. Lectura imprescindible para quienes lo han asimilado y quieren sobrevivirlo."—Echan Deravy, *Código Solar*

"Escrito con un estilo de fácil lectura que honra las predicciones de 2012 de los Maya."—*Antropólogo Maya George Erikson, autor de la Atlántida en América: Navegantes del Mundo Antiguo*

"Escalofriantes ideas de cómo las élites poderosas del mundo se están preparando para el 2012. La verdad que es difícil de asimilar."—Philip Gardiner, *Sociedades Secretas, Gnosis, Los Brillantes*

"Facilita conceptos prácticos, que salvan vidas, y que tienen sentido."—Frank Joseph, *No hay Coincidencias, Supervivientes de la Atlántida, Descubriendo los Misterios de la América Antigua*

"Lectura obligada para aquellos que están por encima del debate sobre el Planeta X y que ahora quieren hacer algo al respecto."—Greg Jenner, *Planeta X y la Conexión con la Biblia Kolbrin*

"¡Tiene que estar preparado! ¡Tiene que prepararse bien! ¡Necesita este libro para el 2012!"—Andy Lloyd, *La Estrella Oscura*

"Un análisis excelente de la amenaza solar que se avecina en el 2012, y sobre cómo los gobiernos Occidentales están respondiendo al respecto."—Patrick Geryl, *Cómo Sobrevivir al 2012, El Cataclismo del Mundo en el 2012, La Profecía de Orión*

Pronóstico del Planeta X y Guía de Supervivencia al 2012

"La suerte favorece a las mentes preparadas."—*Louis Pasteur*

Pronóstico del Planeta X y Guía de Supervivencia al 2012

Jacco van der Worp, MSc
Marshall Masters
Janice Manning

Traducción al Español:
María Teresa Valencia del Rincón
Málaga - España

Your Own World Books
Nevada, USA

planetxforecast.com
yowbooks.com
yowusa.com

Todos los Derechos Reservados

Ninguna parte de este libro puede ser reproducida o transmitida en forma alguna, ni por ningún medio gráfico, electrónico, o mecánico, incluyendo fotocopias, grabación, transcripción, o mediante el uso de cualquier otro sistema de almacenamiento, sin el permiso escrito del editor.

Pronóstico del Planeta X y Guía de Supervivencia al 2012
Jacco van der Worp, MSc
Marshall Masters
Janice Manning

Edición en Español.
Primera edición: 01 2012
©2007 Your Own World, Inc.
Todos los Derechos Reservados
planetxforecast.com
yowusa.com

Formato Impreso
ISBN-10: 1-59772-125-5
ISBN-13: 978-1-59772-125-7

YOUR OWN WORLD BOOKS
Una impresión de *Your Own World, Inc.* NV USA
yowbooks.com
SAN: 256-1646

Avisos

Se ha hecho un gran esfuerzo para que este libro sea lo más completo y preciso posible, y no se ofrece ninguna garantía implícita. Toda la información que se facilita en este libro se ofrece en base a "como es". Los autores, la traductora, y el editor no están sujetos, ni se pueden considerar como responsables ante ninguna entidad ni persona con respecto a los posibles daños o pérdidas derivados de la información aquí contenida.

Marcas

Todos los términos mencionados en este libro, que sean conocidos como marcas registradas o servicios de marca, han sido capitalizados. Your Own World, Inc. No puede asegurar la exactitud de esta información, por lo que el uso de cualquier término en este libro no debe considerarse como que esté afectando la validez de cualquier marca registrada o de cualquier servicio de marca.

Tabla de Contenidos

Agradecimientos xviii

Introducción xx
    Precedente Histórico para la Evolución del 2012 xxi
    La Amenaza del Planeta X xxii
    Él Pánico del Planeta X xxii
    Sálvese Usted Mismo — No el Mundo xxiv
    La Suerte y la Mente Preparada xxv

1ªParte-Comprendiendo la Amenaza 1

1. Las Señales Precursoras del Planeta X 3
    Definición del Planeta X 4
    La Búsqueda de los Perturbadores 5
    El Descubrimiento Falso Positivo de Tombaugh 6
    El descubrimiento "Oficial" del Planeta X 6
    El Planeta X está perturbando Todo Nuestro Sistema Solar 7

2. Pronóstico del Planeta X hasta el 2014 13
    Pronóstico para el 15 de abril de 2007 17
    Pronóstico para el 15 de mayo de 2009 19
    Pronóstico para el 15 de mayo de 2011 21
    Pronóstico para el 21 de diciembre de 2012 24
    Pronóstico para el 14 de febrero de 2013 27
    Pronóstico para el 14 de julio de 2013 29
    Pronóstico para el 15 de julio de 2013 31
    Pronóstico para el 4 de julio de 2014 33

3. Informes Históricos de Sobrevuelos Anteriores 35
    Filtrando Conceptos a través del Paso del Tiempo 36

¿Por qué fue Revelada la Biblia Kolbrin?..38
El Peor Escenario Histórico Posible...39
El Mejor Escenario Histórico Posible..42

4. Escenarios del Sobrevuelo de 2012..51
Descifrando los escenarios del Planeta X en la Sagrada Biblia................51
Peor Escenario Posible, Elevación de la Inundación junto con un Reverso de los Polos...53
   Tiempo y Distancia..54
   Un Diluvio que se pueda sobrevivir 55
   Tiempo Bíblico + Distancia de Cayce = Supervivencia.........................56
   Lo que esperar..56
   Muerte en el Diluvio...57
El mejor escenario posible. Las 10 Plagas de 2012...................................58
   1ª Plaga — El Agua se Convierte en Sangre...59
   2ª Plaga — Ranas..60
   3ª Plaga — Mosquitos, Piojos o Pulgas 60
   4ª Plaga — Pulgas de los Perros...60
   5ª Plaga — Plaga del Ganado...61
   6ª plaga — Úlceras y Sarpullido Incurable..62
   7ª Plaga — Granizo Mezclado con Fuego 62
   8ª Plaga — Langostas...63
   9ª Plaga — Oscuridad...64
   10ª Plaga — Muerte del Primogénito..65
El Mensaje Global del Éxodo..66

2ª Parte - Leyendo las Señales 67

5. Sobrevivir A Lo Que Viene 69
Las 5 Etapas del Catastrofismo..70
   1ª Etapa – Desviación..70
   2ª Etapa – Toma de Conciencia 71
   3ª Etapa – Exteriorización 72
   4ª Etapa – Aceptación..72
   5ª Etapa – Iluminación...73
El Zen de los Cataclismos Evolutivos 74

Visión Dominio contra Visión Ecosistema	75
Visión Dominio	*75*
Visión de Ecosistema	*76*
Gobiernos y Conspiraciones	**77**
Programando Su Mente para la Supervivencia	**78**
Programando Sus Neuronas para la Supervivencia	*79*
Personalizando el Proceso	*80*
Cruzar ese Puente cuando Llegue a él	*81*
Leer Entre Líneas en las Noticias	**82**

6. Ver las Señales en la Atmósfera 85

Tormentas Extra-tropicales en Europa	**86**
Tormenta Extra-tropical Lothar	*86*
Tormenta Extra-tropical Martin	*87*
Huracanes del Atlántico	**89**
La Temporada de Huracanes del Atlántico de 2005	*90*
Huracán Dennis	*90*
Huracán Emily	*90*
Huracán Katrina	*90*
Huracán Rita	*91*
Huracán Wilma	*91*
Otros huracanes Primeros durante la Temporada de Huracanes del Atlántico de 2005	*91*
Comparando las Temporadas	*92*
Los Tifones y Huracanes de 2005	*93*
La Amenaza de Supertormentas Globales	*94*
Tornados	**96**
El número de Tornados	*96*
El Infierno de un Tornado F5	*97*
El Tornado de la Ciudad de Oklahoma y la Escala de Fujita	*97*
El F6 de la Ciudad de Oklahoma F6	**98**
Tornados en América y en Europa	*98*
Inundación Catastrófica	**101**
Inundación Catastrófica en Europa en 2005	*101*
Lluvias Extremas	*102*
Busque Tendencias Globales	**103**

Mejorando las Probabilidades de Supervivencia desde un Punto de Vista Global..................104

7. Viendo las Señales en los Océanos.............................105
Modelos de Pronóstico Climático actuales.................................106
Expectativas Falsas..106
Un Titanic de los Tiempos Modernos.........................107
Los Pulmones de la Tierra...108
Por qué el CO2 es el gas de efecto invernadero "Más Potente".........108
¿A dónde ha ido el Hierro?......................................109
Los fosfatos de nuestras lavadoras están matando nuestros Océanos.......110
CO2 y Oxígeno..112
CO2 y el Nivel del Mar..113
La Resonancia del Fallo...114
Las Cosas Incluso Podrían Ir a Peor............................115

3ª Parte – Lo que están Haciendo nuestros Gobiernos 117

8. Monitorizando una Tormenta Solar...........................119
Observatorios Solares con base en el Espacio............................119
Midiendo la Radiación...120
Monitoreo Solar en Rangos de los Nanómetros.........................121
Rayos Gamma — Monitoreando el Horno Interno del Sol...........121
Rayos-X — Predicción de Rayos Cósmicos......................121
X-UV — Pronosticando Tormentas Solares......................122
UV — Midiendo la Reacción del Sol al Planeta X...............122
Luz Visible — Saber Cuándo hacer Sonar la Alarma............122
Observatorios Solares..123
Ulysses (ESA, NASA)...123
SOHO Observatorio Solar y de la Heliosfera (ESA, NASA)......123
Hinode (ESA, NASA, JAXA).....................................124
STEREO, Observatorio de Relación Terrestre y Solar (NASA)....124
Proba-2 (ESA)..124
Observatorio Dinámico Solar (NASA)............................125
Satélite Solar (ESA)..125

9. **El Planeta X y las Tierras Nuevas** 127
   Los Observatorios Solares de la Tierra con base en el Espacio.............128
   Misiones y planes para estudiar planetas 128
   Midiendo la Radiación..129
   UV — Presencia del Planeta X y el Sol..*130*
   Luz Visible — Construyendo una Efemérides Fiable *130*
   Infrarrojo (infrarrojo Cercano) — Observando al Planeta X a Distancia.........*131*
   Infrarrojo Lejano — Escudriñando Un Disco Protoplanetario................*132*
   Observando al Planeta X en el Espacio..132
   IRAS — el Primer Avistamiento "Extraoficial" del Planeta X................*132*
   Astro-F — Un IRAS Nuevo, Más Potente *133*
   SPT — Viendo el Planeta X desde el Sur..*133*
   Observatorio Espacial Herschel — Escudriñando la Esencia del Planeta X...*134*
   WISE — Encontrando Enanas Marrones "Pequeñas"............................*134*
   Spitzer — El Cazador de Enana Marrón Más Moderno........................*135*
   La Búsqueda de Tierras Nuevas..135
   Hubble — Vida Nueva para un Telescopio Antiguo..............................*135*
   COROT — Un Poderoso Cazador Nuevo de Tierras Extrasolares.................*136*
   Supervivencia de las Especies..136

10. **Arcas para los Elegidos** 139
    Ningún Arca será Totalmente Segura..139
    Arcas Oceánicas..140
    Buques de Crucero Modernos como Arcas..*141*
    Crecimiento de la Industria de los Cruceros..*142*
    Convirtiendo Buques de Crucero en Arcas Oceánicas para el 2012 ....*143*
    Las Arcas Invisibles...144
    Schneider Revela una Red Global de Arcas.......................................145
    Sobre Philip Schneider...*145*
    Los Problemas de Credibilidad de Schneider......................................*146*
    La Forma de la Muerte de Schneider Transmite Credibilidad...............*147*
    Las Arcas Subterráneas y Submarinas de Schneider........................148
    La Mina Bunker Hill en Kellogg, Idaho..150
    Una Mina del Tamaño de 25 Ciudades..*150*
    Los Poderes Extrajudiciales de la EPA...*151*
    Construyendo su propia Arca..152

Revisión del Emplazamiento de los Grilletes 153
    La Reunión.. 154

4ª Parte- Defenderse Uno Mismo 157

11. Conviértase en un Rambo de 2012 159
    El Consumismo no es un Método para Sobrevivir al 2012 161
    La Brújula Moral de Rambo 162
    Saltar al Suelo Corriendo... 163
        Rambo: Primera Escena Sangrienta de Toma de Conciencia de Situación ... 164
        CS No Es Sobre Buscar Culpables.. 164
    Confíe en Su Intuición... 165
    Los Beneficios de Confiar en su Intuición... 165
        Procesamiento Simbiótico... 165
        Percepción Holística.. 166
        Conexión Emocional 166
        Rambo: Primera Escena Sangrienta de Intuición 167
    Enfrentarse al Problema.. 167
    La Esencia de Rambo.. 168

12. Enfrentarse a un Sol Violento 171
    Tormenta Solar Resumen 172
        Eyección de Masa Coronal (EMC)... 172
        Erupciones Solares... 173
        Erupciones Solares de clase-Y 173
        Tormentas Solares en Dirección hacia la Tierra.................................... 173
    Peligros de las Tormentas Solares... 174
    El Plan de Supervivencia 8-18 a una Tormenta Solar CS 179
    Zonas Seguras bajo tierra 179
        Usar los Teléfonos Móviles para Encontrar Zonas Seguras................. 181
    Zonas de Seguridad en el Hogar 182
        Refugios para Habitantes de la Ciudad.. 183
        Refugios Urbanos para Casas Independientes..................................... 184
    Protegiendo los Aparatos Electrónicos... 185
        Interrumpiendo el Circuito... 186

Jaulas de Protección...186
Jaulas de Faraday Simples para el Hogar..187

13. Hacer Frente a Recesiones Económicas............................189
En el Caos está la Oportunidad...190
Los Especuladores del Y2K..190
El Verdadero Peligro del Y2K...191
Cereales de Maíz y el Y2K...191
El talón de Aquiles del Y2K..193
Los Fantasmas del Y2K y el Planeta X..193
Nuestra Dependencia Global en el Petróleo..194
Los Estados Unidos y el Petróleo..195
El Petróleo y los Desastres Naturales...196
El Planeta X y el Pico petrolero..197
Porqué el Petróleo se ha convertido en un Imán para la Guerra..............197
La Crisis Que Se Avecina...198
Grandes Almacenes al Rescate...199
Un Momento de Esperanza para los Grandes Almacenes........................200
La Siguiente Recesión..201
El Fenómeno eBay...202
Nuestra Supervivencia...202
Velas para Nuestra Supervivencia 203
Jardines de la Victoria para Nuestra Supervivencia 203
Ropa de 2012 para Nuestra Supervivencia 204
Empiece Hoy..204

14. Mochilas y Rutas de Escape..207
Catástrofes de 3 Días..208
Lo Peor Será Peor que Antes 209
2012 y el Tsunami de San Francisco 209
Los Gobiernos Se verán Abrumados..210
Creando un Plan de Escape 210
Eligiendo su Lugar de Escape 211
Planificando la Ruta de Escape..212
Desarrolle un Sistema de Señales Simple..213
Mochilas de Espalda para Adultos..213
Eligiendo una Mochila de Espalda 214

Mochila para Adultos, Artículos No Alimentarios en Tiendas para el Aire Libre *214*
Ropa para su Mochila de Escape Que Puede Comprar en el Centro Comercial *219*
Mochila de Escape de Adultos, Artículos No Alimentarios en Casa *222*
Mochila de Escape para Adultos, Alimentos En La Casa *224*
¿Es Hora de Conseguir un Arma? **225**
De Un Modo U Otro *226*
Si Yo Tuviera un Martillo *226*

5ª Parte – Un Futuro Iluminado 229

15. El 2012 como un Evento Evolutivo 231
Evolución y Adoctrinamiento **232**
Evolución y Poder **233**
Evolución y las Élites Gobernantes *233*
El Poder de la Ignorancia *233*
El Patrimonio Evolutivo es un Esfuerzo Personal *234*
Fusionando las Teorías Evolutivas del Presente **235**
Las Tres Pruebas de la Evolución **235**
Prueba #1 — Destino (Creacionismo) *236*
Prueba #2 — Tiempo (Darwinismo) *236*
Prueba #3 — Cataclismo (Catastrofismo): *238*
¿Qué Será De Nosotros? **239**
Genes Humanos para la Supervivencia de Catástrofes **240**
Radiación Solar y Longevidad *240*
Aumento de la Radiación Solar *241*
Una Población Creciente de Índigos **241**
Índigos y el Crecimiento de la Población Global *242*
Fenómeno de Población Palomitas de Maíz *243*
El Próximo Milenio de la Paz **245**

16. Construyendo un Futuro Star Trek 247
La Visión de Futuro de Roddenberry **248**
El Impulso de la Cadena Alimentaria en el 2014 ...... **249**
Más allá del Dinero, la Pobreza y la Guerra **250**

Después de 2014...251
  Un Vistazo a las Economías Basadas en Recursos del Futuro.....................252
  El Comercio Justo frente al Comercio Libre................................252
  No Todos Somos Entidades Financieras Chupa Sangre........................253
Los que Tienen Mayor Probabilidad de Sobrevivir...................................253

Apéndice..255

Apéndice A — Análisis Técnico del Presagio......................257
Anomalías del Plasma...257
Los Cambios de Temperatura...258
Erupciones Solares...259
Perturbaciones en la Órbita de Planetas..............................260
Efectos Electromagnéticos..261
Cambios Atmosféricos y de Luminosidad................................262
Perturbaciones en la órbita de Cometas...............................264
OCK Desaparecido...266
Incremento en la Intensidad de Terremotos en la Tierra...............267

Apéndice B — Historia de la Biblia Kolbrin......................273
Ediciones Your Own World Books de La Biblia Kolbrin..................274
Idiomas de La Biblia Kolbrin...275
Idiomas Utilizados Antes de la Era Común.............................276
Idiomas Utilizados Durante la Era Común..............................276
Las Siete Ediciones destacadas de La Biblia Kolbrin..................277

Apéndice C - Pronóstico Adenda..................................281
Parámetros Orbitales...281
Encajando los datos de la órbita del Planeta X.......................282
Visión Remota..283
Construyendo una Órbita del Planeta X................................284
Las Pistas que Coinciden...285

Apéndice D - El Mecanismo Kozai y las Órbitas Perpendiculares..........287

El mecanismo de resonancia Kozai..287
  Excentricidad..*287*
  El Mecanismo Kozai...*288*
Gran inclinación en resonancia con la excentricidad.......................289
Desestabilización del sistema..290
 La Profecía de Madre Shipton..291

Apéndice E - Hierbas Medicinales y Plantas Después de 2014
....293

Apéndice F - Acerca de los Autores..301

Índice de Ilustraciones

Ilustración 1   Nuestro Sistema Solar..9

Ilustración 2   La Eclíptica..10

Ilustración 3   Órbitas Elípticas...11

Ilustración 4   Interacción Solar..12

Ilustración 5: Pronóstico del Planeta X para el 15 de abril de 2007........18

Ilustración 6: Pronóstico del Planeta X para el 15 de mayo de 2009........20

Ilustración 7: Pronóstico del Planeta X para el 15 de mayo de 2011........23

Ilustración 8: Pronóstico del Planeta X para el 21 de diciembre de 2012..................26

Ilustración 9: Pronóstico del Planeta X para el 14 de febrero de 2013........28

Ilustración 10: Pronóstico del Planeta X para el 14 de julio de 2013........30

Ilustración 11: Pronóstico del Planeta X para el 15 de julio de 2013........32

Ilustración 12: Pronóstico del Planeta X para el 4 de julio de 2014........34

Agradecimientos

Este libro es la culminación de siete años de estudio sobre el calentamiento global, las amenazas procedentes del espacio, historia antigua y profecía. Los autores están agradecidos a todos los que han apoyado la página web de yowusa.com, suscribiéndose o contribuyendo con artículos. Nuestro agradecimiento especial a:

- **Echan Deravy** por su ayuda en el desarrollo del concepto del libro.
- **Jeff Bryant** por contribuir en la elaboración artística del fondo de la cubierta del libro.
- **Mic Royal** por aportar la fotografía utilizada en la contraportada del libro en su edición impresa.
- **Greg Jenner** por su brillante análisis de *La Biblia Kolbrin*.
- **Walter Phelps** por su extraordinario apoyo y aliento.
- **María Teresa Valencia del Rincón** por traducir este libro al español para que puedan leerlo millones de hispano hablantes.

Este libro trata sobre un tema muy difícil, y los autores agradecen especialmente a sus amigos y familias por ayudarles durante el proceso. Así mismo, un grupo especial de personas inspiraron a los autores.

En mayo de 2007, los autores llegaron a una reflexión profunda. ¿Había suficientes lectores interesados en adoptar medidas con respecto a la amenaza? No sólo era importante afirmar la intención de tomar una medida, sino lo que era todavía más importante, afirmar su deseo de estar dispuestos a adoptar una medida basándose en una corazonada o instinto. Tras siete años de estudio, los autores identificaron la habilidad de una persona de confiar en su instinto o corazonada como el rasgo más importante de todos para sobrevivir al 2012.

Para reconocer este rasgo, elaboramos y publicamos un anuncio simple de pre-venta de este libro en yowusa.com, compuesto por 4 párrafos, para una primera edición limitada. El anuncio ofrecía el libro, sin vista previa del mismo, y lo describía de forma incompleta para descartar los compradores convencionales. El propósito era el de atraer a aquellos que tenían el mejor rasgo de supervivencia de todos al 2012. La habilidad de tomar una acción independiente. La respuesta fue sustancial y gratificante.

Por consiguiente, los que adquirieron la primera edición limitada del libro demostraron que el número de pensadores independientes que están llevando a cabo su propia investigación acerca del Planeta X está aumentando. No sólo saben que "lo quieren", sino que quieren sobrevivir a ello. Esto alentó a los autores para agregar niveles más profundos de contenido en el libro.

Los clientes de la primera edición limitada, citados a continuación, han permitido que los autores les expresen públicamente su agradecimiento: *Kurt Mrowicki, Duncan "Supra" Murray, Nicolaas Joubert, Rene Aries, Rev. William G. Gallagher (jubilado), W.C. Brainerd, Walter Winslow Phelps, Kevin Costa, James McCullough y Marilynn Haun.*

Introducción

El Planeta X es un término genérico utilizado para describir un gran, y todavía desconocido, objeto en nuestro sistema solar. Conocido como Nibiru por los antiguos Sumerios, es mucho más grande que el tamaño de la Tierra y tiene una amplia órbita de tiempo de aproximadamente unos 3600 años. El año 2012, por lo general, se identifica con un periodo de eventos catastróficos pronosticados por los antiguos mayas.

¿Qué es el Planeta X? Podría ser un cometa, un planeta interestelar, o como se mantiene en este libro, una enana marrón, en extinción, compañera del Sol. En los próximos años, su órbita elíptica hará que entre en el núcleo de nuestro sistema, donde activará nuestro Sol. Una vez que esto suceda, tendrán lugar los mayores sufrimientos de la Tierra; será el momento en el que el destino nos pondrá en la línea de fuego de una tormenta solar perfecta.

Sea lo que sea este enorme perturbador, la búsqueda del Planeta X se remonta al descubrimiento de Urano en 1781. Descrito en numerosos textos antiguos y en el folclore de los indígenas de todo el mundo, las predicciones de su retorno son numerosas.

Los datos científicos del presagio de este inminente sobrevuelo también están saliendo a la luz a un ritmo creciente y ya no pueden seguir siendo ignorados. Este es el motivo por el que muchos que han investigado el tema por su cuenta ahora creen que ha llegado el momento de tomar medidas. En resumen, ya "lo saben" y ¡ahora tienen la necesidad de sobrevivir a ello!

El propósito de este libro es el de ayudar a aquellos que están de acuerdo en que el tiempo es oro. Y cumple este propósito facilitando un práctico conjunto de herramientas que explica cómo sobrevivir al 2012, para aquellos que se vean abandonados a su suerte.

No importa si cuenta con los recursos económicos para construirse un búnker o si apenas tiene dinero para una pala, la información contenida en este libro está diseñada para ser útil igualmente. Esto es porque la clave para sobrevivir al 2012 radica más en lo que tiene en su cabeza que en lo que tiene en su cartera.

No hay garantías. Lo mejor que puede hacer es mejorar sus probabilidades de supervivencia, que no tiene por qué significar que tenga que construir un búnker mejor. Por el contrario, como decía Louis Pasteur: "La suerte favorece a las mentes preparadas."

El mensaje de Pasteur para el 2012 es sencillo. Cuanto mejor preparado esté, tanto mental como emocionalmente, más probabilidades tendrá de reconocer y sacar provecho a las oportunidades de supervivencia, de forma útil y a su debido tiempo.

Por ello, el primer paso para mejorar sus probabilidades es el de preparar su mente para la supervivencia. No hace falta que se ponga a estudiar álgebra, tan sólo que invierta un poco de su tiempo. El proceso es simple, y este libro le enseñará lo fácil que es comenzar. Cuanto antes empiece, mayores serán sus probabilidades de supervivencia.

Así mismo, haga caso omiso de los promotores del miedo cuando dicen que los terribles acontecimientos que tendrán lugar en el 2012 harán que la humanidad se vea sumergida de nuevo en algo parecido a la edad de piedra, un estado que parece extraído de una película. Sucederá lo contrario.

Cuando los historiadores del futuro miren atrás al 2012, lo que verán no serán las catástrofes sino más bien la evolución de la humanidad. Un buen ejemplo de ello es la Peste Negra (o Peste Bubónica) del siglo XIV. Sirve como un precedente histórico perfecto del 2012.

Precedente Histórico para la Evolución del 2012

En el contexto de un mundo posthistórico, los sufrimientos globales del 2012 superarán con creces los de la Peste Negra. Según algunos cálculos, esta devastadora pandemia del siglo XIV asoló Europa y causó la muerte a dos tercios de la población.

Esta repentina y masiva despoblación no sólo causó un inmenso terror y sufrimiento, sino que ocasionó una evolución.

La Peste Negra rompió la supresión de miles de años de la Iglesia con respecto a la filosofía secular y la ciencia. Esto sembró la semilla de la iluminación para la venida del Renacimiento a través de dos consecuencias importantes de la despoblación masiva: el pensamiento independiente y la automatización.

- **Consecuencia a Corto Plazo:** muchos de los supervivientes se vieron menos inclinados a seguir los designios del Papa. Empezaron a pensar con mayor independencia porque la Iglesia mostró ser impotente ante esta misteriosa catástrofe natural. Desilusionados, comenzaron a buscar respuestas en otra parte. Uno de los primeros beneficios de esta tendencia hacia el pensamiento independiente fue el surgimiento de la ciencia médica.

- **Consecuencia a Largo Plazo:** el impacto económico de una gran reducción en la mano de obra fue muy grande. De ahí surgió el desarrollo de la automatización, para reemplazar lo que anteriormente había sido una abundancia de mano de obra barata. Un ejemplo excelente, del desarrollo de la tecnología provocada por la Peste Negra, fue la invención de la Imprenta de Gutenberg a mitad del siglo XV.

Es probable que en el 2012 suframos una catástrofe mucho peor que la de la Peste Negra del siglo XIV. Sin embargo, hay algo que debemos tener en cuenta. Los que puedan superar el 2012 con dignidad, vivirán para ayudar a sembrar la semilla de una evolución en el futuro. Una en la que la humanidad resurgirá, como un ave Fénix, convertida en una raza mucho más espiritual y compasiva.

Con un futuro noble y esperanzador, este asunto se convierte en algo bastante simple. ¿Cómo iremos de aquí a allí, y con quién? La respuesta a estas preguntas se inicia con la amenaza en sí misma.

La Amenaza del Planeta X

La mayor amenaza a la que nos enfrentamos no es el Planeta X en sí mismo, aunque azotará la Tierra con terribles tormentas de meteoritos y otros eventos de gran impacto. Por el contrario, lo peor serán las catastróficas interacciones entre nuestro planeta y el Sol.

Huelga decir que no estamos siendo amenazados por un solo objeto o elemento en el 2012. Tampoco experimentaremos sólo un día de catástrofes, en un sentido Bíblico. ¿Qué podemos esperar? Una serie de catástrofes, que parecen desplazarse a cámara lenta por el mundo, y que nos afectarán a escala global.

Como lo ha hecho en el pasado, el sobrevuelo del Planeta X desatará una convergencia de múltiples eventos catastróficos, provocados por el hombre y naturales, que tendrán lugar durante años. Una vez la pesadilla haya pasado, los supervivientes surgirán para crear el próximo Renacimiento de Oro de la humanidad.

Mientras tanto, ¿cuándo comenzará esta serie de catástrofes? Ya ha empezado.

Él Pánico del Planeta X

El debate actual sobre el calentamiento global ha conseguido un resultado notable. El bloqueo. Como dice el viejo refrán, ver es una cosa, creer es otra. Cuando nuestra atención es desviada lejos de lo que realmente importa, ¿qué vamos a creer? De hecho, ¿realmente nos preocupa?

Esto parece encajar más con el calentamiento global, porque mientras se utilicen conjeturas para desviar la atención de la amenaza grave (y costosa), eso es exactamente lo que harán la mayoría de las personas. Verse desviadas – y, además, felizmente.

La razón por la cual funciona este desvió de atención del calentamiento global se puede atribuir a una omisión conveniente. La cercana distancia entre el Planeta X y nuestro Sol es la causalidad primaria del calentamiento global en la Tierra.

La razón es la misma para Marte y Plutón, que también están mostrando signos obvios de sufrir un calentamiento global. Por lo tanto, muchas de las cuestiones del calentamiento global ciertamente son cíclicas, porque los sobrevuelos del Planeta X son cíclicos por naturaleza.

La contaminación provocada por el hombre es muy real, pero sólo agrava el problema central. No obstante, sigue siendo una preocupación muy seria. Esto es debido a que estamos empujando la resistencia de nuestra biosfera, hacia un punto sin retorno de fallo catastrófico.

Todos los datos están ahí. Pero, ¿qué falta? El contexto de una omisión conveniente.

Sin el contexto adecuado, las preocupaciones provocadas por los cambios en la Tierra probablemente no servirán como prueba principal del Planeta X. Además, los medios de comunicación corporativos de las agencias de noticias evadirán la presencia de esta amenaza, durante el máximo tiempo posible. Su intención será la de evitar que se desate el pánico en la población. Después de todo, eso haría que la mayoría de las personas no acudieran a su trabajo y dejaran de pagar los impuestos.

Por lo tanto, el debate seguirá divagando hasta que algo más grande lo acelere. Ese algo será el Planeta X, conforme se aproxime al núcleo de nuestro sistema solar. Una gran bola de fuego y escombros lo precederá, muy parecido a una procesión real. A su debido tiempo, invadirá el espacio que rodea la Tierra, y será entonces cuando todos realmente "lo comprendan".

Al principio, comenzaremos a ver interrupciones en las comunicaciones, conforme el Planeta X empiece a interferir en los canales. Serán especialmente vulnerables las redes de televisión por cable, porque dependen de las comunicaciones vía satélite en una órbita geoestacionaria.

A cierta distancia, se verán afectados las televisiones satélites por cable y los satélites del Sistema de Posicionamiento Global (GPS), usados por los sistemas de navegación utilizados en los vehículos militares, líneas aéreas y automóviles.

Una órbita geosíncrona (GEO) permite a un satélite coincidir con las 24 horas del día de la Tierra. Por consiguiente, siempre está apuntando al mismo lugar de la Tierra. A esto se le llama una huella, y lo que hace que funcione es el hecho de que el satélite está estacionado en el espacio a una distancia de 36 000 kilómetros (22 369 millas) de la Tierra.

Por otro lado, un satélite en una órbita terrestre baja (LEO), estará aproximadamente entre 193 y 2000 kilómetros por encima de la superficie de la Tierra. Para ayudarnos a ver esto en perspectiva, el satélite LEO, de la Estacional Espacial Internacional (ISS), se encuentra a 333,3 kilómetros por encima de la Tierra.

Entonces, ¿cómo irán progresando los acontecimientos?

Cuando el polvo y los restos del Planeta X empiecen a golpear los satélites GEO utilizados para las redes de televisión por cable, entonces empezaremos a ver cómo los canales de televisión dejen de funcionar conforme se vean dañados los transpondedores de los satélites y fallen.

Al principio, estas interrupciones serán manejables, ya que estos satélites normalmente manejan muchos canales. Las emisiones afectadas de otros transpondedores del satélite rápidamente restablecerán la programación. Sin embargo, con el paso del tiempo, el aumento en los daños de impacto dejará un número cada vez mayor de satélites de comunicación GEO inutilizados o dañados.

Conforme nos acerquemos al 2012, los espectadores verán más interrupciones y progresivamente, menos canales. Durante este tiempo, las redes de televisión por cable se apresurarán en cambiar a redes submarinas y subterráneas de comunicación por fibra óptica. No obstante, tendrán que competir con cada vez menos recursos, por lo que no será una panacea fácil.

Finalmente, regresaremos a la época de la televisión por cable de los años 70 teniendo entre 20 a 40 canales de programación. Pero, incluso así, todavía habrá muchos que dejarán que los detractores del Planeta X disipen sus preocupaciones.

Al final, ¿la gente cuándo hará sonar la alarma? Es muy probable que esto suceda cuando la bola de polvo y restos que rodean al Planeta X finalmente alcancen la órbita terrestre baja. Será entonces cuando la NASA se vea obligada a abortar una misión tripulada a LEO.

Peor aún, los astronautas de la Estación Espacial Internacional (ISS) podrían verse obligados a abandonar su nave de forma repentina y regresar a la Tierra en una nave de evacuación de emergencia. Si los controladores desde tierra no logran mantener la órbita de la estación, la ISS caerá a la Tierra en un incontrolado descenso en picado. Será entonces cuando, sin lugar a dudas, suenen las alarmas del Planeta X.

Sálvese Usted Mismo — No el Mundo

La gente finalmente despertará, pero desgraciadamente para entonces será demasiado tarde. Llegado ese momento, la Tierra habrá cruzado el umbral hacia el peor periodo del sobrevuelo del Planeta X. Como una mujer que se va a poner de parto, las noticias malas volarán a un ritmo acelerado y con una gravedad cada vez mayor.

En este punto, el noble impulso de salvar a todos será ingenuo e inútil. Si está preparado, mantenga su enfoque en su zona inmediata de supervivencia. No importa lo fuerte que pueda sonar esto, sálvese usted mismo y a quienes pueda.

Intentar salvar a quienes se han visto abrumados por la rápida sucesión de eventos catastróficos será tan peligroso como intentar salvar a quien se está ahogando. Acercarse cuando están luchando por mantener la cabeza fuera del agua, hará que le golpeen y le dejen sin sentido. Después, le arrastrarán hacia el fondo para ahogarse con ellos.

Para quienes eligieron retrasar su preparación, éste será su momento de "cruzar ese puente cuando llegue a él". Antes de que ellos lleguen a este punto, usted ya estará bien lejos y de camino hacia un cielo seguro. Puede que ellos sobrevivan y usted no. ¿Quién sabe? Sin embargo, ¿cómo desea decidir sobre este asunto?

Es por eso que este libro no trata sobre juzgar ni sobre ser juzgado. Se trata de la elección. Puede elegir prepararse, o no hacerlo. Con cualquiera de las dos opciones, no hay garantías. Dicho esto, vale la pena recordar el consejo de Louis Pasteur: "La suerte favorece a las mentes preparadas".

La Suerte y la Mente Preparada

Antes del ataque a Pearl Harbor, el 7 de diciembre de 1941, expertos de la Agencia de Inteligencia de América, intentaron desesperadamente descifrar una información que habían obtenido. Sabían que Japón iba a lanzar un ataque y el motivo, pero no lograban descifrar el cómo, dónde y cuándo del rompecabezas. Como consecuencia de ello, fallaron en prepararse a tiempo y el resultado fue una humillante derrota en Hawái. Posteriormente, América se vio inmersa en la segunda guerra mundial.

Lo curioso es que no tenía por qué haber sucedido de ese modo. En 1924, el general Billy Mitchell advirtió a la Marina de los Estados Unidos con bastante antelación. Ardiente defensor de la fuerza aérea, preveía los objetivos de expansión de Japón en el Pacífico. Entregó un informe de 323 páginas a la Marina, en el que pronosticaba con todo detalle el ataque sobre Pearl Harbor.

Mitchell fue un hombre que había que tomar seriamente. En su época, fue un líder visionario de la aviación, y el bombardero B-25 Mitchell de la segunda guerra mundial recibió su nombre. Este bombardero se utilizó en el ataque de la operación Doolittle sobre Tokio, que sacudió la arrogancia imperialista de Japón en 1942.

En su informe de 1924, Mitchell predijo que los japoneses atacarían Pearl Harbor a las 07:30 horas, el 7 de diciembre de 1941. Su ataque finalmente tuvo lugar a las 07:55 horas, ese mismo día. También pronosticó un ataque aéreo sobre Clark Field, a las 10:40 horas, ese mismo día. El ataque se produjo, ese día, a las 12:35 horas.

Si la Marina hubiese leído el informe de Mitchell en 1924, América hubiese vivido un desenlace totalmente diferente. En su lugar, la Marina decidió mofarse y ridiculizar su informe y, por ello, sellaron el destino de un número sin determinar de marineros y soldados, todo ello mediante un simple acto de arrogante desviación.

Siguiendo en la línea del informe del general Mitchell de 1924, este libro ofrece una visión pragmática de lo que va a acontecer en el año 2012. Basado en años de continua investigación y la publicación de numerosos artículos, libros, y cursos de audio sobre este tema, ofrece una síntesis de estos datos de forma sencilla. La esperanza es que usted lo revisará y que después decidirá por sí mismo.

Si el general Mitchell estuviera vivo hoy en día, seguramente diría que la forma arrogante en la que se mofaron de él en 1924 no es lo que más le dolió. Huelga decir que, en su lugar, fueron las muertes de los ciudadanos americanos que tuvieron lugar el 7 de diciembre de 1941, como consecuencia directo de ello. Por lo tanto, la razón de este libro no es la de llevar la razón. ¡Es para salvar vidas! Haga con él lo que quiera.

El Lema de Marshall

El destino llega a los que escuchan,
y la suerte encuentra al resto.

Por lo tanto, aprende cuanto puedas aprender,
haz lo que puedas hacer,
¡y nunca pierdas la esperanza!

1ª Parte Comprendiendo la Amenaza

> "Oscurecido por el Sol
> Enfrentamiento apocalíptico
> Las ciudades se derrumban
> ¿Por qué debemos morir?
>
> La destrucción de la humanidad
> Bajo un cielo pálido gris
> tenemos que resurgir..."
>
> —*Sepultura, El Resurgir (1991)*

Muchos han intuido la amenaza del Planeta X y el 2012 durante décadas, y observaciones científicas recientes ahora están añadiendo nuevas dimensiones a nuestros miedos más profundos. Comprender la verdadera naturaleza de esta amenaza es primordial para la supervivencia humana, tanto a nivel personal, y como una especie.

1
Las Señales Precursoras del Planeta X

Un asunto interesante con respecto al Planeta X es que la mayoría de nosotros nos vemos inmersos en este tema por coincidencia. Un día, algo extraño atrapa nuestra atención y nos pica la curiosidad. Entonces, cuando rozamos la nebulosa, se caen las vendas, y empezamos a ver las señales precursoras de la aproximación del Planeta X.

Vemos nuestro Sol, planetas y lunas afectados por su aproximación cuando los cometas se deshacen de forma misteriosa. Visto en conjunto, estas observaciones nos muestran las señales de algo grande en nuestro sistema Solar.

Nota de Prensa de la NASA, 1992.

"Desviaciones inexplicables en las órbitas de Urano y Neptuno apuntan a un gran objeto exterior del sistema solar de 4 a 8 veces la masa de la Tierra, en una órbita muy inclinada, más allá de 11,2 billones de kilómetros del Sol".

Con el tiempo, los hechos se acumulan en nuestros pensamientos, y entonces se caen las vendas. Es como si estuviésemos en un teatro oscuro mientras el técnico que está a cargo de la iluminación va encendiendo las luces de cada fila del teatro. Bajo la luz deslumbrante, nos preguntamos a nosotros mismos: "¿Estoy viendo lo que estoy viendo, o es que he enloquecido?".

Este capítulo responde esta pregunta de dos formas. En primer lugar, para decirle que ¡no se ha vuelto loco! Desgraciadamente, esta afirmación no hará que lo que nos depara el futuro sobre el Planeta X y los estragos que ocasione desaparezcan, pero le ayudará para soportarlo mejor.

La segunda meta es la de ayudarle a explicárselo a sus allegados, con una presentación simple, que puede hacer en un papel. Si siente el impulso de anunciar esta amenaza a todo el que pueda aguantar el tiempo suficiente como para escuchar su explicación, no haga caso de este impulso. El Planeta X es un asunto al que tiene que llegar cada persona por sí misma, y tratar de evangelizar al prójimo sólo hará que se rían de usted como le sucedió a Noé en la historia Bíblica del diluvio.

Recapacite. ¿Cuántos tuvieron la visión de futuro para preguntar? "Noé, ¿tienes algo disponible en forma de cabinas por encima de la línea de flotación?" En su lugar, lo ridiculizaron y humillaron, y sabemos cómo terminó este asunto. Por lo tanto, debe ser su propio Noé, y enfocarse en salvar a quien pueda.

Si alguien le pregunta sobre el Planeta X, y su interés es de verdad, hágale una presentación en un papel como la que le mostramos en este capítulo. Si quieren pruebas más fehacientes, dígales que consulten el "Apéndice A, Análisis Técnico de los Precursores" en el anverso de este libro, y termine su presentación aquí. Cuando estén preparados para abrir sus mentes, volverán, y entonces estarán dispuestos a escuchar lo que tenga que decirles. Cuando lo hagan, empiece su presentación con nuestra visión histórica del proceso científico del descubrimiento que ha conducido a nuestro conocimiento actual del Planeta X.

Definición del Planeta X

El término Planeta X es un término genérico utilizado por los astrónomos para referirse a un planeta todavía por descubrir. Cuando hable del Planeta X con otras personas, puede que se encuentre con la idea errónea de que el Planeta X es un planeta enano, descubierto recientemente, llamado Eris (anteriormente Xena).

Esto es una cortina de humo, porque Eris no es el Planeta X. La confusión es el resultado de una coincidencia. Plutón y Eris no tienen la masa necesaria para ser el Planeta X. De hecho, ambos son más pequeños que su propia luna y han sido clasificados como planetas enanos.

Por otro lado, cuando alguien le pregunte: "¿El Planeta X es el mismo que Nibiru?" Responda entonces con un gran "¡Efectivamente!" Y conceda un premio a su interlocutor.

De hecho, el Planeta X del que hablamos en este libro se encuentra suficientemente documentado en el folclore antiguo y en los textos sabios de todo el globo, y se le conoce por muchos nombres distintos.

Según el destacado autor e investigador Zecharia Sitchin, los antiguos sumerios lo llamaron Nibiru. Igualmente, *La Biblia Kolbrin* facilita numerosas menciones históricas con respecto a anteriores sobrevuelos del Planeta X, y sus libros fueron escritos por los egipcios tras el Éxodo y por los celtas tras la muerte de Jesús.

Según esta antología secular, los egipcios llamaron al Planeta X el Destructor, como lo confirman los pasajes que hay en la Santa Biblia. Los antepasados druidas de los celtas lo denominaron el Aterrador.

Sin embargo, hasta que este elusivo perturbador sea avistado oficialmente, el nombre a utilizar tendrá que seguir siendo el término genérico de Planeta X, el planeta por descubrir. Un término moderno que puede rastrear sus raíces hasta el descubrimiento de Urano en 1781.

La Búsqueda de los Perturbadores

La búsqueda actual del Planeta X en realidad comenzó en la edad de oro de la ciencia, cuando los astrónomos y matemáticos descubrieron los planetas Urano y Neptuno mediante un proceso intelectual y de observación. El punto de partida de este proceso fueron las perturbaciones observadas en el planeta Saturno.

El término "perturbación" se utiliza en astronomía para describir cómo la órbita de un objeto, por ejemplo un planeta, se puede ver alterado como resultado de una interacción gravitacional con uno o más objetos. Usando una analogía, podríamos decir que las bailarinas de la danza del vientre nos entretienen con el movimiento o perturbación de sus caderas (es el movimiento el que atrapa nuestra vista).

Durante milenios, el precioso planeta anillado de Saturno fue el planeta más lejano que podíamos observar a simple vista, pero después de que los holandeses comenzaran a construir y a utilizar telescopios potentes en el siglo XVII, las cosas cambiaron.

A corto plazo, los primeros astrónomos observaron perturbaciones en la órbita de Saturno y esto condujo a William Herschel, un astrónomo británico de nacimiento alemán, a descubrir el planeta Urano en 1781. En ese momento, "el juego del Planeta X estaba en marcha", parafraseando al personaje de Sherlock Holmes.

Con la vista de muchos curiosos centrada ahora en Urano, también se observaron perturbaciones en la órbita de este planeta descubierto recientemente. Esto condujo al astrónomo y matemático británico John Couch, en el siglo XIX, a predecir la existencia y posición de este perturbador completamente nuevo, únicamente a través de las matemáticas. Esto a su vez, produjo el descubrimiento de Neptuno en 1846, por el astrónomo alemán Johann Galle. ¡Una hazaña increíble!

Observaciones posteriores mostraron que, tal y como sucedía con Saturno y con Urano, la órbita de Neptuno también estaba siendo perturbada. Esto condujo al matemático francés Urbain Le Verrier, a anunciar que todavía había otro perturbador más allá de Neptuno. Y en esencia, así es como pensamos que comenzó la búsqueda moderna para encontrar al Planeta X. Sin embargo, a diferencia de anteriores descubrimientos, éste ha sido más problemático.

El Descubrimiento Falso Positivo de Tombaugh

A principios del siglo XX, Percival Lowell fundó el Observatorio Lowell en Flagstaff, Arizona, y comenzó a rastrear el cielo nocturno en busca del perturbador de Neptuno, donde lo había pronosticado Urbain Le Verrier en 1846.

Los intentos de Lowell por descubrir el Planeta X fallaron, pero 14 años después de su muerte su asistente, Clyde Tombaugh, descubrió Plutón en 1930.

Plutón enseguida se llevó dos honores. Fue clasificado como un planeta, a pesar de que la propia luna de la Tierra era la mitad de grande que Plutón, y fue aclamado como el perturbador de Neptuno. Durante un breve tiempo, Tombaugh fue el descubridor del elusivo Planeta X. Entonces, los matemáticos empezaron a hacer números.

Una vez que se procesaron los números, se llegó a probar que Plutón era demasiado pequeño como para poder ser el causante de las perturbaciones en la órbita de Neptuno. Por lo tanto, no tenía derecho a ser clasificado como el Planeta X. Peor aún, Plutón recientemente ha sido degradado de "planeta" a "planeta enano", lo que sólo demuestra que la fama es igual de efímera en astronomía como lo es en Hollywood.

Esto nos devuelve a la búsqueda del Planeta X de Urbain Le Verrier, que comenzó en primer lugar en 1846, porque hasta hoy en día, no ha habido ninguna explicación satisfactoria que contradiga la teoría de Le Verrier.

El descubrimiento "Oficial" del Planeta X

Muchos investigadores del Planeta X creen que el Planeta X fue fotografiado extraoficialmente por primera vez en 1983, por el Satélite Astronómico Infrarrojo de la NASA (IRAS). Esta creencia aumentó en abril de 2006, cuando yowusa.com fue el primero en publicar un artículo sobre el Telescopio del Polo Sur (SPT), ubicado en la Estación del Polo Sur Amundsen-Scott en la Antártica.

Un observatorio por infrarrojos altamente sofisticado, el SPT, comenzó a funcionar a principios de 2007. Se trata del instrumento perfecto, situado en el lugar perfecto, y en el momento perfecto, para observar el Planeta X, y podría estar monitoreando el Planeta X, incluso mientras este libro se dirige a la imprenta.

Hasta que el Gobierno de los Estados Unidos declare abiertamente y anuncie que el Planeta X se encuentra entre nosotros, este perturbador tendrá que seguir "oficialmente" en la sombra. Sin embargo, si tiene previsto hacer un seguimiento cercano de este tema, un candidato probable a difundir el anuncio "oficial" del avistamiento será el Proyecto Wormwood del Observatorio Solar Learmonth. Especializado en el estudio de amenazas Planetarias y restos espaciales, ubicado en el Cabo Noroeste del Oeste de Australia.

Hasta que el Proyecto Wormwood, u otra persona, acredite "oficialmente" el avistamiento del Planeta X, ¿significa esto que tenemos que basar la creencia en este objeto como un acto de fe? ¡No, por Dios!

El Planeta X está perturbando Todo Nuestro Sistema Solar

Como hemos mencionado anteriormente, fueron las perturbaciones en la órbita de Saturno las que condujeron al descubrimiento de Urano. A su vez, las perturbaciones en la órbita de Urano hicieron que se descubriera Neptuno. La cuestión es que encontramos objetos en nuestro sistema solar más bien como cazadores que encuentran su meta persiguiendo pistas y otras señales.

Cuando aplicamos el mismo método, probado anteriormente para descubrir el Planeta X, nos encontramos con toda una legión de señales de presagio, en todo nuestro sistema solar. He aquí cómo son:

- **Sol.** Más actividad desde el año 1940 que durante los 1150 años anteriores. El próximo ciclo solar (#24) será el más violento de la historia y alcanzará su pico máximo en el año 2012.

- **Mercurio.** Violentamente activo debido a su proximidad con el Sol. Los científicos se vieron sorprendidos recientemente al descubrir hielo polar y un campo magnético más potente de lo esperado.

- **Venus**. Los cambios sutiles casi se pierden en el caos de su atmósfera, pero recientemente se ha observado un aumento de un 2500 % en la luminosidad de las auroras de este planeta, junto con importantes cambios atmosféricos globales.

- **Tierra:** El debate sobre el "calentamiento global" ha terminado, y ahora estamos experimentando más fenómenos climáticos severos que nunca.

- **Marte:** Nunca ha habido un debate sobre el "calentamiento global" con respecto a Marte. Simplemente tuvo lugar, junto con tormentas enormes y la desaparición de sus capas de hielo polar.

- **Júpiter:** Se ha observado un aumento de más del 200% en la luminosidad de las nubes de plasma que lo rodean, y recientemente se ha descubierto un calentamiento significativo en sus lunas.

- **Saturno.** La corriente en chorro del ecuador del planeta se ha ralentizado drásticamente en menos de 20 años, además, ahora hay un gran aumento en los rayos gamma (en las frecuencias de los rayos-X), que están emanando cerca del ecuador. Como en Júpiter, la actividad de las auroras -en la región de rayos gamma de Saturno - ha aumentado su brillo de forma significativa.

- **Urano.** Se han observado cambios significativos en las nubes de Urano. Son más numerosas, activas y brillantes. Este comportamiento no tiene explicación teniendo en cuenta la capacidad inherente del planeta de crear este tipo de nubes.

- **Neptuno.** En 1846, Le Verrier dijo que el Planeta X era el perturbador de Neptuno, y tenía toda la razón. ¡Neptuno es el arma humeante! Desde 1996, se ha observado un aumento de un 40% en el brillo atmósferico del planeta, junto con un sistema tormentoso extremadamente activo. Neptuno no tiene la habilidad natural como para provocar este tipo de anomalías. Al mismo tiempo, se encuentra demasiado alejado del Sol para verse perturbado por el aumento en su actividad solar. Por lo tanto, esta energía sólo puede proceder de un perturbador invisible.

- **Plutón.** En 1989, después de alcanzar su punto más cercano al Sol en su órbita, el planeta comenzó a mostrar pruebas de un "calentamiento global" similar al de la Tierra y Marte, y esto no se puede explicar mediante un clima estacional. La presión atmosférica aumentó más de un 300%, mientras que la temperatura media de la superficie subió 2 grados centígrados, conforme se alejaba del Sol.

Por supuesto, esto plantea la siguiente pregunta: "¿Dónde están buscando el Planeta X?" Es hora de coger un papel y un lápiz, ya que tendrá que explicar algunos conceptos astronómicos básicos con respecto al Planeta X.

Las siguientes ilustraciones le darán el conocimiento necesario para que pueda explicarlo de forma simple en un papel a quienes tengan poco o nada de conocimientos sobre astronomía. Una vez más, recuerde no empezar a explicar nada de esto hasta que no se lo pregunten.

Conceptos Básicos

Sistema Interior:
- Mercurio (0.387 UA)
- Venus (0.723 UA)
- **Tierra (1.000 UA)**
- Marte (1.524 UA)
- Cinturón de Asteroides

Sistema Exterior:
- Júpiter (5.203 UA)
- Saturno (9.537 UA)
- Urano (19.191 UA)
- Neptuno (30.039 UA)

Nube de Oort:
- Plutón (39.482 UA)
- Eris (67.668 UA)
- Planeta X (237.5 UA)

No a Escala

Nuestro Sistema Solar

UNIDAD ASTRONÓMICA (UA):
La distancia media entre la Tierra y el Sol.

Aprox. 150 millones de kilómetros (93 millones de millas)

SISTEMA INTERIOR:
Se conoce como el núcleo del sistema. Alberga cuatro planetas densos y de composición rocosa. El cinturón de asteroides entre Marte y Júpiter es la frontera entre los sistemas interior y exterior.

SISTEMA EXTERIOR:
También llamado sistema medio. Es el lugar donde se encuentran los gigantes de gas. Junto con sus lunas del tamaño de planetas, comprenden el 99% de toda la materia que orbita a nuestro Sol.

Júpiter se deshace de la mayoría de los asteroides y cometas que, de lo contrario, impactarían contra la Tierra. De ser un poco más grande, tendrá la masa suficiente como para convertirse en una enana marrón como el Planeta X.

NUBE DE OORT:
Hay dos áreas principales. La nube de Oort interior (cinturón de Kuiper) y la nube de Oort exterior. Dentro de estas impresionantes regiones se encuentran zonas más pequeñas como el vacío de Kuiper y el disco disperso.

ENANA MARRÓN:
Nuestro Sol tiene un gemelo menor. Una estrella fallida llamada enana marrón. Recientemente, los científicos han descubierto que las enanas marrones son la estrella más común en nuestro universo. Es muy probable que el Planeta X sea una enana marrón en una órbita inestable

Ilustración 1 — Nuestro Sistema Solar

Conceptos Básicos

La Eclíptica

ÓRBITAS NORMALES ALREDEDOR DE LA ECLÍPTICA:

Imagínese en el centro del sol. Entonces, lance un rayo láser desde el centro del sol en cada dirección - a través de su ecuador - a través de los planetas de nuestro sistema solar - y afuera, al espacio profundo. Al final del rayo están los doce signos del zodiaco. En medio se encuentran los planetas en nuestro sistema solar. Orbitan de Este a Oeste, o de Oeste a Este alrededor del Sol, muy cerca o directamente en el plano de nuestro rayo láser imaginario.

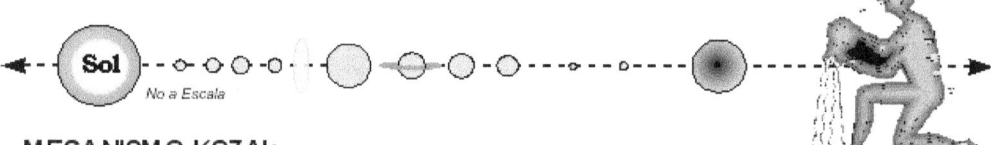

MECANISMO KOZAI:

Usado por los astrónomos para describir cómo se comportan los objetos grandes cuando orbitan los unos a los otros. En la ilustración de arriba, los planetas están orbitando en, o cerca de la eclíptica. Se trata de un movimiento satisfactorio, porque siguen órbitas predecibles.

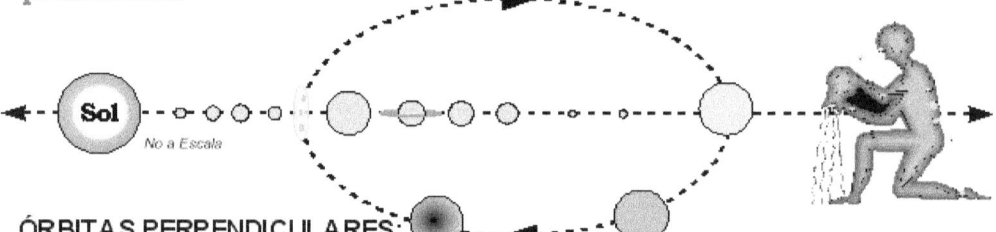

ÓRBITAS PERPENDICULARES:

Contrariamente a nuestros planetas, los objetos con órbitas perpendiculares siguen un camino de Norte a Sur, o de Sur a Norte, que los conduce bastante por debajo o bastante por encima de la eclíptica. El mecanismo Kozai nos enseña que esos objetos tendrán órbitas erráticas que los puede expulsar al espacio profundo o que se estrellen contra el Sol.

El cometa Hale-Bopp es un buen ejemplo. En 1997, pasó suficientemente cerca de Júpiter como para que su órbita de 4200 años se viera reducida a tan sólo 2380 años. El Planeta X bien podría ser una enana marrón que una vez tuvo una órbita estable a lo largo de la eclíptica. Entonces, algo hizo que entrara en una órbita perpendicular que ahora se está degradando.

Ilustración 2 — La Eclíptica

CONCEPTOS BÁSICOS

Órbitas Elípticas

PERIHELIO Y AFELIO:

Los planetas no orbitan al Sol en órbitas circulares perfectas. Este es el motivo por el cual la Unidad Astronómica (UA) representa la distancia media entre la Tierra y el Sol. La Tierra también tiene otras dos distancias: perihelio y afelio.

Perihelio: El punto en la órbita de un cuerpo más cercano al Sol.

Promedio: La distancia promedia es la que suele citarse con mayor frecuencia.

Afelio: El punto más alejado en la órbita del cuerpo alrededor del Sol.

Planeta	Perihelio	Promedio	Afelio
Mercurio	0.307	0.387	0.467
Venus	0.718	0.723	0.728
Tierra	0.983	1.000	1.017
Marte	1.381	1.524	1.666
Júpiter	4.952	5.203	5.455
Saturno	9.021	9.537	10.054
Urano	18.286	19.191	20.096
Neptuno	29.811	30.069	30.327
Plutón	29.658	39.482	49.305
Eris	37.770	67.668	97.560
Planeta X	2.850	237.500	475.000

ÓRBITAS ELÍPTICAS:

La órbita de la Tierra no es un círculo perfecto, por lo que se describe como ligeramente elíptica, mientras que la órbita del Planeta X es altamente elíptica (como un cometa). En el afelio, visita una región distante de nuestro sistema solar, donde no ha llegado nunca una nave espacial. En el perihelio, pasa a través del cinturón de asteroides entre Marte y Júpiter.

Ilustración 3 — Órbitas Elípticas

CONCEPTOS BÁSICOS

Interacción Solar

PARÁMETROS ORBITALES DEL PLANETA X:

El Planeta X tiene una órbita inclinada que se encuentra en un plano que es casi perpendicular a la eclíptica. En el afelio (237.5 UA), se encuentra bastante por debajo del plano de la eclíptica. Sin embargo, conforme entra en el sistema solar interior, cruzará el plano de la eclíptica brevemente antes de alcanzar el perihelio (2.85 UA), donde se producirán las interacciones más violentas con el Sol.

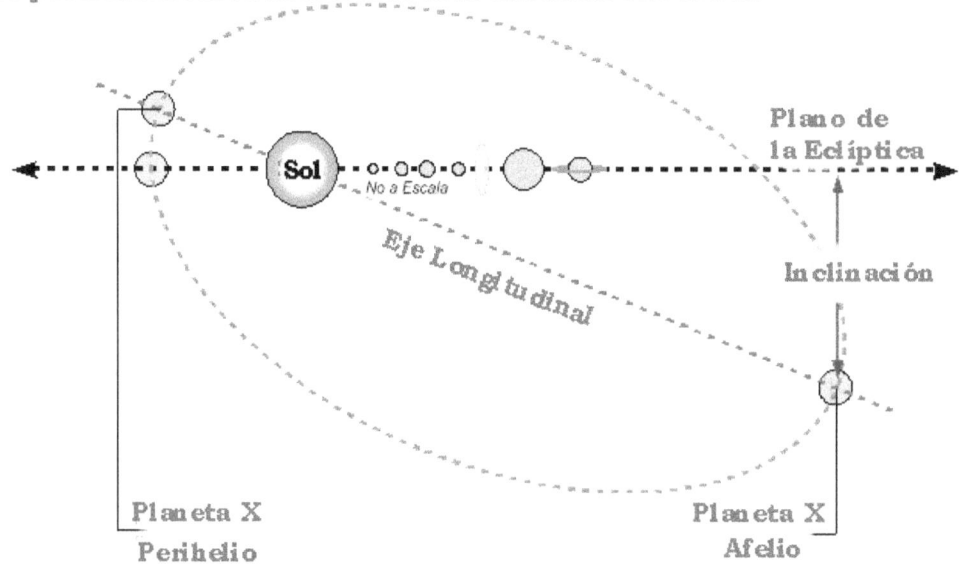

ZONA DE PELIGRO:

Después de que el Planeta X cruce la eclíptica, empezarán a registrarse interacciones eléctricas intensas con el Sol, haciendo que sean extremadamente violentas.

Una vez que el Planeta X alcance el perihelio, la interacción será incluso más extrema, y veremos chispas (rayos cósmicos) entre ambos cuerpos.

Conforme el Planeta X salga del núcleo de nuestro sistema, el Sol empezará a asentarse.

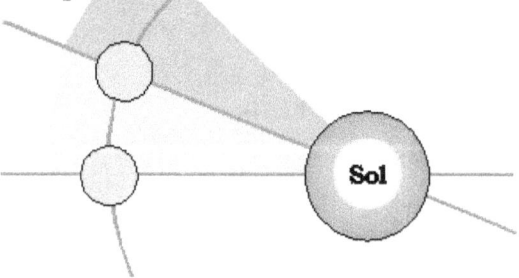

Ilustración 4 — Interacción Solar

2

Pronóstico del Planeta X hasta el 2014

El Planeta X se aproxima al interior del sistema Solar para realizar un sobrevuelo en un futuro cercano. Sabemos esto, no por una observación directa, sino por la forma en la que este objeto está interactuando con otros objetos celestiales de nuestro sistema solar, como el Sol y los planetas. Este pronóstico combina las interacciones que se han observado con los hechos históricos de sobrevuelos anteriores y con tendencias estadísticamente destacables de experiencias paranormales.

Tenemos que destacar con vehemencia que, aunque las interacciones entre el Planeta X y los cuerpos celestiales de nuestro sistema solar son claramente visibles, este objeto no será visible para los astrónomos aficionados en el hemisferio Sur hasta el año 2009, o posiblemente incluso hasta el 2010. Por lo tanto, este pronóstico se limita a ser eso; un pronóstico.

Este capítulo se centra en la presentación en PDF de 9 diapositivas en color que estuvo disponible por primera vez en yowusa.com en enero de 2007. La versión gratuita de la presentación puede descargarse de esta página de Internet.

En ediciones futuras de este trabajo, actualizaremos este pronóstico para reflejar los datos nuevos, según dispongamos de ellos. Mientras tanto, nuestro pronóstico actual se basa en los datos recabados hasta el momento a través de nuestra investigación, iniciada a finales del año 2001 hasta junio de 2007. Hemos utilizado estos datos para marcar una tendencia que incluya todas las pruebas posibles, basándonos en los supuestos siguientes:

Valor	Suposición	Comentarios
Órbita	Elíptica Excéntrica	Una órbita elíptica es oval en lugar de ser circular. Cuando es excéntrica, es drásticamente desigual como la órbita de Plutón.
Periodo	Aproximadamente 3660 Años	Es el tiempo que tarda el Planeta X en completar una órbita completa desde el perihelio hasta el afelio, y de regreso nuevamente al perihelio. El perihelio es el punto de la órbita del Planeta X, en el que se encuentra más cerca del Sol. El afelio es el punto de la órbita del Planeta X, en el que se encuentra más lejos del Sol.
Perihelio	2.85 UA	Una Unidad Astronómica "UA" es la distancia entre la Tierra y el Sol, que está a unos 150 millones de kilómetros. Teniendo en cuenta que Marte se encuentra a 1.52 UA del Sol, el punto en la órbita del Planeta X, en el que se encuentra más cerca de nuestro Sol, se encuentra entre las órbitas de Marte y Júpiter, a una distancia de unos 424 millones de kilómetros del Sol.
Afelio	472 UA	Para ayudar a poner las 472 UA en contexto, el afelio de Plutón se encuentra a 39.5 UA. Eso significa que el Planeta X viaja hacia el borde exterior de nuestro sistema solar, a un punto que se encuentra casi tan lejos como 12 distancias de Plutón desde el Sol. Esto significa que el Planeta X pasa mucho de su tiempo en lo que se conoce como el Agujero de Kuiper, situado en el centro del cinturón de Kuiper, más allá de la órbita de Plutón.
Inclinación a la Elíptica	Casi Perpendicular	Para imaginar la elíptica, visualice un disco plano partiendo del centro del Sol hacia las 12 constelaciones del Zodíaco. Los planetas en nuestro sistema solar orbitan alrededor del Sol dentro de unos pocos grados de la elíptica, del Este al Oeste y del Oeste al Este. Cuando un objeto se encuentra en una órbita perpendicular a la elíptica, circula alrededor del Sol desde el Norte al Sur y del Sur al Norte. En este caso, el Planeta X se encuentra casi perpendicular y, en la actualidad, se aproxima al perihelio desde el Sur. Aproximadamente el 90% de todos los objetos que se han observado se encuentran en las 12 constelaciones del Zodíaco. El Planeta X se encuentra bastante por debajo de ellas, lo que supone una de las razones por las que todavía no se ha visto oficialmente.

Valor	Suposición	Comentarios
Observación por Infrarrojos	Ahora visible para telescopios espaciales por infrarrojos y observatorios del Sur.	Varios investigadores del Planeta X creen que en 1983, el telescopio espacial, conocido como el Satélite Astronómico por Infrarrojos (IRAS), vio un planeta mayor que Júpiter en la constelación de Sagitario con una temperatura de 240 Kelvin. En Abril de 2006, yowusa.com publicó la información del Telescopio del Polo Sur. Este gran telescopio por infrarrojos comenzó a estar operativo en el Polo Sur a principios de 2007. Se trata del instrumento perfecto, situado en el lugar perfecto y en el momento perfecto, para observar la aproximación del Planeta X, y monitorearlo de forma continua.
Observación por Telescopio de Aficionados	Mediados de 2009	La observación dependerá de la ubicación, del momento en el tiempo y de las condiciones atmosféricas. Los aficionados situados en el Hemisferio Sur serán probablemente los que más posibilidades tengan de ver el Planeta X usando sus telescopios de aficionados y sus prismáticos de alta potencia.
Observación a Simple Vista	Mediados de 2009	Para los que viven en el Hemisferio Sur, será visible con toda claridad por la noche, como un objeto luminoso, de color rojizo.
2° Sol	2012	El Planeta X aparecerá en el cielo como un segundo sol.

Para quienes quieran continuar analizando esta proyección utilizando un programa de astronomía por ordenador, para generar este pronóstico se utilizaron los parámetros orbitales siguientes:

Parámetro	Valor
Distancia media (a)	237.50 UA
Excentricidad	0.988
Inclinación	85.00 grados
Nodo ascendente	200.00 grados
Argumento del pericentro	12.00 grados
Anomalía media	358.71 grados
Época	2451545 (año Juliano)

Estos parámetros también se pueden utilizar para monitorear el objeto hasta 1983, cuando fue observado "extraoficialmente" por el Satélite Astronómico por Infrarrojos (IRAS), a una distancia de 51 UA de la Tierra, con una órbita que lo sitúa a 37 grados por debajo de la elíptica.

Tenga en cuenta que cuando el IRAS escudriñó los cielos en 1983; el Planeta X todavía se encontraba 1.3 veces más lejos que Plutón, lo que supone una distancia difícil para los telescopios de luz visible. A esa distancia, sería un objeto de desplazamiento lento, que fácilmente se podía confundir con una estrella mucho más lejana. No obstante, sería adecuado para las capacidades del IRAS, que en ese tiempo contaba con la técnica más avanzada de los telescopios espaciales por infrarrojos.

Para obtener información técnica más detallada, consulte el "Apéndice C, Pronóstico Adenda."

Pronóstico para el 15 de abril de 2007

La trayectoria orbital de 3660 años del Planeta X está representada por una elipse cerrada que entra desde la parte inferior derecha y traza una curva por el centro de la ilustración, antes de salir por el lado superior derecho. En la ilustración, el Planeta X se aproxima al interior del sistema Solar por debajo de la elíptica, justo dentro de la órbita de Saturno, a unas 15 UA del Sol.

Sistema Solar

La aproximación del Planeta X está perturbando al Sol y a la mayoría de los objetos principales del sistema solar. Los planetas muestran niveles aumentados de actividad atmosférica, debido a cambios en sus campos eléctricos. Estos cambios se agravarán, cuando el Sol comience su ciclo solar 24, que alcanzará su pico máximo en el año 2011 ó 2012.

La NASA ha pronosticado que el ciclo solar 24 será uno de los peores en los últimos 400 años. Este pronóstico es muy conservador.

Tierra

También veremos más perturbaciones en la Tierra, ya que la creciente actividad solar está transfiriendo más energía al interior de todos los planetas afectados. Esta transferencia ocasionará un incremento en la actividad sísmica, que comenzó a aumentar en el año 2004. Conforme nos acercamos al 2012, la frecuencia de los terremotos graves experimentará una drástica tendencia al alza.

Así mismo, el calentamiento global seguirá acelerándose, causando graves sequías en algunas zonas. En mayo de 2007, el gobierno Chino anunció que una persistente sequía en el país había secado cientos de pequeños embalses. La sequía provocó que 4,81 millones de personas y 4,84 millones de cabezas de ganado sufrieran restricciones de agua potable.

Telescopio del Polo Sur

El Telescopio del Polo Sur comenzó a funcionar en febrero de 2007. Los académicos lo usarán durante dos meses al año. Aunque el Planeta X todavía es invisible a simple vista, se encuentra claramente visible en el rango de longitud de onda infrarrojo de este telescopio, que se encuentra ubicado perfectamente para seguir la aproximación del Planeta X durante varios años.

Observando continuamente al Planeta X en busca de comportamientos erráticos o cambios en su órbita, los científicos podrán determinar mejor cómo interactuará con nuestro Sol durante el sobrevuelo de 2012.

15 de abril de 2007 - Distancia del Sol 15 UA

El Planeta X aproximándose desde debajo de la eclíptica, posición idónea para una observación continua con el Telescopio del Polo Sur (TPS).

Ciclo Solar 24

* Primeros signos. agosto de 2006.
* Cuatro explosiones solares de clase X. Diciembre de 2006.
* El TPS operativo. Enero de 2007.
* La mayor actividad en 400 años.

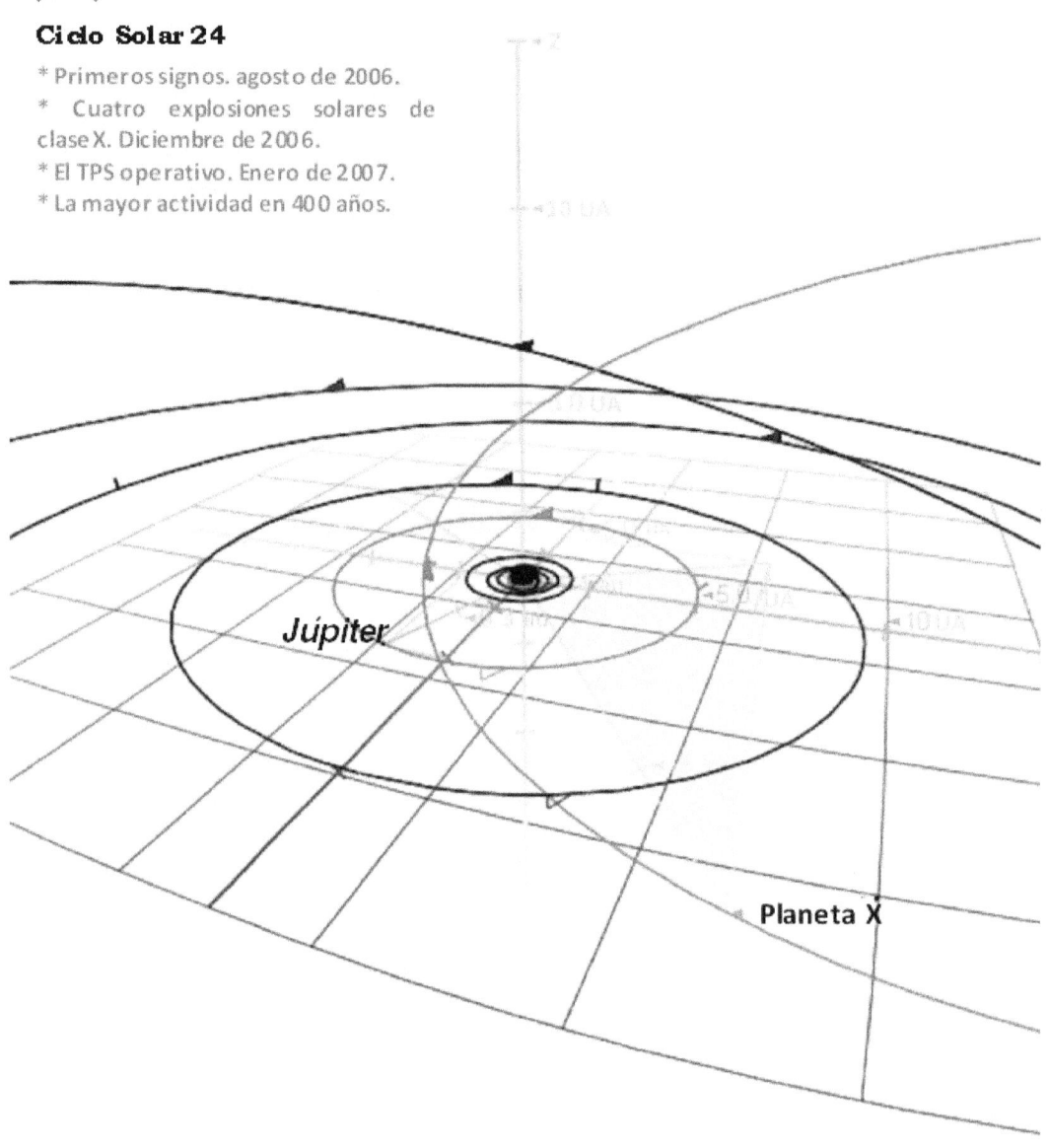

Ilustración 5: Pronóstico del Planeta X para el 15 de abril de 2007

Pronóstico para el 15 de mayo de 2009

El 15 de mayo de 2009, el Planeta X estará a 11 UA del Sol, casi directamente debajo del cinturón de asteroides entre Marte y Júpiter. En este momento, los astrónomos aficionados en el Hemisferio Sur podrán verlo como una mancha de color rojo oscuro, usando telescopios comerciales o prismáticos potentes. Los que vivan en la zona tropical, por encima del ecuador, también podrían verlo.

Sistema Solar

Para el 2009, el Sol estará bien avanzado en su ciclo solar 24, por lo que las perturbaciones causadas por la aproximación del Planeta X en los planetas y en el Sol serán incluso mayores. Los primeros signos de inundaciones incluso podrían comenzar a aparecer a finales del año 2009 en el planeta Marte, ya que el aumento de la radiación solar impregna la superficie congelada del planeta, derritiendo sus enormes depósitos de agua subterránea congelada.

Tierra

La magnitud media de los terremotos seguirá aumentando, y los huracanes y los tornados serán mucho más potentes. Los patrones climáticos serán más extremos en todo el mundo. Los periodos prolongados de sequías y los periodos de lluvias torrenciales ya no serán la excepción, sino más bien la norma. Como consecuencia de ello, los patrones climáticos globales revertirán, y donde antes había lluvia, habrá sequía, y viceversa.

Observatorios Solares con Base en el Espacio

El creciente número de manchas solares activas producirá un creciente aumento de erupciones solares potentes. Para el año 2009, podrían comenzar a causar estragos en nuestras redes de comunicaciones y redes eléctricas, ya que la interacción entre nuestro Sol y el Planeta X empezará a aumentar considerablemente. A menos que estemos preparados para ellas, las tormentas solares podrían echar por tierra las tecnologías modernas que dan forma a nuestras vidas.

Este es el motivo por el cual los países industrializados del mundo tendrán una flota de seis observatorios solares en órbita alrededor de nuestro Sol a finales del año 2008. Incluirá el ESA: SOHO y Proba-2, JAXA: Solar-B, y NASA: Satélites Gemelos Stereo y el Observatorio Dinámico Solar. Todos juntos, formarán una red vital de alerta temprana para ayudar a protegernos de las inminentes tormentas solares.

15 de mayo de 2009 - Distancia del Sol 11 UA

Bajo el cinturón de asteroides, el objeto se torna lo suficientemente luminoso como para ser visto por los aficionados del hemisferio sur. Para observarlo hacen falta prismáticos de alta potencia o telescopios pequeños.

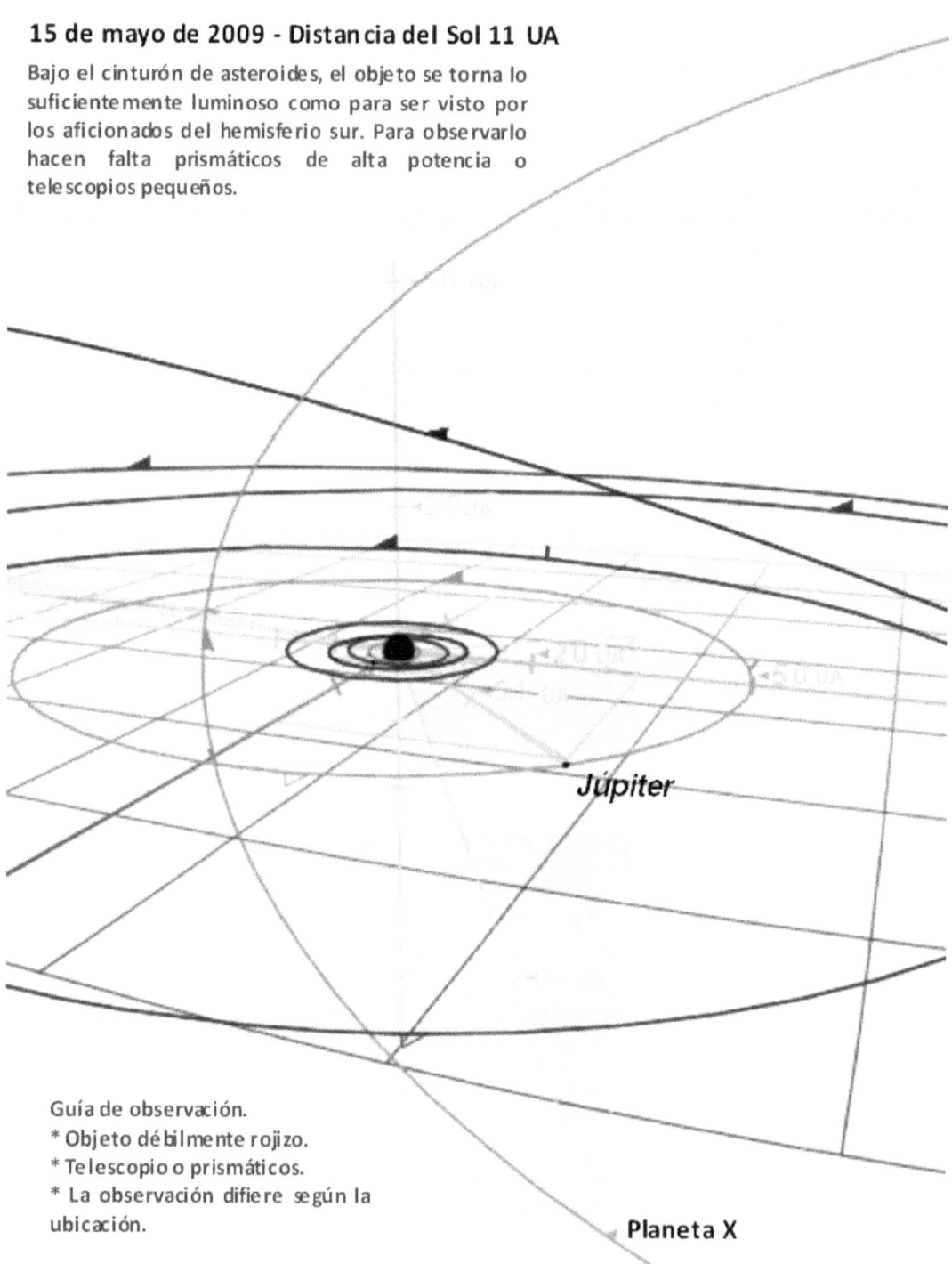

Guía de observación.
* Objeto débilmente rojizo.
* Telescopio o prismáticos.
* La observación difiere según la ubicación.

Ilustración 6: Pronóstico del Planeta X para el 15 de mayo de 2009

Pronóstico para el 15 de mayo de 2011

El 15 de mayo de 2011, el Planeta X estará casi directamente debajo del Sol, a una distancia de 6.4 UA del Sol. Durante este momento de su órbita, el Planeta X se estará desplazando por una parte más densa del campo magnético solar. Esto causará una interacción significativamente más fuerte entre el Planeta X y el Sol. Como resultado de ello, el Planeta X comenzará a brillar con mayor rapidez.

Los que vivan en el hemisferio Sur podrán ver el Planeta X a simple vista. Durante el amanecer y el atardecer, aparecerá como un punto rojo pálido. Una vez que el Sol se deslice justo por debajo del horizonte, el Planeta X será cada vez más brillante, con un color rojizo más intenso. En ese momento, será igual de brillante que Venus o posiblemente más brillante.

Sistema Solar

Entre el 21 de mayo de 2011 y el 21 de diciembre de 2012, la aproximación del Planeta X provocará que el Sol comience a emitir poderosas erupciones en todas direcciones. Durante ese periodo, como consecuencia de estas erupciones, empezaremos a perder nuestros observatorios solares. Sin duda, ya habrá planes en marcha para reemplazarlos, por lo que estarán preparados para ser lanzados al espacio cuando llegue ese momento.

Afortunadamente para la Tierra, la mayoría de estas violentas erupciones solares estarán dirigidas hacia el Planeta X debido a la interacción eléctrica que existe entre ambos cuerpos celestiales. Sin embargo, debido al elevado número de manchas solares pronosticadas por la NASA para el próximo máximo solar, que alcanzará su pico en el año 2012, la Tierra estará a tiro para la tormenta solar perfecta. Esta tormenta podría entrar en erupción con una magnitud tal que podría ser el final de la escala actual de tormentas solares.

Tierra

Para mediados del año 2011, el clima en la Tierra será más violento que cualquier otro clima que hemos vivido en la historia. Los terremotos seguirán batiendo cifras históricas, y seremos testigos de un incremento en la actividad volcánica. Las catástrofes resultantes desestabilizarán las estructuras sociales, mientras que los gobiernos intentarán evitar que las luchas económicas y étnicas terminen convirtiéndose en sangrientas guerras regionales.

Según los relatos históricos antiguos del último sobrevuelo del Planeta X en *La Biblia Kolbrin,* el último sobrevuelo fue tan terrible que los hombres se volvieron impotentes y las mujeres estériles. Problemas sociales similares tendrán lugar en el año 2011, conforme se establezca el pánico global.

Satélites de Comunicaciones

Las erupciones solares invalidarán la mayoría de nuestros satélites de comunicaciones, paralizando varios sistemas de comunicaciones. Se extenderá el uso de los cables de fibra óptica subterráneos y subacuáticos. Los días de los teléfonos móviles y de la televisión por cable empezarán a llegar a su fin, aunque todavía estarán disponibles las comunicaciones a alta velocidad por Internet. El uso de la banda ancha podría estar restringido al gobierno, hospitales, y a determinadas necesidades comerciales.

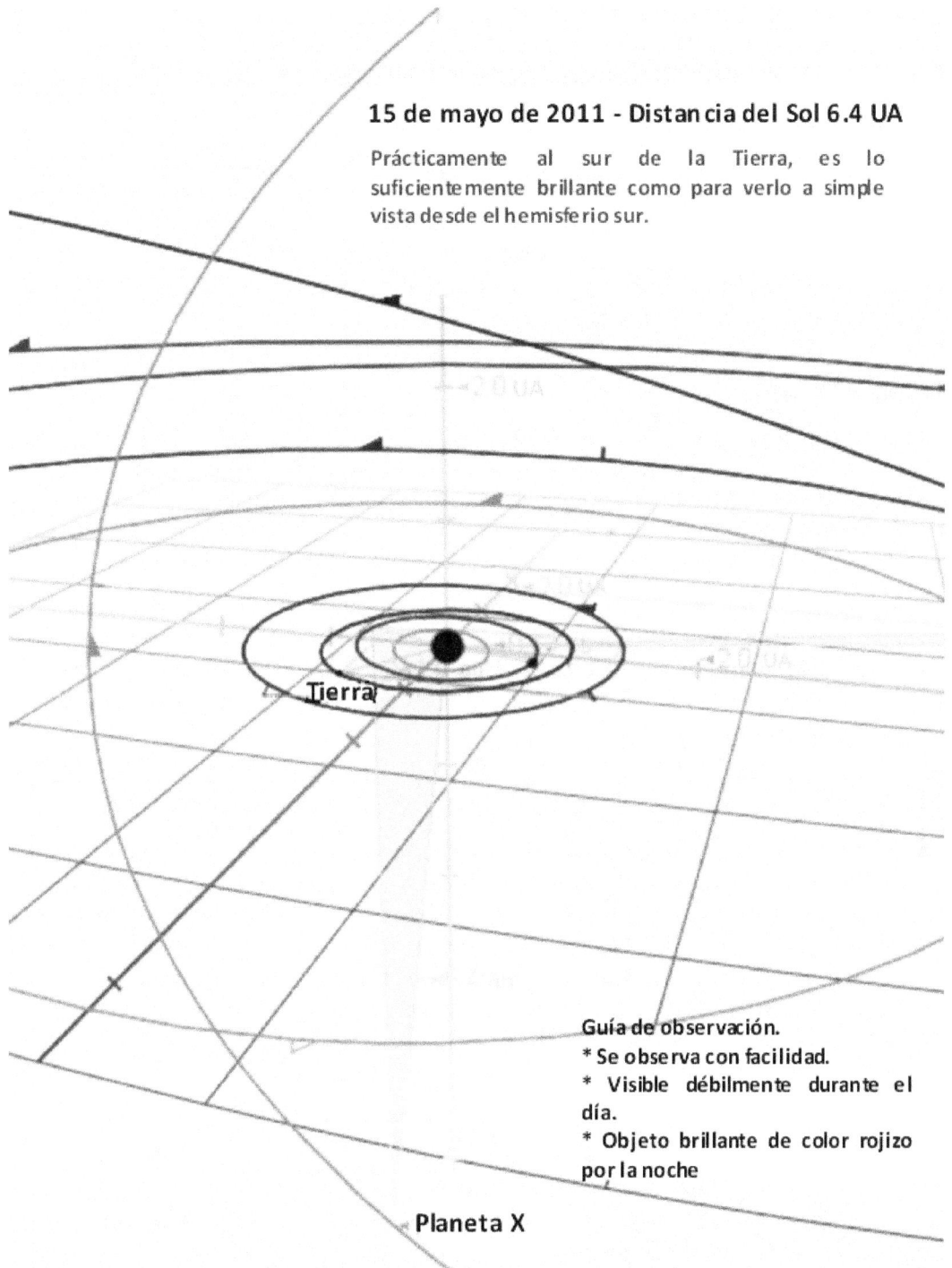

Ilustración 7: Pronóstico del Planeta X para el 15 de mayo de 2011

Pronóstico para el 21 de diciembre de 2012

Según los investigadores mayas, hay dos fechas precursoras clave para el futuro: una espiritual, la otra astronómica. El 10 de octubre de 2011 es la fecha espiritual en la que la humanidad comenzará su próximo ciclo evolutivo, pero el 21 de diciembre de 2012 es la fecha que se tiñe de temor. Coincidiendo con el solsticio de invierno de 2012, esta funesta fecha está basada en los cálculos del calendario maya, tal y como aparece representado en el Código de Dresden. Este será el momento en el que nuestro Sol pase por el plano más denso de nuestra galaxia, lleno de peligros invisibles.

Sistema Solar

Este día, el Planeta X cruzará por el plano de la elíptica y comenzará su estado eléctrico más activo conforme se precipita hacia el perihelio, el 14 de febrero de 2013. Se trata del punto en el que estará más cerca del Sol. En principio, será más brillante que una Luna llena por la noche y es posible que sea visible por el día. Conforme se acerque al perihelio, se verá más grande y probablemente será el rival del Sol o de la Luna en cuanto a su tamaño.

Este día también seremos testigos de "destellos" saltando entre el Sol y el Planeta X. En pocas palabras, los destellos son descargas eléctricas, y aparecerán como tentáculos de rayos cósmicos, emanando desde el Planeta X hacia el Sol. Para entonces, la mayor parte de nuestros observatorios y satélites de comunicaciones se habrán visto reducidos a escombros espaciales chamuscados.

Tierra

El Planeta X vendrá acompañado de una serie de objetos que lo preceden y lo siguen, muchos de los cuales causarán impactos catastróficos y lluvias de meteoritos mortales. El último sobrevuelo del Planeta X tuvo lugar durante el Éxodo, y según los relatos hebreos de la Tora (Antiguo Testamento), la 7ª plaga del Éxodo fue "Barad" (una destructiva tormenta de granizo mezclado con fuego). *La Biblia Kolbrin*, los relatos egipcios del evento, corroboran esta plaga como tormentas de meteoritos mortales. Sin embargo, esto no es lo peor que sucederá.

Erupción del Supervolcán de Yellowstone

Habrá un acusado incremento en el tipo de terremotos como el que ocasionó el tsunami del océano Índico en diciembre de 2004. Durante ese tiempo, todos las miradas estarán pendientes del Parque Nacional de Yellowstone, en Wyoming. El mayor supervolcán de los Estados Unidos de América (si no del mundo), Yellowstone, hace mucho tiempo que superó la fecha en la que debería haber entrado en erupción y ha estado mostrando signos de un aumento en su actividad volcánica desde 2003. Altamente susceptible a la creciente violencia solar causada por el Planeta X, podría entrar en erupción en cualquier momento, destruyendo todo el Medio Oeste de América y provocando una pequeña edad de hielo en su proceso.

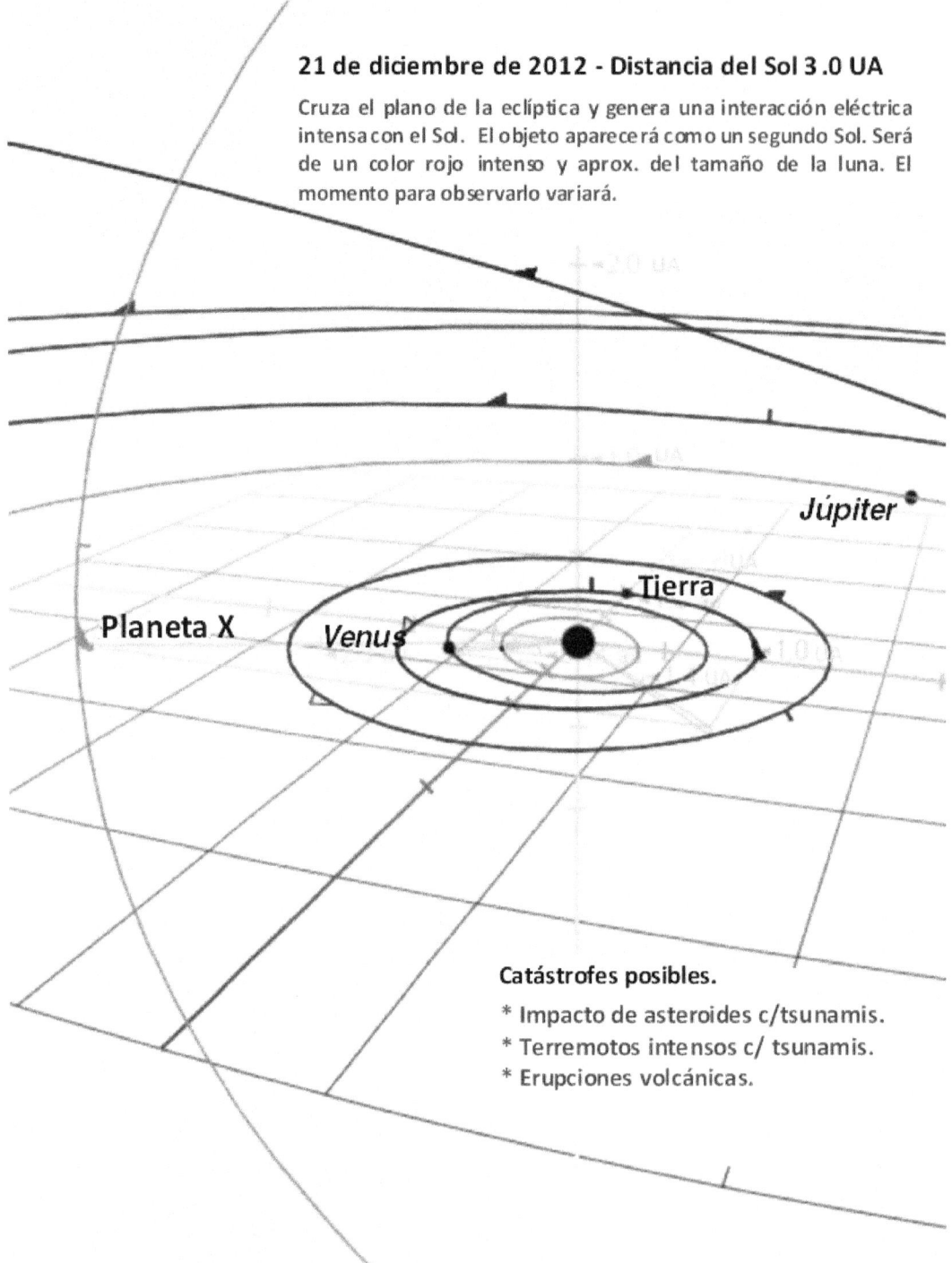

Ilustración 8: Pronóstico del Planeta X para el 21 de diciembre de 2012

Pronóstico para el 14 de febrero de 2013

El Día del Juicio Final para la humanidad en este pronóstico es el 14 de febrero de 2013, no es el 12 de diciembre de 2012. En este día, el Planeta X alcanza el perihelio (el punto más cercano al Sol), y la interacción eléctrica entre ambos alcanzará niveles máximos. Desgraciadamente, la órbita de la Tierra nos situará entre el Planeta X y el Sol cuando estos dos gigantes astronómicos se enfrenten emitiendo inimaginables explosiones eléctricas.

Sistema Solar

Conforme la Tierra se aproxime a una posición entre el Planeta X y el Sol, habrá un grave riesgo de vernos alcanzados por las descargas eléctricas de estos dos gigantes. Esto causaría efectos atmosféricos eléctricos extremadamente violentos en la Tierra, porque las supertormentas solares desencadenarían Eyecciones de Masa Coronal (EMC) terribles. Literalmente, veríamos llover fuego del cielo, ya que el plasma se forma en la atmósfera con colores extraños y brillantes.

Tierra

Resulta difícil predecir la extensión de los posibles efectos que el Planeta X tendría sobre la Tierra en este momento, pero podemos esperar un periodo de catástrofes de proporciones Bíblicas, nunca vistas antes en la historia moderna.

- Tendrán lugar catástrofes naturales, tales como erupciones de supervolcanes, terremotos de magnitud 9, o superiores, a lo largo de las fallas principales y tsunamis, a nivel global y a un ritmo impresionante.

- Los patrones climáticos globales serán más violentos cuando el verano y el invierno se fundan en una sola estación. Las ciudades costeras principales quedarán arrasadas bajo un mar enfurecido.

- Parte de nuestra atmósfera podría verse ionizada y ser venenosa para respirar. Regiones enteras del planeta podrían quedar envenenadas para toda forma de vida.

- Las redes eléctricas, sistemas de transporte y red de comunicaciones de la Tierra ya estarán destruidas o quedarán interrumpidas. Sólo resistirán los sistemas reforzados gubernamentales, corporativos y militares.

Los que permanezcan en la superficie en este momento, estarán expuestos a descargas eléctricas letales y a gases venenosos causados por las interacciones eléctricas entre nuestro Sol y el Planeta X. Aquellos que busquen refugio bajo tierra obtendrán cierta protección frente a estas amenazas, así como sobre los efectos de la radiación secundaria.

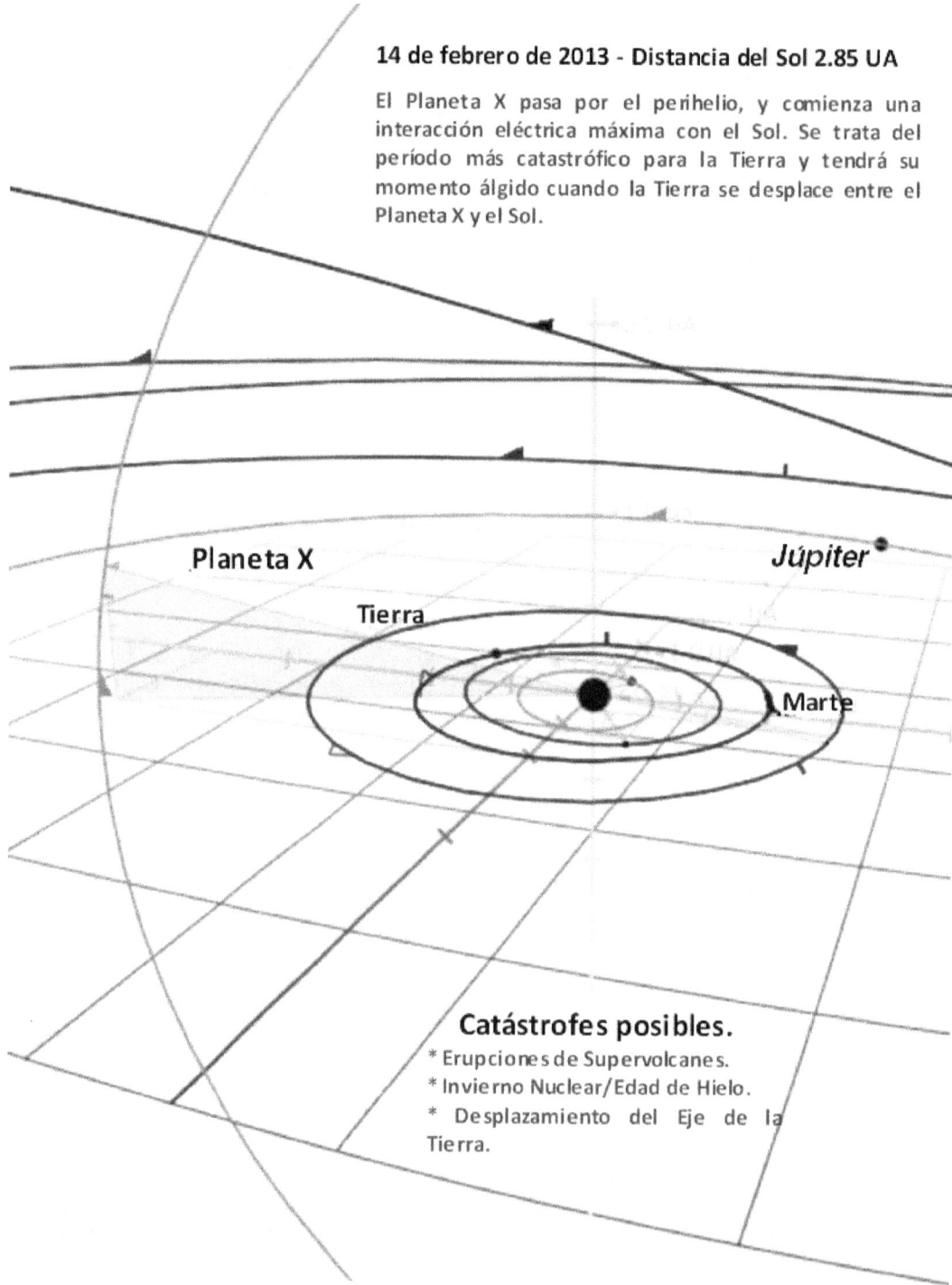

Ilustración 9: Pronóstico del Planeta X para el 14 de febrero de 2013

Pronóstico para el 14 de julio de 2013

La interacción entre el Sol y el Planeta X finalmente empezará a disminuir cuando el Planeta X empiece a salir de nuestro sistema solar el 14 de julio de 2013, y tendrá el aspecto de un gran cometa rojo, ya que se aleja desde el Sol. Este momento marcará el inicio de un tiempo agridulce para los supervivientes del sobrevuelo, cuando los océanos de la Tierra, las tierras y la atmósfera empiecen a asentarse lentamente de nuevo en niveles de actividad más "normales". Sin embargo, este período también estará plagado de los efectos mortales posteriores al sobrevuelo del Planeta X.

- La atmósfera estará oscurecida, en parte por el polvo y humo de la actividad volcánica, ocasionando un Invierno Nuclear. Los gases del calentamiento global, creados por la contaminación causada por el hombre, ayudarán a mitigar la gravedad y duración de esta tendencia de enfriamiento. Si tenemos suerte, nuestras emisiones nocivas podrían terminar siéndonos útiles.

- La mayor parte de los recursos de agua potable del planeta y las tierras cultivables estarán contaminados. Muchos seguirán muriendo de sed, hambre y enfermedad.

- Todas las infraestructuras en la superficie, tales como autovías y puentes, estarán en estado de derrumbe, y la mayor parte de los edificios y viviendas habrán quedado destruidos o serán inseguros.

- Las radios militares de onda corta serán el único medio de comunicación en todo el globo, hasta que sean restaurados otros sistemas de comunicaciones.

En el mundo, habrá dos tipos de supervivientes. Aquellos que fueron seleccionados para sobrevivir en las arcas preparadas especialmente por los gobiernos y un número de personas auto-suficientes que vivirán juntas en comunidades de supervivencia pequeñas, ocultas y en armonía.

El Planeta X y el Mecanismo Kozai

El mecanismo Kozai explica lo que le sucede a los objetos como el Planeta X con órbitas que son perpendiculares a la elíptica. (Para más información, consultar el "Apéndice D, "El Mecanismo Kozai y las Órbitas Perpendiculares".) El Cometa Hale-Bopp es un ejemplo perfecto de ello. En 1997, ¡su órbita perpendicular de 4200 años se vio reducida a tan sólo 2380 años! Lo mismo podría suceder al Planeta X, especialmente si es una Enana Marrón. Esto supondría la desaparición definitiva de la Tierra en el año 3797, según lo predicho por Nostradamus. Este es el motivo por el que los gobiernos buscan ahora con gran afán otras Tierras extrasolares en los cielos.

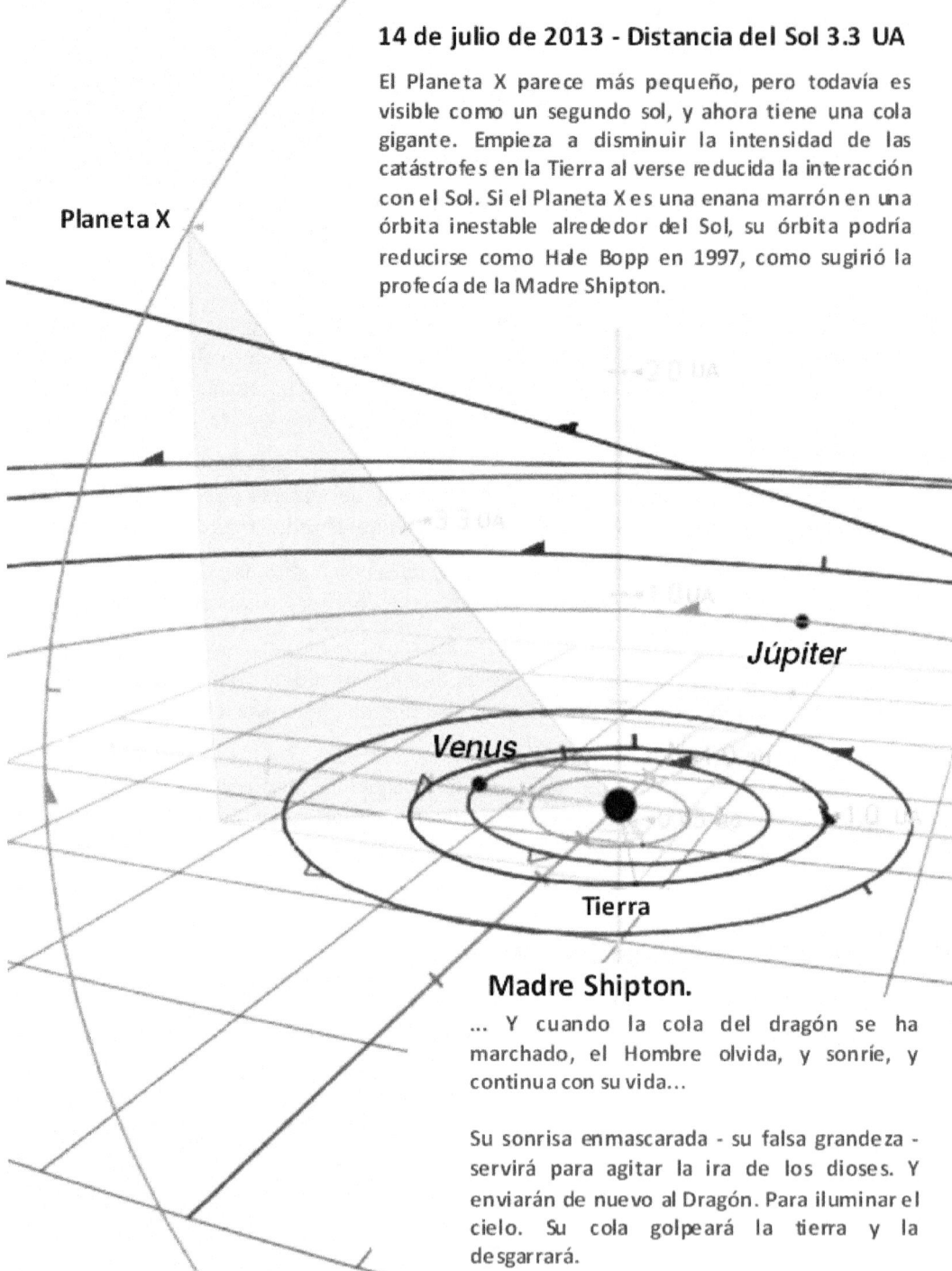

14 de julio de 2013 - Distancia del Sol 3.3 UA

El Planeta X parece más pequeño, pero todavía es visible como un segundo sol, y ahora tiene una cola gigante. Empieza a disminuir la intensidad de las catástrofes en la Tierra al verse reducida la interacción con el Sol. Si el Planeta X es una enana marrón en una órbita inestable alrededor del Sol, su órbita podría reducirse como Hale Bopp en 1997, como sugirió la profecía de la Madre Shipton.

Madre Shipton.

... Y cuando la cola del dragón se ha marchado, el Hombre olvida, y sonríe, y continua con su vida...

Su sonrisa enmascarada - su falsa grandeza - servirá para agitar la ira de los dioses. Y enviarán de nuevo al Dragón. Para iluminar el cielo. Su cola golpeará la tierra y la desgarrará.

Ilustración 10: Pronóstico del Planeta X para el 14 de julio de 2013

Pronóstico para el 15 de julio de 2013

En el "Capítulo 4 – Escenarios de Sobrevuelos en el 2012," analizaremos un sobrevuelo moderadamente grave del Planeta X, que bien podría estar descrito en las profecías de Nostradamus *"Les Prophéties"* Siglo 6: Cuarteto 6, y comúnmente conocido como la profecía de la "Estrella Barbuda". La ilustración 7 ofrece una visión futura de la Estrella Barbuda, que en este caso es el Planeta X, tal y como será visto mirando al norte desde París, Francia, el 15 de julio de 2013.

En la ilustración, la Estrella Barbuda, mencionada en las profecías de Nostradamus, será claramente visible casi al Norte, cuando el Sol entre en la constelación de Cáncer. Aparecerá cerca de la Estrella del Polo Norte y se verá pequeña, con una larga cola rojiza.

Cuando esta profecía se contempla en contexto con la Última profecía del Papa San Malaquías, emerge una posibilidad de esperanza de que la humanidad pueda escapar de la terrible pérdida de vidas humanas representada en el "Capítulo 4, Escenarios de Sobrevuelos en el 2012."

La Visión de San Malaquías

San Malaquías fue un sacerdote Católico del siglo XII, que llegó a ser arzobispo de Armagh, Irlanda. Fue canonizado (declarado santo), después de su muerte, por el Papa Clemente III en el año 1199.

Se le atribuyeron varios milagros, pero por el que se hizo más famoso fue por una visión en la que le fue mostrada la identidad de los últimos 112 papas de la Santa Iglesia Católica Romana. Para cada uno, vio una descripción, que sintetizó en pocas palabras, la descripción más extensa fue para el 112 y último Papa.

"En la última persecución de la Santa Iglesia Romana, será Papa, Pedro Romano, que apacentará sus ovejas padeciendo muchas tribulaciones; pasado este tiempo, la ciudad de las siete colinas será destruida, y el temido Juez vendrá a juzgar a su pueblo. El Fin.". *San Malaquías (1094-1148)*

En su profecía de la Estrella Barbuda, Nostradamus confirma la desaparición del último Pontífice, S6:C6 "El grande de Roma morirá, pasada la noche."

Cuando son vistas en conjunto, las profecías de Nostradamus y de San Malaquías nos cuentan que, a pesar de la gran guerra y sufrimiento, la mayor parte de Francia y de Italia habrán sobrevivido al periodo álgido de la interacción entre el Sol y el Planeta X. Esto sugiere con toda claridad que este próximo paso del Planeta X será mucho más parecido al mejor escenario expuesto en este libro.

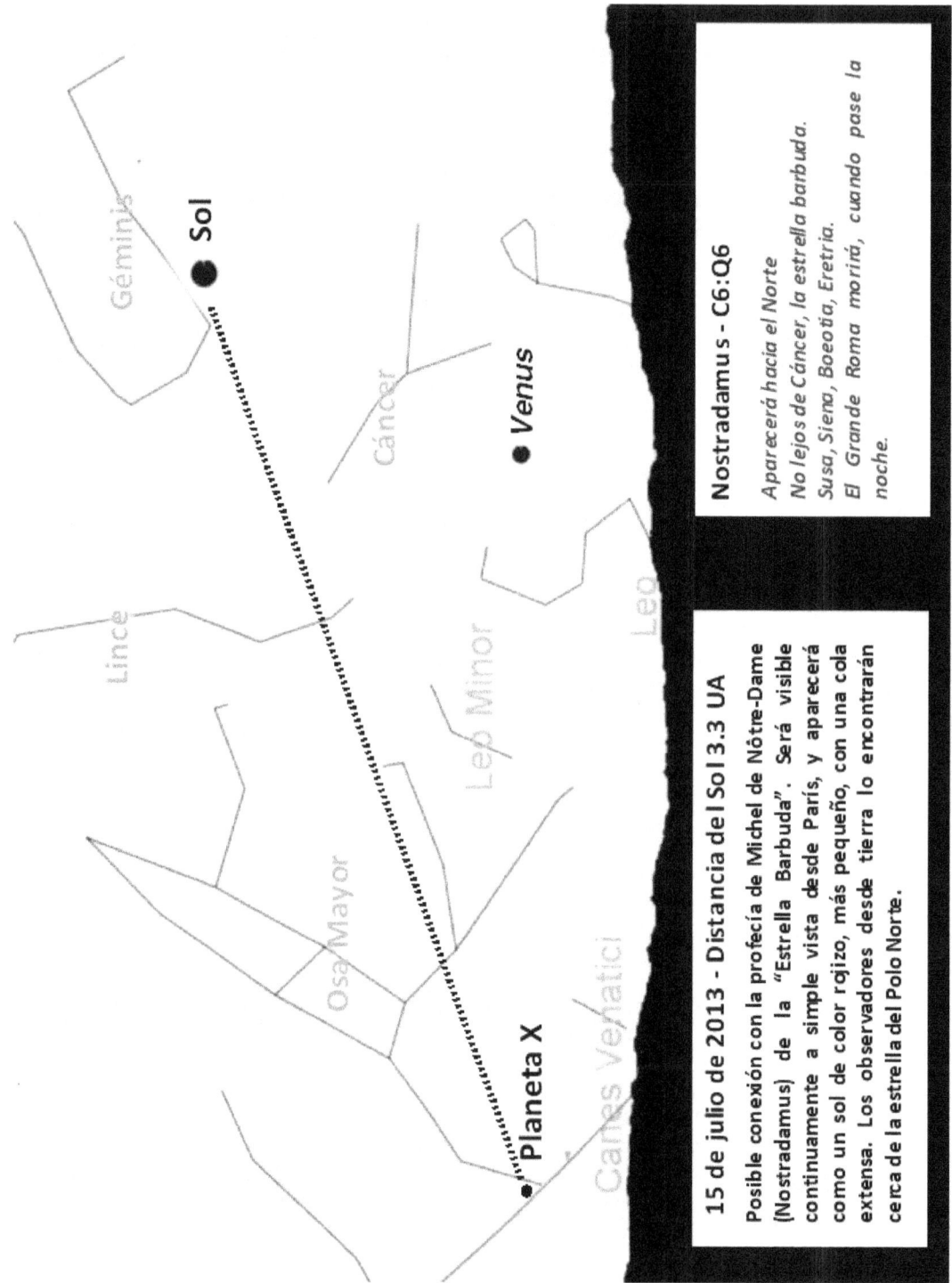

Ilustración 11: Pronóstico del Planeta X para el 15 de julio de 2013

Pronóstico para el 4 de julio de 2014

El 4 de julio de 2014 será el próximo Día de la Independencia de un nuevo milenio, cuando el Planeta X retroceda desde el núcleo interno de nuestro sistema solar. Estará prácticamente encima del Polo Norte de la Tierra, a una distancia de 6 UA del Sol, cuando los supervivientes – aliviados – puedan abandonar sus refugios subterráneos. Bajo la luz de un nuevo día, celebrarán la curación de nuestro planeta y de nuestras almas. Sí, habrá efectos residuales posteriores, pero para ese momento, empezarán a disminuir, y al hacerlo, traerán la esperanza de un futuro mejor.

- Los terremotos, erupciones volcánicas, inundaciones y tsunamis serán menos numerosos y disminuirán en intensidad.

- La monótona temporada de invierno y verano que ha dominado el clima de la Tierra empezará a mostrar sus estaciones, cuando la ceniza y el polvo empiecen a asentarse en la atmósfera.

- Gracias a los gases invernadero, causados por el hombre, el invierno nuclear provocado por la actividad volcánica irá transformándose a un ritmo más rápido en condiciones más favorables.

- Surgidas de los mares, como consecuencia de las elevaciones volcánicas, las nuevas regiones costeras ofrecerán terrenos cultivables nuevos, ricos en minerales, que alimentarán una vida nueva y restablecerán la salud.

Del mismo modo, las cosas volverán lentamente a su estado normal en otras partes de nuestro sistema Solar, pero ¿por cuánto tiempo? Esto es difícil de decir, porque durante el sobrevuelo podrían producirse cambios drásticos en la órbita del Planeta X. Si esto sucede, ¿qué les puede pasar a las generaciones futuras?

Si se altera la órbita del Planeta X durante su sobrevuelo, como sucediera con el sobrevuelo del Cometa Hale-Bopp en 1997, entonces las predicciones de Nostradamus de que la Tierra morirá en el año 3797 A.D. serían completamente coherentes con el Mecanismo Kozai. (Para más información, consultar el "Apéndice, Mecanismo Kozai y Órbitas Perpendiculares".) También coincide con la advertencia de la vidente británica, la Madre Shipton, cuando habla sobre los dioses que enviarán de nuevo al dragón "para desgarrar la tierra". Una advertencia que se hace eco del destino de la Tierra en el año 3797 A.D.

Dejando aparte lo que pueda pensar del gobierno de América, está trabajando junto con otros países para encontrar nuevas Tierras en sistemas solares distantes. Probar, explorar y colonizar los posibles candidatos será cuestión de siglos, pero la buena noticia es que ya hemos comenzado.

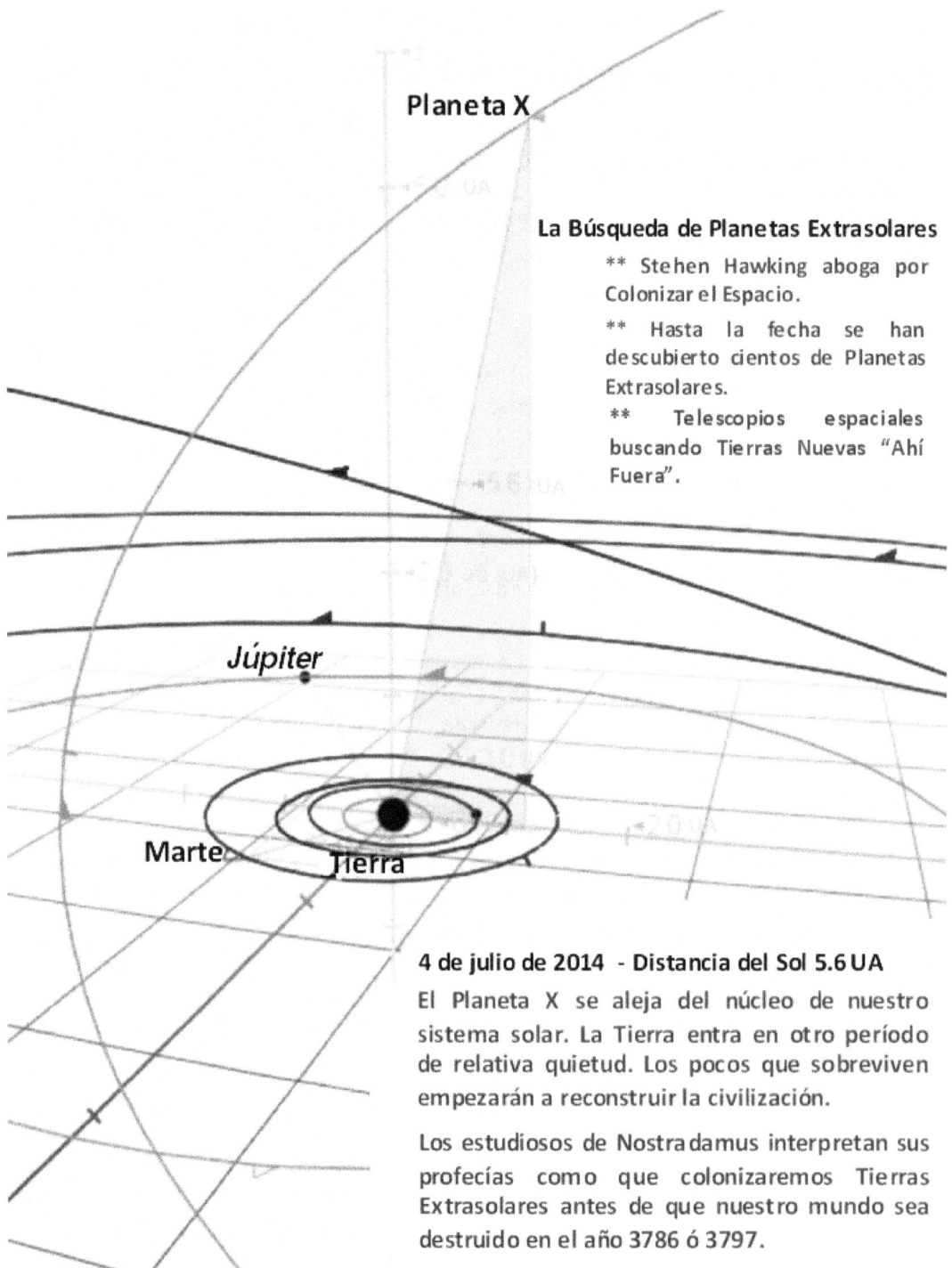

La Búsqueda de Planetas Extrasolares

** Stehen Hawking aboga por Colonizar el Espacio.

** Hasta la fecha se han descubierto cientos de Planetas Extrasolares.

** Telescopios espaciales buscando Tierras Nuevas "Ahí Fuera".

4 de julio de 2014 - Distancia del Sol 5.6 UA

El Planeta X se aleja del núcleo de nuestro sistema solar. La Tierra entra en otro período de relativa quietud. Los pocos que sobreviven empezarán a reconstruir la civilización.

Los estudiosos de Nostradamus interpretan sus profecías como que colonizaremos Tierras Extrasolares antes de que nuestro mundo sea destruido en el año 3786 ó 3797.

Ilustración 12: Pronóstico del Planeta X para el 4 de julio de 2014

3

Informes Históricos de Sobrevuelos Anteriores

Lo que hoy en día llamamos Planeta X fue conocido por los antiguos por muchos nombres diferentes, y existen registros históricos importantes de sobrevuelos anteriores tanto en el folclore como en los textos de los sabios. Los tres Libros Sapienciales más destacados son la *Sagrada Biblia*, *La Biblia Kolbrin* y los textos sumerios, traducidos por Zecharia Sitchin en su destacado libro, *El Duodécimo Planeta*, y referido en él como Nibiru.

De los tres, la fuente más completa de testimonios históricos y profecías se encuentra en *La Biblia Kolbrin*, una antología secular. Escrita por numerosos autores egipcios y celtas, fue escrita en dos partes, cada una de ellas en el mismo periodo que los Testamentos Antiguo y Nuevo, respectivamente. (Para más información sobre esta obra, consultar el "Apéndice B, Historia de *La Biblia Kolbrin*".)

Las correlaciones directas que existen entre estos textos seculares y los no seculares son impresionantes, tanto en su alcance como en el idioma. Igualmente preocupantes son sus coincidentes terribles advertencias proféticas para nuestro futuro. Para analizar por completo todos los informes, profecías y correlaciones que hay entre ambos, haría falta un libro sólo para eso. Por lo tanto, este capítulo tratará brevemente muchas de las correlaciones y advertencias proféticas más destacadas.

Filtrando Conceptos a través del Paso del Tiempo

Cuando se leen los informes históricos y profecías antiguos, es fácil sentirse frustrados, ya que estos textos no suelen mostrar una clara correlación con la realidad que existe en nuestras propias vidas. Como consecuencia de ello, a menudo usamos algo parecido a lo que los estadounidenses conocen como "Kentucky windage", un término del argot de los tiradores para describir un proceso mediante el cual ajustamos nuestra mira para alcanzar un objetivo distante.

Un buen ejemplo es la creación del Estado de Israel. Antes de 1948, muchos eruditos cristianos explicaron las profecías de la Biblia con respecto al restablecimiento de Israel como estado Judío en el contexto de una Iglesia Cristiana mayor. Teniendo en cuenta las realidades políticas de esos días, ese razonamiento tenía sentido para quienes no podían imaginar que tuviera lugar algo así. Sin embargo, así fue. Racionalizaron las profecías en lugar de leerlas literalmente, y se equivocaron por dos razones. En primer lugar, inventaron un contexto donde no había ninguno y, en segundo lugar, no tuvieron la paciencia suficiente como para esperar la consecución de la profecía. En otras palabras, si algo parece no tener sentido hoy en día, hay que dejarlo estar hasta que lo tenga.

Los que leyeran los informes del Planeta X y las profecías de los antiguos hace décadas, no hubiesen podido comprenderlos totalmente en un sentido moderno, ya que los signos del presagio científico -explicado en el primer capítulo de este libro- sólo estuvieron disponibles hace unas pocas décadas. Sin embargo, tenemos esos datos, por lo que ahora podemos comprender totalmente las advertencias proféticas de la *Sagrada Biblia* y de *La Biblia Kolbrin*, tal y como fueron escritas.

La advertencia más impresionante se encuentra en una correlación directa entre la *Sagrada Biblia* y *La Biblia Kolbrin*. Ambas utilizan exactamente el mismo nombre para el Planeta X, al que se refieren como el "Destructor."

Sagrada Biblia: versión Nuevo Siglo

- **Jeremías 25:32 & 48:8** "Los desastres se propagarán pronto de nación en nación. Vendrán como una potente tormenta a todos los lugares lejanos de la tierra... El **DESTRUCTOR** vendrá contra cada ciudad, ninguna ciudad escapará... Porque el Señor dijo que esto sucederá".

La Biblia Kolbrin: Textos Egipcios del Libro de Bronce

- **Manuscritos 3:3** "Cuando pasan los años, empiezan a actuar determinadas leyes sobre las estrellas en los Cielos. Cambian sus formas; hay movimiento y quietud, ya no son constantes y una gran luz roja aparece en los cielos".

- **Manuscritos 3:4:** "Cuando llueva sangre sobre la Tierra, aparecerá el Destructor y las montañas se abrirán y escupirán fuego y cenizas. Los árboles serán destruidos y todo ser viviente será engullido. Las aguas serán tragadas por la tierra, y los mares hervirán".

- **Manuscritos 3:6:** "La gente enloquecerá. Escucharán la trompeta y el grito de guerra del **DESTRUCTOR** y buscarán refugio en el interior de la Tierra. El terror consumirá sus corazones y su coraje desaparecerá como el agua de un cántaro roto. Se verán devorados por las llamas de la ira y consumidos por el aliento del **DESTRUCTOR**".

Mientras que los pasajes del "Ajenjo" del "Libro de las Revelaciones" suelen ser citados por los investigadores de la profecía del Planeta X, la profecía más preocupante de la *Biblia* proviene de "El Libro de Joel," que forma parte del Tanaj hebreo, y del Antiguo Testamento de la *Sagrada Biblia*.

Hace unos 2400 años, Joel pronosticó una terrible destrucción que caería sobre los enemigos de Israel en una catástrofe futura. Esta predicción se correlaciona claramente con los escenarios científicos de sobrevuelos del Planeta X, que examinaremos en el próximo capítulo.

También se correlaciona con la profecía celta escrita tras la muerte de Jesús y que se menciona en la segunda parte de *La Biblia Kolbrin*. Es importante destacar que mientras que los egipcios y los hebreos llamaron al Planeta X el Destructor, fue conocido por los celtas a través de su propio folclore como el "Aterrador."

Cuando se leen en conjunto la profecía del profeta Hebreo Joel y las de los antiguos celtas, se observa una correlación profunda e ineludible.

Tanaj Hebreo, y el Antiguo Testamento Cristiano

- **Joel 3:15** "El Sol y la Luna se oscurecerán, y las estrellas perderán su resplandor".
- **Joel 3:16** "…el cielo y la tierra temblarán…: pero el SEÑOR será la esperanza de esta gente, y la fuerza de los niños de Israel."
- **Joel 3:19** "Egipto será devastado, y Edom [las regiones del oeste de la actual Jordania y Arabia Saudita] será un desierto devastado…"

La Biblia Kolbrin: Textos Celtas del Libro de Bronce

- **La Rama de Plata 7:18** "…Soy profeta para hablarles a los hombres DEL ATERRADOR, aunque pasarán muchas generaciones antes de que aparezca. Será una cosa de proporciones monstruosas que se levantará como un cangrejo... su cuerpo será ROJO... Extenderá destrucción por toda la Tierra, desde el amanecer hasta la puesta de sol…"
- **La Rama de Plata 7:21** "…No habrá grandes señales indicando la venida DEL ATERRADOR, vendrá cuando los hombres estén menos preparados... Serán tiempos de confusión y caos".

- **La Rama de Plata 7:22** "He avisado acerca DEL ATERRADOR, he cumplido lo que se me había encomendado..."

Hasta este momento, las profecías han pronosticado la catástrofe del Planeta X que tendrá lugar en un futuro cercano, pero ¿existe alguna prueba que demuestre que ha estado aquí antes? ¡Sí!

La Biblia Kolbrin: Textos Egipcios del Libro de Bronce

- **Creación 4:5** "...Dios hizo aparecer un signo en los Cielos para que los hombres supieran que la Tierra se vería afligida, y la señal fue una EXTRAÑA ESTRELLA".

- **Manuscritos 33:5** "...LAS ESTRELLAS SE HAN DESPLAZADO A NUEVAS POSICIONES EN CUATRO OCASIONES y el Sol ha cambiado (parece que ha cambiado) la dirección de su desplazamiento en dos ocasiones. EL DESTRUCTOR HA DEVASTADO LA TIERRA EN DOS OCASIONES y en tres ocasiones se han abierto y se han cerrado los cielos. En dos ocasiones se ha visto azotada la tierra por el agua".

El gran número de informes seculares, como estos, que están incluidos en *La Biblia Kolbrin*, establecen claramente a esta antología antigua egipcia-celta como la fuente preeminente de la historia y profecías del Planeta X. Claro que, obviamente esto implica una pregunta lógica: "¿Por qué no hemos oído hablar de ello antes?"

¿Por qué fue Revelada la Biblia Kolbrin?

La primera parte de lo que se conoce como *La Biblia Kolbrin* fue escrita en primer lugar por los antiguos egipcios tras el Éxodo como *El Gran Libro*. Fue traducido más tarde por los fenicios del hierático, una forma de escritura jeroglífica, a su propio idioma, y se distribuyeron copias tan al norte como en Gran Bretaña.

Reconociendo muchas semejanzas con su propio folclore, los antiguos celtas adoptaron la obra y la enseñaron. Tras la muerte de Jesús, José de Arimatea (su tío abuelo por parte de José) fundó la abadía de Glastonbury en la Gran Bretaña, que se convirtió entonces en la depositaria de estos textos, así como de los escritos por los sacerdotes celtas en su propio idioma.

En 1184 CE, el rey inglés Enrique II ordenó un ataque contra la abadía, porque consideraba estos textos egipcios y celtas como una herejía. Los informes egipcios del Éxodo diferían considerablemente de los informes hebreos. Del mismo modo, los primeros cristianos celtas amaban a Jesús como su "Señor y Maestro", pero lo rechazaban como su salvador, tal y como se indica en dos biografías de Jesús contenidas en el libro, en el que se le cita directamente a este respecto.

La Biblia Kolbrin: Textos Celtas del Coelbook

- **Gran Bretaña 2:13** "Entonces, Jesús fue preguntado si Él era uno con Dios, y Él respondió... "He proclamado a todos los hombres como Mis hermanos, y si he dicho que soy igual que Dios, entonces en verdad también los he elevado a todos...""

- **Gran Bretaña 2:24** "Un hombre preguntó: "¿Dónde está Dios?" Jesús... dijo... "...Divide un tocho de madera, y Dios estará allí. Levanta una piedra, y Le encontrarás.""

Después del ataque contra la abadía, los sacerdotes celtas que sobrevivieron ocultaron los textos restantes en Escocia, donde fueron traducidos al inglés antiguo y finalmente se fusionaron para crear la original *Kolbrin*. Tras la primera guerra mundial, más tarde, esta obra fue actualizada al inglés Continental y finalmente fue revelada en 1992 por un destacado miembro de esta sociedad secreta tras la caída del Imperio Soviético y el aumento de la guerra del Islam radical. Estos signos de presagio de los últimos tiempos fueron pronosticados por los egipcios hace unos 3600 años.

Dadas las serias advertencias sobre el Planeta X de ambos, *La Sagrada Biblia* y *La Biblia Kolbrin*, ¿en términos familiares, qué podemos esperar en el año 2012 en el peor de los casos, y en el mejor de los escenarios? Ambos han tenido lugar antes y han sido documentados por ambos textos.

El Peor Escenario Histórico Posible

Oficialmente, el primero europeo en pisar las islas de Hawái (el estado número 50 de América) fue el explorador británico capitán James Cook en 1778. Los turistas que visitan la isla hoy en día suelen verse agasajados con la historia de una inundación única en la isla.

Cuando Cook comenzó a explicar la historia Bíblica de Noé y la inundación, los hawaianos le dijeron que ellos ya tenían una historia parecida. La única diferencia era que su Noé se escribía como "Noa". Algunos piensan que se trata de un invento muy oportuno elaborado por los guías para conseguir propinas, pero el hecho es que en verdad hay cientos de historias del Diluvio Universal en todo el globo.

Cuando los informes del Diluvio en la *Sagrada Biblia* y en *La Biblia Kolbrin* están correlacionados, entonces las semejanzas son sorprendentes.

La Inundación de Noé, Correlaciones con la Inundación	
LA SAGRADA BIBLIA (Versión Autorizada del Rey Jaime)	**LA BIBLIA KOLBRIN** (Edición del Siglo XXI)
Gen. 6:5 – 8 ...la maldad del hombre en la tierra era grande... Entristeció su corazón [del Señor]..."Destruiré... el hombre... bestia... reptil... ave..." pero Noé [cuyo tatarabuelo fue Henoch (en alemán, "Henoch")] halló la gracia en [sus ojos] ...	Pasajes 4:13, 16 ... desde lejos llegaron tres hombres de Ardis ... adoradores Del Único Dios ... fueron a Sharepik, ahora llamado Sarapesh [que en la Sagrada Biblia figura como Zarapheth] y dijo "... La sombra del destino se aproxima debido a la maldad"... [pero] Sisuda, el Rey... no perecerá. [Sisuda] ... fue enviado por Hanok ...
Gen. 6:14 – 16 [Construye] ... un arca de madera de gofer. [Haz] aposentos... embetúnalo por dentro y por fuera... [300 codos de largo x 50 codos de ancho x 30 codos de alto] ... [Haz] una ventana [1 codo cuadrado por encima del nivel del agua] ... [y] ... una puerta [en el lateral] ...con bajo, primera y segunda planta	**Pasajes 4:18, 19** El... barco [300 codos de largo x 50 codos de ancho] se terminó 1 codo por encima (1 codo por encima del nivel del agua) ... de tres plantas ... sin descanso ... escotilla [en el lateral] ...
Gen. 7:10, 11, 12, 17, 18, 24 ... después de siete días, las aguas ... estaban en la tierra... todas las fuentes de gran profundidad... se abrieron,... las ventanas del cielo... se abrieron ... lluvia... cuarenta días y cuarenta noches... inundación... cuarenta días ... [agujero] encima del arca ... las aguas permanecieron [150 días] ... el arca navegó sobre la faz de las aguas.	**Pasajes 4:28** Las elevadas aguas alcanzaron las cimas de las montañas y cubrieron los valles. Vinieron [las aguas] en grandes torrentes crecientes... el DESTRUCTOR se alejó [lo que posiblemente sucedió en al menos varias semanas], y la gran inundación permaneció durante siete días [después] Entonces, las aguas se movieron con calma ... el gran barco fue a la deriva... espuma marrón... escombros **ORÍGENES 3:22, 23** Entonces... llegó una gran pared oscura de agua, aguas con un filo blanco de fango... arrastrando de todo ... como una escoba que barre el suelo ... frutos de la tierra, escombros de casas, árboles, animales y humanos muertos flotaban entre las aguas salvajes... espuma de color marrón terroso... gran lluvia torrencial que cesó después de siete días... elevados océanos pasaron a toda velocidad entre las altas montañas... [Sus ancestros] vieron la casa flotante, construida contra reloj para enfrentarse al mar, llegar a tierra, y de ella salieron hombres y animales de [continente de América del Norte].

Los científicos nos dicen hoy en día que este tipo de diluvio universal es imposible porque no hay agua suficiente en la superficie de la tierra como para cubrir todas las masas de tierra. Incluso si hubiera "cuarenta días y cuarenta noches" de lluvia, como nos cuenta la *Sagrada Biblia*, sencillamente no habría agua de lluvia suficiente para inundar los continentes.

Sin embargo, lo que no tienen en cuenta los científicos es la posibilidad de un aumento, en lugar de una inundación. Aquí es donde los informes del diluvio en *La Biblia Kolbrin* aportan a la frase "cuarenta días y cuarenta noches" de la *Sagrada Biblia*, un brillo premonitorio innegable. De paso, también esto encaja perfectamente con la predicción del reverso de los polos de Edgar Cayce, el profeta durmiente. Cayce predijo dos reversos de los polos. El primero fue el presagio del evento, que se cumplió, y el segundo es el futuro reverso de los polos en sí mismo.

Durante un reverso de los polos, los continentes se mueven de sitio sobre el núcleo fundido de nuestro planeta, como la piel suelta de una naranja. Después de esto, los polos Sur y Norte se desplazan a una nueva ubicación, o tiene lugar un vuelco completo.

Para imaginar las consecuencias de un evento catastrófico de tal magnitud, piense que circula por la autovía en un coche de 50 años con un amigo. Una de las ruedas revienta de forma repentina. Debido a la alta velocidad a la que circulan, pierde el control y se golpean de frente contra el terraplén de un puente. El coche, que es sólido, se detiene inmediatamente.

Por desgracia, ustedes son bastante más fluidos, y carentes de las sujeciones de los coches modernos. Usted y su pasajero salen volando a través del parabrisas delantero y se golpean violentamente contra lo que tengan delante. En lo que concierne al diluvio universal causado por el sobrevuelo del Planeta X, tiene lugar el mismo mecanismo. Salvo que en este caso, los continentes son los coches sólidos, y los océanos son usted y su pasajero.

Curiosamente, la velocidad será un factor determinante para la supervivencia en ambos casos. Cuanto más lento se desarrolle el evento, mayores posibilidades tendrá de sobrevivir.

Si el reverso de los polos que predice Cayce tiene lugar durante el sobrevuelo del Planeta X, entonces rece para que todo el proceso no dure menos de "cuarenta días y cuarenta noches" de los que habla la *Sagrada Biblia*. Si el reverso de los polos se completara en un tiempo menor que ese, la pérdida de vidas aumentaría de forma exponencial. Tenga en cuenta que la Inundación de Noé, o lo que se conoce mundialmente como El Diluvio Universal, ¡fue precedido de un reverso de los polos!

La Biblia Kolbrin: Textos Egipcios del Libro de Bronce

- **Pasajes 4:24** "…el DESTRUCTOR… abrió su boca y escupió fuego y piedras incandescentes y un humo maligno. Cubrió todo el cielo de arriba, y el lugar donde se encuentran la Tierra y el Cielo ya no se pudo ver más. Por la noche, LAS ESTRELLAS CAMBIARON DE SITIO, SE DESPLAZARON POR EL CIELO A NUEVAS UBICACIONES; ENTONCES, LLEGARON LAS INUNDACIONES".

- **Pasajes 4:28** "Las elevadas aguas alcanzaron las cimas de las montañas y cubrieron los valles. No subieron como el agua que va cubriendo un recipiente, sino que llegaron en forma de grandes torrentes crecientes…"

Cayce y otros predijeron que este reverso de los polos tendría lugar en el año 2000, lo que obviamente no ha sucedido, hasta el momento. Dicho esto, no hay nada que sugiera que estuviera equivocado en el evento en sí mismo, y en el gran esquema de las cosas, el universo tiene su propio calendario. Mientras tanto, unamos nuestras esperanzas más profundas y nuestros rezos más solemnes para que se produzca el mejor de los escenarios posibles.

El Mejor Escenario Histórico Posible

El pueblo hebreo ha celebrado la Pascua cada año desde los tiempos de Moisés para recordar la amargura de la esclavitud y su milagrosa huida de la esclavitud de Egipto. Se trata del primer festival de los siete anuales que celebran los judíos, y es considerado por la mayoría como la fiesta fundacional de Israel. También se conoce como la Fiesta de los Panes Sin Levadura, y las otras seis fiestas que celebran los judíos se basan en la celebración de la Pascua.

Para los egipcios, el Éxodo fue una época en la que su propio panteón de dioses les falló estrepitosamente. Aunque sacrificaron mejor a la mitad de los judíos en el puente de tierra del Mar Rojo, la nación perdió una armada y un faraón en el proceso. Peor aún, las plagas del Éxodo formaron parte de una catástrofe global, y después del Éxodo, Egipto tuvo que luchar contra una invasión masiva desde el Sur.

En el periodo posterior, un estudioso faraón nuevo y sus académicos y escribas se embarcaron en el estudio antropológico más ambicioso de todos los tiempos antiguos. Entrevistaron a los más sabios de todos los sabios de numerosas tierras y pueblos dentro del gremio de comerciantes de Egipto, con una única meta en mente. Lo hicieron para encontrar las claves que les conducirían al Único y Verdadero Dios de Abraham, del que habían llegado a la conclusión que no fue el dios que condujo a los judíos fuera de Egipto. En su lugar, más bien fue un dios menor, pero que sin embargo era más poderoso que los de Egipto.

El resultado de este esfuerzo fue una enciclopedia de 20 volúmenes llamada *El Gran Libro*. Todo cuanto queda de esta obra se encuentra contenida en los primeros seis libros de *La Biblia Kolbrin*. Cuando lea las correlaciones entre los informes de los hebreos sobre el Éxodo y los informes egipcios, tenga en cuenta lo siguiente:

- El informe hebreo documenta la victoria justa de una nación.
- Los informes de los egipcios incluidos en *La Biblia Kolbrin* documentan una amarga derrota. Son tan terriblemente honestos como las conclusiones del propio Informe de la Comisión de América sobre el 11S.
- Después del 11S, los americanos reafirmaron su relación con el ser al que llaman el Dios Único y Verdadero de Abraham. Los egipcios, por su parte, se quedaron vacíos, con un sistema de creencias en quiebra. Un destino ciertamente peor que el 11S.

Si vamos a ser afortunados en el 2012, lo peor que podemos esperar son otras 10 plagas del Éxodo. En lugar de ser el resultado del intento de un Dios vengativo por castigar a un faraón sin corazón, estas plagas serán el resultado de los mismos desastres naturales causados por erupciones solares, impactos de asteroides e intensas lluvias de meteoritos.

Correlaciones con el Éxodo	
LA SAGRADA BIBLIA (Versión Autorizada del Rey Jaime)	**LA BIBLIA KOLBRIN** (Edición Siglo XXI)
Ex. 7:20 – 25 "... Moisés levantó la vara... golpeó las aguas...en el río, ante la mirada del Faraón y... sus sirvientes... todas las aguas... en el río... se convirtieron en sangre... los peces... murieron... el río apestaba... los egipcios no podían beber... sangre por todo Egipto ... (la plaga duró 7 días)"	**MAN:6:11,12, 14** "Nubes de polvo y humo oscurecieron el cielo y tiñeron las aguas en las que cayeron con una tonalidad sangrienta. Se extendieron plagas por todas las tierras, el río estaba sangriento y había sangre por todas partes [cenizas rojas mezcladas con agua]. El agua estaba mala y el estómago de los hombres enfermó al beberla. Los que la bebieron del río, vomitaron, porque estaba contaminada... Los peces del río murieron en las aguas contaminadas ;"
Ex. 8:6 – 16 "... Aarón extendió su mano sobre las aguas... las ranas aparecieron y cubrieron la tierra... Moisés exclamó al Señor debido a las ranas... las ranas murieron en las casas... pueblos y... campos"	**MAN:6:12-14** "Los bichos proliferaron y cubrieron el aire y la faz de la Tierra con repugnancia... gusanos, insectos y reptiles surgieron de la Tierra en gran número... "
Ex. 8:17 – 19 "... Aarón... removió el polvo de la tierra... se convirtió en piojos en los hombres y en los animales... El corazón del Faraón no tenía compasión". **Ex. 8:24** "... una densa nube de moscas a ... casa del Faraón... la casa de sus servidores... toda... de Egipto... dañada por... nube de moscas (no afectó a los Israelitas)".	**MAN:6:14** "Los peces de los ríos murieron en las aguas contaminadas; gusanos, insectos y reptiles surgieron de la Tierra en gran número ".
Ex. 9:3 – 7 "...sobre el ganado,... caballos,... camellos... bueyes y ovejas... tendrá lugar una plaga muy grave (una enfermedad bovina mortal)... todos los [animales] de Egipto murieron (no afectó a los israelitas)".	**MAN:6:12** "Los animales salvajes, afligidos por las tormentas, bajo el azote de la arena y las cenizas, salieron de sus guaridas en los pantanos y cuevas, y acecharon las moradas de los hombres. Todos los animales mansos gimieron y la tierra se llenó con los gritos de los corderos y los gemidos del ganado ".
Ex. 9:10 – 11 "... Tomaron cenizas del horno... se pusieron delante del Faraón... la esparcieron hacia el cielo... provocando úlceras y tumores en hombres y... animales..."	**MAN:6:12** "El polvo causó heridas en la piel de los hombres y de los animales... "

Informes Históricos de Sobrevuelos Anteriores **45**

Ex. 9:23 – 25 "Moisés extendió su vara... y hubo granizo y fuego mezclado con el granizo [como nunca antes cuando Egipto era una nación] ... El granizo lo dañó todo ... lo de Egipto que estuviera en el campo, [hombre, animal, hierba y árbol] (no afectó a los israelitas)".	**MAN:6:13-14** "La faz de la tierra se vio azotada y devastada por un granizo de rocas que aplastaron cuanto encontraron en su camino. Cayeron como duchas de agua caliente y, a su paso, fluyeron extraños ríos de llamas por el suelo. Cuando el DESTRUCTOR se desplazó por los Cielos, descargó grandes cantidades de cenizas sobre la faz de la tierra".
Ex. 10:13 – 15 "Moisés extendió su vara... [Dios] hizo soplar un viento del este [que] trajo langostas.... descansaron en las costas... muy grave.... nunca antes ni después hubo esa clase de langostas... cubrieron la tierra... se comieron toda la hierba y fruta que el granizo había dejado... no dejaron nada verde..."	**MAN:6:14** "Intensas ráfagas de viento trajeron enjambres de langostas que cubrieron el cielo".
Ex.10:22 – 23 "Y Moisés extendió su vara hacia el cielo; y hubo densas tinieblas en toda la tierra de Egipto durante tres días: no se veían los unos a los otros, ninguno se atrevió a moverse de su sitio durante tres días; sin embargo los hijos de Israel tenían luz en sus hogares".	**MAN:6:14** "La penumbra de una larga noche extendió un manto oscuro de negrura que extinguió cada rayo de luz. Nadie supo cuándo era de día o de noche, pues el sol no proyectaba sombra alguna. La oscuridad no era una negrura limpia de noche, sino una negrura densa en la que los hombres no podían respirar. Los hombres estaban sin aliento, en una nube caliente de vapor que envolvía toda la tierra y apagaba todas las lámparas y fuegos. Los hombres estaban entumecidos y yacían gimiendo en sus camas. No hablaban entre ellos ni comían, pues se sentían sobrecogidos por la desesperación. Los barcos se vieron arrastrados de sus amarres y destruidos en grandes remolinos. Eran tiempos de ruina".

Ex.11:2 - 12:30 "Habla ahora al pueblo, y que cada uno pida a su vecino, y cada una a su vecina, joyas de plata y de oro. Y DIOS hizo que el pueblo fuera bien visto por los egipcios. También Moisés fue visto como un gran varón en la tierra de Egipto, por los siervos del Faraón, y por el pueblo... Entonces dijo el SEÑOR: -A medianoche, saldré en medio de Egipto: y morirá todo primogénito en la tierra de Egipto, desde el primogénito del Faraón que se sienta en su trono, incluso hasta el primogénito de la sierva que está detrás del molino; y todo primogénito de los animales. Y habrá un gran clamor por toda la tierra de Egipto, como nunca hubo, ni jamás habrá. (no afectó a los israelitas que pusieron sangre de cordero en sus jambas y dinteles). Israel tiene que poner un cordero en cada casa, el 10º día del mes...cordero sin defecto... macho de un año...de ovejas o de cabras... guardadlo hasta el día 14... la congregación del pueblo de Israel debe sacrificarlo por la noche... extraerle la sangre... ponerla entre los dos postes y dintel superior de la puerta de entrada de la casa, mientras en su interior... debéis comerlo. Comedlo apresuradamente, [vestidos con los zapatos puestos y el bordón a mano] ... Es la Pascua del Señor. Porque pasaré esta noche por la tierra de Egipto y ... heriré a todo primogénito, sea de hombre o de animal. La sangre será...una señal... donde vea la sangre, pasaré de largo, y no habrá en vosotros plaga de mortandad... - [Dios] hirió a todos los primogénitos de Egipto, desde el primogénito del Faraón hasta el primogénito de los cautivos en el calabozo, y de todo el ganado de Egipto. El Faraón se levantó por la noche y todos sus siervos... un sólo clamor en Egipto ... no hubo una sola casa donde no hubiera una muerte".

MAN:6:19, 21, 22, 24 "Durante la gran noche de la cólera del DESTRUCTOR, cuando más terror causaba, hubo granizo de rocas y la Tierra se retorcía por el dolor que sentía en sus entrañas. Puertas, columnas y paredes, se vieron consumidas por el fuego y las estatuas de los dioses cayeron y se rompieron. Presos del pánico, la gente se precipitaba al exterior de sus moradas y se vieron golpeados por el granizo. Los que se refugiaron del granizo se vieron tragados por la tierra cuando ésta se abrió. La tierra se retorció bajo la cólera del DESTRUCTOR y gimió con la agonía de Egipto. Se zarandeó a sí misma y los templos y palacios de los nobles se cayeron de sus cimientos. Los nobles perecieron en las ruinas y toda la fuerza de la tierra se vio afectada. Incluso el más grande, el primer nacido del Faraón, murió con los nobles en medio del terror y de la lluvia de rocas. Los hijos de los príncipes fueron desterrados a las calles y los que no lo fueron, murieron en sus moradas. Hubo nueve días de oscuridad y agitación, mientras una tempestad azotó como nunca antes se había conocido. Cuando cesó, los hermanos enterraron a sus hermanos por todas las tierras. Los hombres se sublevaron contra las autoridades y abandonaron las ciudades para vivir en tiendas de campaña en las afueras. Los esclavos, perdonados por el DESTRUCTOR, abandonaron inmediatamente la tierra maldita. Su multitud se desplazó durante la penumbra de un medio amanecer, bajo el manto de un remolino de fina ceniza gris, dejando atrás los campos quemados y las ciudades destrozadas. Muchos egipcios se unieron a la multitud, pues uno que era grande les guiaba hacia delante, un sacerdote príncipe del pueblo egipcio".

Informes Históricos de Sobrevuelos Anteriores **47**

Ex. 13:20 "Y partieron de Sucot, y acamparon en Etam, a la entrada del desierto. Y el Señor iba delante de ellos, de día en una columna de nube para guiar su camino; y por la noche, en una columna de fuego para alumbrarles; con el fin de que pudiesen caminar tanto de día como de noche: dile a los hijos de Israel que den la vuelta y acampan ante Pi-hajirot, entre Migdol y el mar, frente a Baal-zefón: acamparéis en el lado opuesto, junto al mar. Entonces el Faraón dirá de los hijos de Israel: andan errantes en la tierra, el desierto les encerrará. Y Moisés extendió su mano sobre el mar; y el SEÑOR hizo que el mar retrocediera debido a un intenso viento del este toda la noche, e hizo que el mar fuera tierra seca, y las aguas se dividieron. Los hijos de Israel entraron en medio del mar, por tierra firme seca; teniendo las aguas como muro a su derecha y a su izquierda. Y los egipcios los persiguieron, y entraron en el mar tras ellos, incluso toda la Caballería del Faraón, sus carros, y sus jinetes. Sucedió que por la mañana, el SEÑOR miró hacia el ejército de los egipcios, desde la columna de fuego y nube, y sembró la confusión en el ejército de los egipcios. Trabó las ruedas de sus carros, haciendo que se desplazaran pesadamente: por lo que los egipcios dijeron: ¡tenemos que huir de los israelitas, porque el SEÑOR lucha por ellos contra los egipcios! Y Moisés extendió su mano sobre el mar, y cuando amaneció, éste volvió a su lecho; de modo que los egipcios chocaron contra él. Y el SEÑOR precipitó a los egipcios en medio del mar. Y las aguas volvieron y cubrieron los carros y los jinetes, junto con todo el ejército del Faraón que había entrado en el mar tras ellos. No quedó de ellos ni uno solo. Pero los hijos de Israel caminaron en medio del mar por una tierra seca; teniendo las aguas como un muro a su derecha y a su izquierda".

MAN:6:25, 30, 31, 32, 35, 38 "El fuego se avivó con virulencia y su quema cesó con los enemigos de Egipto. Subía desde el suelo como una fuente y colgaba del cielo como una cortina. En siete días, por Remwar, los malditos viajaron hacia las aguas. Cruzaron el agitado desierto mientras las colinas se derretían a su alrededor; sobre ellos, los cielos se iluminaban con relámpagos. Se apresuraron por temor, pero sus pies se enredaron en la tierra y el desierto les encerró. Desconocían el camino, pues no había señal alguna constantemente ante ellos. El ejército del Faraón alcanzó los esclavos por las orillas del agua salada, pero fue mantenido en la distancia por una llamarada de fuego. Una gran nube se extendió sobre ellos y oscureció el cielo. Nadie podía ver, excepto por el brillo del resplandor del fuego y los incesantes relámpagos que cubrían las nubes que había sobre sus cabezas. Se levantó un torbellino en el Este y arrasó al ejército que permanecía acampado. La tormenta duró toda la noche, y en la penumbra del amanecer rojo, la Tierra se movió, las aguas se alejaron de la orilla y retrocedieron sobre sí mismas. Hubo un extraño silencio y entonces, en la penumbra, se vio que las aguas se habían marchado dejando un paso en medio. La tierra había subido, pero estaba intranquila y temblaba, el camino no era recto ni claro. Las aguas de alrededor giraban como un torbellino dentro de un recipiente, sólo el pantano se mantuvo imperturbable. El DESTRUCTOR emitió un sonido estridente que dejó sordos a los hombres. Desesperados, los esclavos habían estado haciendo sacrificios. Sus lamentos podían escucharse desde lejos. Ahora, antes de la extraña visión, había dudas, y durante unos segundos, estuvieron quietos y en silencio. Entonces, todo se tornó confuso y comenzaron los gritos. Algunos empujaban hacia las aguas a todo el que intentaba huir del inestable terreno. Entonces, en una exaltación, a través de la confusión, su líder les condujo hacia la mitad de las aguas. A pesar de ello, muchos intentaron regresar hacia donde se encontraba el ejército detrás de ellos, mientras que otros huyeron por las orillas vacías. Entonces desapareció la furia y se hizo el silencio. La quietud se extendió por la tierra mientras el ejército del Faraón quedó inmóvil en el resplandor rojo. Entonces, con un grito, los capitanes avanzaron y el ejército se levantó tras ellos. La cortina de fuego se había enrollado en una nube oscura ondulante que se extendió como un dosel. Hubo una gran agitación en las aguas, pero siguieron a los malhechores más allá del gran remolino. El paso estaba confuso en mitad de las aguas y el terreno era inestable. Aquí, en mitad del tumulto de las aguas, el Faraón luchó contra la retaguardia de los esclavos y prevaleció sobre ellos. Hubo una gran masacre en medio de la arena, el pantano y el agua. Los esclavos gritaron desesperados, pero sus gritos fueron silenciados. Entonces, un poderoso rugido rompió el silencio y los pilares de rodadura de la nube de la ira del DESTRUCTOR cayeron sobre el ejército. Los Cielos rugieron como si sonaran miles de truenos, las entrañas de la Tierra se vieron separadas, y la Tierra gritó su agonía. Las colinas se vieron separadas y cayeron. El suelo árido cayó bajo las aguas y llegaron grandes olas, que avanzaban como rocas desde el mar. La gran elevación de rocas y aguas arrolló los caros de los egipcios que iban delante de los hombres que marchaban a pie. El carro del Faraón fue lanzado por los aires como si estuviera sostenido por una poderosa mano y terminó aplastado en mitad de las turbulentas aguas".

Después de leer este capítulo, es posible que se esté preguntando: "¿Podremos sobrevivir?" Debe tener esperanza, lo hemos conseguido antes y lo haremos de nuevo. Ese es el motivo por el que los antiguos trabajaron tan duro para poder transmitirnos sus experiencias, sabiduría y predicciones.

La Biblia Kolbrin: Textos Egipcios del Libro de Bronce

- **Manuscritos 3:9** "…la hora del DESTRUCTOR está al llegar".
- **Manuscritos 3:10** "En esos días, los hombres tendrán el Gran Libro [primer nombre dado a la obra] ante ellos [a su regreso], el conocimiento será revelado; pocos se

reunirán con predisposición; será la hora de la prueba. Sobrevivirán los intrépidos; los valientes no sucumbirán".

Al término de cada uno de sus programas de radio de Internet "Cut to the Chase", Marshall Masters cierra con la frase: "Te veré después." Al decir "después", se refiere a los gloriosos años que habrá después del próximo sobrevuelo del Planeta X, y será para los fuertes de corazón.

Te veré después.

Aquí, encontramos la prueba científica definitiva para validar los 40 días y 40 noches de lluvia descritos en la historia Bíblica de Noé.

Como resultado de los movimientos asimétricos de la tierra y del mar, la atmósfera también se moverá por separado de los otros dos. Como consecuencia de ello, el aire húmedo que hay sobre los mares será empujado sobre las masas de tierra y después hacia arriba, y el agua de este aire regresará a la tierra en forma de lluvias torrenciales, perpetuas, que se extenderán durante todo el evento y durante los días siguientes.

El movimiento de la tierra precederá al movimiento del agua, pero el aire alcanzará la tierra más rápidamente, ya que tiene menos masa y es más susceptible a los efectos de la fricción. Se verá arrastrado literalmente. El aire húmedo que se encuentra sobre los mares se verá empujado sobre la tierra y hacia arriba, de forma que el agua de este aire regresará para caer en forma de lluvia torrencial.

Muerte en el Diluvio

En las historias del diluvio de la *Tora* (Antiguo Testamento) y de *La Biblia Kolbrin,* los protagonistas, y los que estaban con ellos, sobrevivieron en arcas flotantes hechas de madera. A pesar de la incredulidad burlona de la mayoría, adoptaron medidas en base al conocimiento que les fue facilitado, y se prepararon en consecuencia.

En la misma línea, hoy en día está sucediendo lo mismo. En el "Capítulo 10, Arcas para Los Elegidos", este libro explica el gran número de arcas de mar y de tierra que se están construyendo hoy en día, y en este mismo momento, por varios gobiernos.

Los que son elegidos para ocupar estas arcas pasarán por un gran periodo de temor. Los que se queden atrás seguramente perecerán si no logran refugiarse en un lugar seguro a tiempo. Esto es debido a que tendrán que nadar en aguas turbulentas llenas de escombros y de productos químicos venenosos hechos por el hombre. El destino más común de los mamíferos terrestres y de la vida marina será el de muerte por envenenamiento, por golpes o por aplastamiento.

Uno podría pensar que la vida marina de aguas profundas se salvará, pero no será así. La turbulencia de los mares los lanzará hacia arriba a velocidades increíbles, y morirán por descompresión.

Prácticamente todas las especies del planeta sufrirán al verse destruidos sus hábitats. Igualmente, la mayoría de las estructuras construidas por los humanos serán barridas, y la civilización, como la conocemos hoy en día, dejará de existir. Las estimaciones varían, pero los números más fiables se sitúan en torno a que se perderán alrededor de un 90% de todas las especies terrestres, incluido el hombre. La mayoría de la vida marina morirá, y todas las aguas, dulces, salobres y saladas, estarán llenas de esqueletos en descomposición, escombros, árboles y demás.

Por muy siniestro que sea este peor escenario posible, todavía hay una esperanza. En el Génesis 9:8, nos dicen que "… Dios le dijo a Noé … 'Hago este pacto contigo: nunca más

4

Escenarios del Sobrevuelo de 2012

Cuando hable del Planeta X con quienes son nuevos en este tema, la pregunta más habitual que le harán será: "si esto es tan importante, ¿por qué no hemos oído hablar de ello todavía?". Sea paciente, porque han oído hablar del Planeta X desde que eran niños. No lo ven porque les falta el contexto. No los hechos.

Como vimos en el "Capítulo 3, Informes Históricos de Sobrevuelos Anteriores", los cristianos y los judíos han estado estudiando los dos últimos sobrevuelos del Planeta X durante miles de años. Los conocemos como las alegorías Bíblicas de la Inundación de Noé y el Éxodo. En un sentido académico, estas alegorías Bíblicas documentan el nacimiento de una nación y su derecho a existir.

Para los investigadores del Planeta X, encierran ideas científicas abstractas con caracteres más grandes que la vida y narraciones fascinantes tan poderosas, que han permanecido durante milenios con un éxito indiscutible. Los datos siempre han estado ahí, en la *Sagrada Biblia,* y gracias a los escritos seculares de *La Biblia Kolbrin*, tenemos la clave para descifrar el conocimiento.

Descifrando los escenarios del Planeta X en la Sagrada Biblia

El destacado historiador del Planeta X Greg Jenner dice: "*La Biblia Kolbrin* es la Piedra Rosetta del Planeta X." (Para más información sobre esta obra, consultar el "Apéndice B, Historia de *La Biblia Kolbrin*"). Este antiguo texto sabio no solo nos ofrece un camino de Piedra Rosetta a la Sagrada Biblia, sino que también nos conecta a un amplio abanico de folclore y profecía secular diferentes. O como tan acertadamente expresaron los antiguos romanos:

Uno itinere non potest perveniri ad tam grande secretum. *Un sólo camino no nos puede conducir a tan gran secreto.*

Para los que quieran adoptar este tipo de filosofía, el estudio global de todos los informes históricos de los dos últimos sobrevuelos del Planeta X ofrece un patrón muy claro. Desde un punto de vista cercano, los dos últimos sobrevuelos provocaron catástrofes globales en la Tierra. Estos eventos han sido descritos en las historias Bíblicas de la Inundación de Noé y en el Éxodo, pero ¿son los únicos? ¡No!

Desde un punto de vista más amplio, el folclore y los textos sabios de prácticamente cada cultura indígena en el mundo hablan de historias similares. Sin tener en cuenta las alegorías utilizadas, todas coinciden en el tiempo y en la descripción con las historias de la Inundación de Noé y del Éxodo en la Sagrada Biblia.

De especial interés son las sorprendentes correlaciones entre los informes hebreos en la *Tora* (Antiguo Testamento) y los informes egipcios en *La Biblia Kolbrin* de estos dos eventos. Ambos textos fueron escritos más o menos en la misma época y suelen coincidir en temas claves.

Por ejemplo, ambos informes de los hebreos y de los egipcios intencionadamente omiten el nombre del Faraón del Éxodo y el de sus familiares; ambos establecen que Moisés fue un príncipe de Egipto y que los egipcios entregaron libremente metales preciosos y gemas a los judíos.

También hay diferencias. Por ejemplo, la versión hebrea nos cuenta que Moisés condujo a la mayoría, sino a todo su pueblo, por el puente de tierra que se había abierto en el Mar Rojo antes de que el ejército del Faraón fuera destruido. Por el contrario, el informe egipcio nos cuenta que más de la mitad de este pueblo fue masacrado antes de que las aguas volvieran a su lecho sobre el puente de tierra. Además, nos cuenta que el Faraón murió en el Mar Rojo, y que poco después de su terrible derrota militar, Egipto fue invadido desde el Sur por armadas hambrientas, que también se habían visto afectadas por las Diez Plagas.

Examinaremos estos aspectos del Éxodo de forma más profunda cuando veamos el mejor escenario posible más adelante en este capítulo, pero primero tenemos que analizar detenidamente el peor de los escenarios posibles, que está basado en la Inundación de Noé.

Cuando se trata de facilitarnos una imagen completa de lo sucedido durante la Inundación de Noé (El Diluvio), la Sagrada Biblia y *La Biblia Kolbrin* encajan como una caja de Legos para crear una nueva comprensión sobre lo que sucedió y sobre cómo sucederá de nuevo, ¡a nosotros! ¿Por qué es esto?

La mayor parte del informe egipcio de lo que sucedió durante el Diluvio se perdió en el incendio de la abadía de Glastonbury en 1184. Afortunadamente para nosotros, los informes históricos más importantes de *La Biblia Kolbrin*, que se perdieron en ese incendio, pueden encontrarse en la *Tora* (Antiguo Testamento), y en esta información, encontramos una explicación científica de los "40 días y 40 noches" que encaja.

Peor Escenario Posible, Elevación de la Inundación junto con un Reverso de los Polos

Una pista falsa que suele plantearse sobre la historia de la inundación en la Biblia es que simplemente no hay agua suficiente en el planeta como para cubrir todos los continentes. Otra pista falsa es que cuando se habla de los "40 días y 40 noches" de lluvia en el Génesis, no se refiere a nada más que a una buena temporada de lluvias del monzón. Y que para nada se refiere a una inundación global. Todo cierto pero... estas pistas falsas sólo funcionan cuando la Biblia se analiza científicamente fuera del contexto.

Cuando se aplica correctamente la ciencia a las alegorías contenidas en el Génesis y a los informes históricos de *La Biblia Kolbrin*, se forma una explicación clarividente que es aterradora en cuanto a su aplicación.

¿Aterradora? Sí, cuando se tiene en cuenta la predicción del reverso de los polos de Edgar Cayce, el "profeta durmiente", quien describió por primera vez que se avecina un reverso de los polos en el inicio de este milenio, durante el final de los años 20 y principios de los años 30.

Un reverso de los polos es el resultado de la corteza de la Tierra desplazándose de forma independiente del núcleo de la Tierra, para cambiar la ubicación de los continentes con respecto al eje de rotación de la Tierra.

Para ayudarle a visualizar cómo funciona, imagínese que acaba de quitarle la piel a una naranja en una sola pieza y de forma continua. Ahora, vuelva a colocar la piel alrededor de la pulpa de la fruta e imagine la superficie de la Tierra con sus fosas oceánicas y sus elevadas montañas. Suponiendo que la corteza es la piel, y que la pulpa de la fruta es el núcleo de la Tierra, un reverso de los polos describe cómo la piel rota a una nueva posición sobre la pulpa de la fruta.

Un malentendido común es que, durante un reverso de los polos, la Tierra literalmente se pone boca abajo, por decirlo de alguna manera. Mientras que un deslizamiento extremo es posible teóricamente, también sería la extinción de toda vida sobre la Tierra. Incluso desaparecerían las cucarachas.

Durante los siglos XIX y XX, varios profetas predijeron un reverso de los polos para estos tiempos, pero la predicción de Edgar Cayce es la más destacable porque se correlaciona perfectamente con los informes de la Inundación en la Sagrada Biblia y en *La Biblia Kolbrin*.

Edgar Cayce

"...donde ha habido un clima frío o semi-tropical, el clima será más tropical, y crecerán los musgos y los helechos".

Lo que hace que la predicción de Cayce sea tan apasionante es que no dice que habrá un reverso que ponga la Tierra boca abajo. En su lugar, nos dice que los continentes se desplazarán miles de kilómetros a zonas climáticas diferentes. No por una diferencia de tipo, sino por una diferencia de grados. Suponiendo que el proceso dure al menos "40 días y 40 noches" en completarse, podemos sobrevivir un evento de esta naturaleza.

O en otras palabras, el tiempo que dure, y no la distancia del reverso, será determinante para nuestra supervivencia como especie, o no.

Tiempo y Distancia

Según *La Biblia Kolbrin*, un reverso de los polos con una distancia similar a la predicción de Cayce, precedió al Diluvio que conocemos como la Inundación de Noé en la Biblia. *La Biblia Kolbrin* también se refiere a la misma franja de tiempo, que es muy similar a los "40 días y 40 noches" mencionados en el Génesis.

La Biblia Kolbrin: Edición Original Siglo XXI

- **Pasajes 4:24** "... Por la noche, LAS ESTRELLAS CAMBIARON DE SITIO, se desplazaron por el cielo a nuevas ubicaciones [tiene lugar el reverso de los polos], entonces llegaron las inundaciones [que hicieron que los océanos entraran en la tierra]".

- **Pasajes 4:27** "...EL BARCO SE VIO IZADO POR LA ELEVACIÓN DE LAS AGUAS [los antiguos en realidad lo describieron como una elevación, y no como una inundación] y avanzó entre los escombros, pero no fue golpeado contra las montañas debido al lugar donde había sido construido..."

- **Pasajes 4:27** "Las elevadas aguas alcanzaron las cimas de las montañas y cubrieron los valles. No subieron como el agua que va cubriendo un recipiente, sino que llegaron en forma de GRANDES TORRENTES CRECIENTES [más bien como tsunamis, que vienen en series de olas]..."

Cuando leemos el informe de *La Biblia Kolbrin*, no vemos pruebas de una catástrofe repentina, sino que como nos dice la Sagrada Biblia, el evento tuvo lugar lentamente, a lo largo de un periodo de semanas. De haber sucedido en cuestión de días, el Diluvio hubiese sido un evento de extinción masiva (ELE). Esto es debido a que la moción tectónica causaría terremotos masivos mientras que desestabilizaría la atmósfera y los océanos.

Un reverso de los polos, que tiene lugar en cuestión de minutos, causaría terremotos por encima de la escala de Richter. Algunos de ellos posiblemente serían como un fuerte terremoto solar. Recientemente se observó un terremoto solar provocado por una erupción solar normal. La energía liberada por ese evento fue equivalente a un terremoto de magnitud 11.3. O en otras palabras, 40 000 veces más energía que la del terremoto de 1906 que arrasó San Francisco, en California.

Conforme estos terremotos masivos convirtiesen los continentes y fondos marinos de nuestro mundo en moldes sísmicos de gelatina temblorosa, la atmósfera azotaría la superficie de nuestro planeta con vientos que superarían los 1000 kilómetros por hora, junto con tsunamis de cerca de dos kilómetros de altura.

Una ELE de esta escala sería tan devastadora como la extinción masiva del Cámbrico-Ordovícico, que tuvo lugar hace unos 488 millones de años. O incluso peor, sería tan extremo como el primer evento de extinción masiva de la Tierra, El Bombardeo Intenso Tardío de hace 3,9 billones de años, que aniquiló más del 99% de la vida en nuestro planeta.

Si sucede lo peor, poco quedaría de la vida compleja que hay en este planeta y de los organismos celulares simples. Teniendo en cuenta que ninguna de las predicciones del folclore antiguo y de los textos históricos sugiere esta posibilidad extrema para el 2012, ¿qué podemos esperar y, ¿se puede sobrevivir a ello?

Un Diluvio que se pueda sobrevivir

Hay historias del Diluvio por todo el globo, lo que demuestra que este ELE global también se puede sobrevivir de forma global.

Para tener una idea de lo que sucede, utilicemos un ejemplo de un deslizamiento polar de 5000 kilómetros. Esto corresponde, por ejemplo, al continente de América del Norte desplazándose hacia la ubicación donde se encuentra ahora el Polo Norte.

HORA — Tora (Antiguo Testamento) — 960 Horas

- **Génesis 7:11** "… y las ventanas del cielo se abrieron".
- **Génesis 7:12** "Y la lluvia cayó sobre la tierra durante CUARENTA DÍAS Y CUARENTA NOCHES".
- **Génesis 7:17** "… la inundación permaneció durante cuarenta días sobre la tierra; y las aguas aumentaron, y descubrieron el arca, que fue izada por encima de la tierra".
- **Génesis 7:24** "…las aguas permanecieron sobre la tierra ciento cincuenta días".

DISTANCIA — Edgar Cayce — 5000 kilómetros

- "…donde ha habido un clima frío o semi-tropical, el clima será más tropical, y crecerán los musgos y los helechos".

En el anterior ejemplo del peor de los casos, el reverso se completa en tan sólo unas horas, tiempo en el que la Tierra se revierte por completo, con la posibilidad de que se produzcan terremotos tan fuertes como los terremotos solares. Un terremoto solar puede liberar 40 000 veces más energía que el terremoto de 1906 que arrasó San Francisco, en California.

Ahora, ampliemos este evento del día del fin del mundo, de tan sólo unas horas, a la escala de tiempo de la Biblia de 960 horas. Al combinarlo con una distancia sugerida por la predicción de Edgar Cayce de 5000 kilómetros, ¡las matemáticas claramente trabajan a nuestro favor!

Tiempo Bíblico + Distancia de Cayce = Supervivencia

Cambiar una distancia de 5000 kilómetros en un periodo de 960 horas significa que los polos se desplazarían a una velocidad de 125 kilómetros por día. Esto haría que este evento tendría lugar a una velocidad media de 5,2 km./h.

¿Significa esto que podríamos sobrevivir a un cambio de los polos? Sí, porque este tiempo y distancia serían comparables al ritmo del movimiento del suelo que tuvo lugar durante el terremoto de 1906 en San Francisco. Por supuesto, incluso un evento de esta magnitud sería devastador, pero se podría sobrevivir.

Existe la posibilidad de que podría ser incluso más leve, en el caso de que toda la corteza de la Tierra de alguna manera se moviera de forma sincrónica. En este caso, la actividad sísmica todavía sería grave, pero no continua, y los que estuvieran intentando superar este evento en barcos en el mar o en la profundidad de la tierra, tendrían una oportunidad excelente para sobrevivir. Sin embargo, la mayor pérdida de vidas se produciría entre los que viven en o cerca de la costa.

Lo que esperar

El término "grandes torrentes crecientes" en Pasajes 4:27 de *La Biblia Kolbrin* nos dice lo que esperar. Los océanos caerán sobre la tierra, y continentes enteros se verán inundados; pero no será del estilo del tsunami de Sumatra. *La Biblia Kolbrin* también nos dice que primero las estrellas se cambiaron de sitio en los cielos, y que después subió el nivel de las aguas.

Por lo tanto, el reverso de los polos comienza con el movimiento de las cortezas de la Tierra. En respuesta a esto, el aumento de los océanos sobre la tierra será lento, pero persistente. Por expresarlo de una manera más sencilla, será muy parecido a un chapoteo a cámara lenta, como el agua chapoteando de un cubo.

Como consecuencia de ello, los continentes se desplazan a nuevas posiciones, pero los océanos se quedarán detrás de ellos de una manera asimétrica. En otras palabras, la tierra y el mar no se moverán como uno.

será aniquilada la vida por las aguas de una inundación; nunca más una inundación destruirá la tierra."

¡Que así sea! Ahora, sigamos con el mejor escenario posible.

El mejor escenario posible. Las 10 Plagas de 2012

Hágase esta pregunta: ¿cuántas librerías domésticas ya tienen un ejemplar de *El Origen de las Especies* de Charles Darwin en sus estanterías? De igual modo, ¿cuántas tendrán una copia de *Las Fábulas de Esopo* o los *Cuentos de Hadas y Relatos de Hans Christian Andersen*? Igualmente, ¿cuántas los tendrán en una librería de aquí a 100 años?

El punto aquí es que las observaciones científicas (tanto si está de acuerdo con ellas como si no) tienden a ser poco claras conforme avanza el tiempo. Seguramente puede que todavía leamos a Darwin dentro de 100 años, pero es probable que para entonces haya mucho menos interés en los textos científicos que leía Darwin que cuando estaba vivo. Y hoy en día, resta poco de ese interés. Por lo tanto, las verdades permanecen a través de las alegorías, el folclore y la narrativa de historias.

El folclore, los libros sapienciales y el misticismo se basan en las alegorías para transmitir hechos importantes de determinados eventos que han tenido lugar a lo largo de los tiempos y de las generaciones en la humanidad. De este modo, la historia de las 10 Plagas del Éxodo en la Biblia es una máquina del tiempo alegórica que incluye diez observaciones científicas organizadas en el orden siguiente:

Orden	Nombre hebreo	Descripción	Éxodo
1	Dam	El Agua se Convierte en Sangre	7:14-25
2	Tsfardeia	Ranas	7:26-8:11
3	Kinim	Mosquitos o Piojos	8:12-15
4	Arov	Pulgas de Perros	8:16-28
5	Dever	Epidemia del Ganado	9:1-7
6	Shkhin	Úlceras y Sarpullido Incurable	9:8-12
7	Barad	Granizo de Fuego y Hielo	9:13-35
8	Arbeh	Langostas	10:1-20
9	Choshech	Oscuridad	10:21-29
10	Makat Bechorot	Muerte de los Primogénitos	11:1-12:36

Estas diez observaciones científicas han sobrevivido al paso de los tiempos porque fueron concienzudamente incorporadas a una conmovedora alegoría, muy humana, en la que se explica cómo Dios castigó a un Faraón que carecía de sentimientos, según la versión hebrea del Éxodo en la *Tora* (Antiguo Testamento).

Cuando lo comparamos con la versión egipcia en *La Biblia Kolbrin*, nos facilita una oportunidad única de retirar el velo de la máquina del tiempo a las 10 plagas. Haciendo esto, ahora podemos decodificar las observaciones científicas de ambos, el punto de vista de los hebreos y de los egipcios, para tener una imagen completa de la catástrofe global que tuvo lugar durante el último sobrevuelo del Planeta X. Una perspectiva que, con relación al reverso de los polos y al diluvio, descritos arriba, es mucho menos severa.

Para empezar a decodificar la versión hebrea del Éxodo, primero tenemos que empezar con la causalidad, que, según los egipcios, no fue el castigo del Faraón que carecía de sentimientos. En su lugar, fue la lluvia de meteoritos e impactos causados por el Planeta X, junto con un incremento en la actividad volcánica y sísmica.

Cuando correlacionamos los informes hebreos y egipcios, vemos que las 10 Plagas del Éxodo no son eventos independientes. Sino que cada uno forma parte de una cadena de catástrofes, donde cada plaga fue consecuencia de un fallo del sistema natural causado por los efectos del Planeta X. Entonces, como sucede con todas las catástrofes, cada una se sumó a la otra en una serie de eventos en cadena, hasta que el sistema en su conjunto, finalmente falló por completo.

Examinando cada uno de estos eventos en la cadena de fallos del Éxodo, empezamos a ver un escenario muy posible para el 2012. ¡Uno basado en hechos históricos!

1ª Plaga — El Agua se Convierte en Sangre

Visite una fábrica de ladrillos local y pregúnteles cómo consiguen hacer esos ladrillos rojos tan bonitos que se utilizan para decorar el exterior de nuestras casas. La respuesta es bien sencilla: "Añadimos hierro a la mezcla".

Tenga en cuenta que es muy posible que el Planeta X sea una enana marrón, lo que significa que es un sol que no se ha desarrollado como tal, y que estará rodeado por un amplio disco protoplanetario compuesto por objetos varios de distintos tamaños, comenzando por el tamaño del polvo en adelante. Muchos de estos objetos caerán sobre la Tierra como meteoritos de hierro, conforme el Planeta X atraviese el núcleo de nuestro sistema.

Fue el hierro contenido en esos meteoritos lo que convirtió el agua en sangre, no es diferente a lo que le da a los ladrillos decorativos ese aspecto de rojo sangre. Esto hizo que las aguas del Nilo no fueran aptas para el consumo.

Lo mismo es válido para los que viven en el campo y dependen de pozos con niveles inusualmente altos de hierro en el agua. Incluso en concentraciones bajas, mancha los retretes y hace que el agua sea desagradable.

Ahora, imagine concentraciones de hierro en el agua que sean 1000 veces peor. Eso es básicamente lo que sucedió durante la 1ª plaga. Fue el hierro de los meteoritos lo que convirtió el agua en sangre. También hizo que no fuera potable, pero no fue el único problema causado por estos meteoritos.

2ª Plaga — Ranas

En agosto de 2004, investigadores de la Universidad de Arizona descubrieron que la schreibersita, un fosfato de hierro-níquel que se encuentra en los meteoritos metálicos de hierro, podría explicar la abundancia de fósforo en la Tierra.

El fósforo es una sustancia muy común en el universo, y los compuestos de fósforo se utilizan en cerillas y bombas incendiarias, proyectiles de artillería y proyectiles de mortero.

Dado que la 7ª Plaga fue una mezcla de granizo y fuego, tenemos una confirmación de que el Planeta X asoló la Tierra con una lluvia de meteoritos que contenía altas concentraciones de schreibersita cargada con fósforo.

Por lo tanto, la schreibersita de los meteoritos no sólo convirtió las aguas del Nilo en un desastre ecológico color rojo sangre, sino que en parte también fue responsable de contaminar el agua para los humanos y el ganado. Desgraciadamente, también resultó ser un golpe de suerte para las algas.

Las algas verdeazuladas son comunes en muchas zonas del mundo y se pueden encontrar fácilmente en Egipto y en América. El nutriente principal del alga verdeazulada es el fósforo, y las tormentas de meteoritos que azotaron la Tierra provocaron un aumento considerable en su número.

Cuando florecen las algas verdeazuladas, hacen dos cosas que son mortales para la vida. Le quitan el oxígeno al agua, mientras que al mismo tiempo liberan una neurotoxina mortal llamada microcistina. En concentraciones menores, la microcistina es un irritante potente, y conforme aumentaban los niveles, alcanzó un punto en el que irritaba la piel de las ranas que vivían en las aguas del Nilo, de tal forma que abandonaron el agua en masa.

3ª Plaga — Mosquitos, Piojos o Pulgas

La *Tora* utiliza la palabra '*Tsfardeia*' para describir las ranas comunes, pero esta palabra incluye también todas las especies de ranas y sapos. Esta distinción es importante por dos razones. Primero, porque significa que los sapos abandonaron el agua debido al creciente nivel de microcistina por la floración de algas verdeazuladas.

Segundo, porque los piojos son una fuente principal en la dieta de los sapos. Con la ausencia de su mayor depredador, la población de piojos aumentó rápidamente hasta alcanzar el nivel de plaga.

4ª Plaga — Pulgas de los Perros

En América, las Pulgas de los Perros son conocidas coloquialmente como *mosca del perro* (Stomoxys calcitrans). En zonas como el oeste de Florida y Luisiana, estos parásitos que chupan la sangre pueden causar mucho dolor a las personas, mascotas y ganado.

Conforme las algas seguían restando oxígeno al agua, añadiendo niveles crecientes de microcistina, las distintas especies del agua del Nilo empezaron a morir. Esto puso en marcha las condiciones idóneas para que tuviera lugar la plaga de las Pulgas de los Perros.

A diferencia de las ranas y los sapos, la vida marina del Nilo estuvo condenada a una muerte horrible, y muchas especies de insectos comenzaron a prosperar en la descomposición de los cadáveres que flotaban cerca de las orillas del río.

Sin embargo, un factor principal para la plaga de las Pulgas de los Perros nuevamente fue la microcistina del agua. Esto es porque impedía que los animales y el ganado tuvieran su defensa principal contra esta epidemia de pulgas, que sería la de permanecer dentro del agua hasta el cuello. Por lo tanto, estos parásitos tuvieron la oportunidad de alimentarse a costa de de todo un lento festín de animales torturados.

5ª Plaga — Plaga del Ganado

La malaria mata a 3 millones de personas cada año, y es la cuarta causa de muerte en niños de cinco años de edad y más pequeños en el tercer mundo. Los más afectados son los niños pequeños subsaharianos de África.

Al igual que los mosquitos Anepheles hembras que succionan la sangre y nos infectan con el parásito de la malaria, el "Arov" (Pulga del Perro) extiende la muerte exactamente de la misma manera. Sus equivalentes americanos, las moscas estables, son conocidos por transmitir a los animales enfermedades como el ántrax, la anemia infecciosa equina (EIA) y la anaplasmosis. Además, las heridas de las picaduras suelen favorecer el desarrollo de infecciones secundarias.

Esto nos conduce a la razón por la que el ganado hebreo escapó a esta plaga. Los egipcios daban de beber a su ganado con el agua del Nilo. Por lo tanto, se enfrentaban a tres muertes posibles:

1. No podían beber el agua debido al hierro que contenía de los meteoritos.
2. La microcistina del agua impedía que pudieran sumergirse en el agua para defenderse de las moscas y pulgas. Aún peor, los niveles de microcistina aumentaron hasta un nivel que resulta mortal para los humanos y para el ganado.
3. La combinación entre la deshidratación y la Pulga del Perro redujo sus sistemas inmunitarios, haciendo que fueran vulnerables a cualquier plaga de parásitos.

Los hebreos sabían que le pasaba algo malo al agua, por lo que mantuvieron a sus animales lejos del río. Por lo tanto, el ganado egipcio fue el primer objetivo para una plaga que se extendió rápidamente, gracias a la masiva proliferación de las Pulgas de los Perros.

6ª plaga — Úlceras y Sarpullido Incurable

Aparte de beber su agua, el Nilo también sirvió como agua para el baño, de lavandería, y de alcantarillado para la población. El agua que contiene microcistina, debido a la floración de algas verdeazuladas, irrita la piel humana y, a dosis elevadas puede causar la muerte. Bajo estas condiciones, cualquier lesión por muy leve que fuera en las manos y en los pies, se infectaría inmediatamente provocando úlceras, muy difíciles de tratar.

No obstante, una plaga de úlceras necesitaría mucho más que esto. En los informes hebreos del Génesis, encontramos la clave en la palabra "Shkhin" (normalmente traducida como "úlceras").

Según los antiguos hebreos, Shkhin era un tipo de enfermedad de la piel causada por el hollín, y el hollín es mortal incluso hoy en día. Cerca de 2 millones de niños y adultos mueren cada año en el tercer mundo por el humo y el hollín generados por cocinas de fuego interiores sin ventilación.

El hollín mata porque contiene carbón activo, lo que desde el punto de vista químico, es muy reactivo. No sólo irritará y dañará los tejidos de los pulmones, también dañará la piel y la irritará del mismo modo que la microcistina de las algas. En cuanto a las úlceras Shkhin, cualquier lesión en la piel que se vea atacada por niveles elevados de microcistina en el agua será prácticamente imposible de tratar, incluso por los métodos actuales.

7ª Plaga — Granizo Mezclado con Fuego

Aunque las 10 plagas del Éxodo como son descritas en la *Tora* (Antiguo Testamento) son muy objetivas, obviamente fueron secuenciadas para el efecto dramático. Con respecto a la causa-efecto, la 7ª plaga debería ser la primera de las plagas debido a las interdependencias de las primeras 6 plagas.

Tenga en cuenta que estas plagas no sucedieron en un orden lineal perfecto, sino en un orden desigual, aunque en marcos de tiempo paralelos. Sin embargo, para que una alegoría como la historia del Éxodo en la *Tora* (Antiguo Testamento) tuviera éxito en el tiempo, tenía que tener un diseño lineal sencillo. Uno que fuera de fácil comprensión y recordatorio para el lector.

Contrariamente a las anteriores generaciones, los que vivimos hoy en día tenemos la ciencia y la comprensión para reconstruir el complejo evento tridimensional de la matriz del Éxodo. Incluso así, nos vemos tentados por las explicaciones centradas en la Tierra, que suenan lógicas en principio, pero que sólo pueden sostener su validez a través de excepciones complejas.

Una de estas explicaciones científicas de la 7ª plaga es la teoría de que la erupción de Santorini, en el Mediterráneo, causó la 7ª plaga. Sin embargo, Egipto se encuentra demasiado lejos de Santorini para haber sufrido el impacto de la lava de su erupción. Aunque esta teoría volcánica ofrece una explicación, está basada en una causa-efecto imposible.

Nuevamente, volvemos al informe hebreo de la *Tora* (Antiguo Testamento), que nos cuenta que la 7ª plaga fue granizo mezclado con fuego, y este hecho se corrobora directamente por los informes egipcios en *La Biblia Kolbrin*.

- **Pasajes 4:24** "... cabalgando sobre una GRAN NUBE NEGRA RODANTE, apareció el Destructor ... La bestia abrió su boca y escupió FUEGO Y PIEDRAS INCANDESCENTES Y UN HUMO MALIGNO..."

La descripción aportada en *La Biblia Kolbrin* de la tormenta de granizo mezclada con fuego, claramente se atribuye a la presencia del Destructor. Por lo tanto, la lluvia de fuego que caía sobre la Tierra fue como consecuencia de una tormenta de meteoritos, pero no volcánica.

Ademas, esta es la única forma de explicar el hierro y compuestos de fósforo (como la schreibersita) que llovieron del cielo sobre la Tierra y que iniciaron las primeras 6 plagas, de una forma sencilla y unificada. En otras palabras, una vez que se atribuye la 7ª plaga a las tormentas de meteoritos desencadenadas por el Destructor, entonces todo encaja sin la necesidad de excepciones problemáticas.

Así que, *La Biblia Kolbrin* no es sólo "la Piedra Rosetta del Planeta X" como menciona el historiador Greg Jenner sobre el Planeta X; sino que también cumple el criterio de la navaja de Occam, que suele parafrasearse como: "En igualdad de condiciones, la solución más simple suele ser la correcta".

8ª Plaga — Langostas

Los informes hebreos y egipcios de los protagonistas del Éxodo se enfocan en Moisés y en el Faraón sin nombre del Éxodo, como los protagonistas principales. De hecho, ambos textos hacen lo imposible para evitar facilitar el nombre del Faraón del Éxodo y de su familia.

Donde difieren ambos es en el punto de vista del evento. La versión hebrea se enfoca mayormente en Moisés y en el Faraón, y poco más. Como consecuencia de ello, las plagas son atribuidas a un Dios que castiga al Faraón por ser tan duro de corazón. La impresión resultante es que se trata de un evento nacional, en lugar de un evento regional o mundial.

Por otro lado, el informe egipcio nos explica que las 10 Plagas del Éxodo afectaron a su propia nación, así como a las naciones fronterizas. En otras palabras, el Éxodo fue, al menos, a gran escala, un evento regional, y la prueba definitiva de ello es la 8ª plaga. No fue sólo un enjambre de langostas, sino la peor plaga de langostas de la historia de la humanidad.

Cuando se tiene en cuenta que un enjambre típico de langostas de África se puede comer aproximadamente 80 000 toneladas de vegetación al día, multiplicar esta cifra para adaptarla a un evento de escala Bíblica resulta alucinante. Por ello, para encontrar la relación causa-efecto entre tal plaga masiva de langostas y el Planeta X, tenemos que determinar qué desencadena el comportamiento en un grupo de langostas. No es una tarea fácil.

A lo largo de la historia de la humanidad, la obligación de encontrar una explicación a la razón por la cual las langostas se mueven en enjambres ha mantenido ocupados a muchos grandes pensadores. Sin embargo, los motivos usuales de la vista, olfato y sonido nunca han resultado una respuesta auténtica.

Según el doctor Steve Simpson de la Universidad de Oxford, en el Reino Unido, nunca será la respuesta adecuada porque tras 25 años de investigaciones exhaustivas, él ha encontrado la causa. Una respuesta genética provocada por el apiñamiento.

Lo que descubrió Simpson fue que las langostas tienen una forma muy singular de hacer frente a la disminución de recursos alimenticios. En lugar de competir unas contra las otras, chocan entre sí.

Conforme disminuyen sus recursos alimenticios, todas convergen en lo que les queda. Este es el momento cuando literalmente vuelan unas contra las otras y activan un punto genético de enjambre localizado en su pata trasera. Una vez que el apiñamiento ha provocado que estos puntos genéticos se activen, se inicia el comportamiento como enjambre.

Por lo tanto, para activar una plaga de langostas a escala Bíblica, tuvo que haberse producido una pérdida de hábitat regional si no global. La prueba de ello se puede encontrar con claridad en *La Biblia Kolbrin:*

- **Manuscritos 6:13** "Los árboles, en toda la tierra, quedaron destruidos, y no quedaba ni hierba ni fruta. La faz de la tierra se vio azotada y devastada por un granizo de piedras, que aplastaron todo cuanto había de pie bajo su torrente. Lo aniquiló todo bajo una lluvia caliente, y extraños ríos de fuego arrasaron toda la tierra a su paso".

De nuevo, nos conduce a la 7ª plaga, el granizo mezclado con fuego. Esta plaga nos cuenta que no sólo las aguas del Nilo se convirtieron en sangre por la lluvia de meteoritos, sino que el continente Africano se vio inundado por un polvo rico en hierro y que otras calamidades provocaron una deforestación, pérdida de cosechas y una pérdida masiva de hábitats.

En tiempos del Éxodo, el Imperio egipcio cruzaba el Nilo en una franja verde de rica vegetación. Cuando comenzó el enjambre de las langostas de las regiones vecinas, debido a una repentina disminución de sus recursos alimenticios, lo que quedaba de las ricas tierras agrícolas de Egipto y de sus exuberantes huertos frutales después de la lluvia de meteoritos, se convirtió en un mosaico de puntos de vegetación, un oasis para los enjambres de langostas.

9ª Plaga — Oscuridad

Los tres días de oscuridad podrían haber sido debidos a la nube de humo de la erupción volcánica de Santorini; es decir, tomando suposiciones favorables y un número mínimo de excepciones problemáticas de la teoría.

Cuando leemos el informe egipcio de la 9ª plaga en *La Biblia Kolbrin*, nos encontramos con una explicación totalmente diferente:

- **Manuscritos 5:5** "El Verdugo es como una bola de fuego dando vueltas que dispersa pequeñas chispas de fuego a su paso. Cubre aproximadamente una quinta parte del cielo y envía como dedos retorcidos de serpiente sobre la Tierra. El cielo está asustado ante su presencia, y se rompe y dispersa. EL MEDIODÍA NO ES MÁS LUMINOSO QUE LA NOCHE...".

Los egipcios también tenían muchos nombres para el Planeta X, al que se referían como el Destructor. El término "Verdugo" podría ser otro nombre para el Destructor, o podría referirse a un gran satélite en órbita alrededor del Planeta X. En cualquier caso, el mensaje es claro. Cubrió la atmósfera con tantas partículas oscuras que literalmente bloqueó la luz solar durante tres días.

Desde un punto de vista de causa-efecto, sería mucho más lógico que la 7ª plaga fuera seguida por la 9ª plaga y que ambas fueran la 1ª y la 2ª de las plagas del Éxodo, respectivamente.

10ª Plaga — Muerte del Primogénito

De todas las plagas, la 10ª y última plaga ha desconcertado a los pensadores más críticos durante milenios. ¿Cómo se podía discernir a los primogénitos, así como a los primogénitos del ganado para una muerte silenciosa en la oscuridad de la noche? Así que para los que empiezan, ¿qué fue lo que les envenenó?

La respuesta nos conduce directamente de vuelta a lo que causó la 2ª Plaga de las Ranas y los Sapos. La floración de las Algas. Estas floraciones no sólo contaminaron el agua con niveles mortales de miocistina, sino que también retiraron el oxígeno natural del agua al producir dimetil sulfuro. Se trata de un agente químico que se oxida (combina con el oxígeno) en dióxido de azufre.

El dióxido de azufre es tan letal para los humanos y para el ganado como lo es el gas de cianuro, porque es igual de tóxico. La prueba de este alto nivel letal son los 945 hombres y mujeres que fueron gaseados hasta la muerte entre 1930 y 1980 en las prisiones de América. Todos fueron ejecutados con el gas de cianuro.

El dióxido de azufre no sólo es tan letal como el gas de cianuro, sino que se trata de un gas "pesado". Se concentra cerca del suelo porque es más pesado que la mayoría de los componentes del aire. Esto haría que fuera una sustancia muy letal para los que vivían cerca o a nivel del suelo.

Era una práctica común entre los antiguos egipcios permitir que sus primogénitos durmieran en una cama cerca de la zona más fresca de la casa, a nivel del suelo. El resto de la familia dormía en el tejado, que solía ser la segunda zona más fresca de la casa.

Del mismo modo, por lo general el primogénito de los animales solía permanecer cerca de la casa, cuando los pastos eran inaccesibles.

Consecuentemente, los hijos primogénitos -mientras dormían- se vieron expuestos a concentraciones mucho más elevadas de dióxido de azufre que sus familiares de arriba. Del mismo modo, los primogénitos de los animales eran más pequeños que sus padres adultos y por lo tanto se vieron más expuestos a concentraciones elevadas de dióxido de azufre cuando dormían.

No sólo los hijos primogénitos y el ganado joven se vieron expuestos a concentraciones elevadas de azufre, sino que también eran más susceptibles a ello. Los animales y humanos adultos tenían cuerpos más desarrollados y podían absorber más dióxido de azufre que los primogénitos (aunque debería decirse "jóvenes", puesto que todos los pequeños son más susceptibles, no sólo los primogénitos).

Si se desarrolla un escenario parecido en el año 2012, será peor debido a la contaminación causada por el hombre que está emitiendo cantidades importantes de dióxido de azufre a la atmósfera. Esto es porque la contaminación causada por el hombre y el calentamiento global ya están creando las condiciones óptimas para una gran floración de algas verdeazuladas en muchas zonas del mundo.

El Mensaje Global del Éxodo

Por un lado, podemos limitar nuestra visión del Éxodo a la de una fiesta importante que celebran los judíos cada año para recordar cómo sus ancestros fueron liberados de la servidumbre. Por otro lado, si miramos más allá del evento a partir de la alegoría de la Tora (Antiguo Testamento), podemos ver fácilmente un mensaje de supervivencia, que perdura a través de los tiempos, encerrado profundamente en la alegoría.

Nos dice que una tras otra, los hebreos sobrevivieron a las plagas debido a que tomaron medidas preventivas simples. Por otro lado, los egipcios se vieron sorprendidos por cada una de las plagas, como resultado de su propia arrogancia y soberbia. ¡No según los informes hebreos de la Tora, sino por sus propios informes de *La Biblia Kolbrin*!

Por esta razón, la historia del Éxodo nos aporta a todos y cada uno de los que vivimos hoy en día, independientemente de la raza, credo o creencia, un aviso urgente. Podemos elegir sobrevivir el próximo sobrevuelo del Planeta X de la manera práctica de los hebreos, o podemos morir como los sorprendidos egipcios.

¡Son las cosas sencillas de la vida!

2ª Parte - Leyendo las Señales

"La mente intuitiva es un regalo sagrado, y la mente racional es un sirviente fiel.

Hemos creado una sociedad que honra al sirviente, y que ha olvidado el regalo".

—Albert Einstein (1879 – 1955)

Los que dicen: "Cruzaré ese puente cuando llegue a él", se arriesgan a encontrarse haciendo largas colas. De pie, junto a muchos otros, ellos también rezarán para que el puente siga transitable cuando llegue su turno.

Más allá de la otra orilla, los que se prepararon quizás puedan contar con el tiempo suficiente como para mirar atrás a las colas, o quizás no.

5

Sobrevivir A Lo Que Viene

Los paradigmas describen cómo vemos el mundo, y la gran mayoría de los que viven en el mundo industrializado confían en un patrón de consumo, materialista. Consecuentemente, cuando algo nos asusta, miramos a ver si hay algo que podamos comprar o adquirir que pueda ayudarnos a manejarlo. En muchos casos, este paradigma nos servirá, pero en los tiempos que están por venir, le falta amplitud y flexibilidad como para ser un verdadero patrón de supervivencia.

En cuanto a la creación de un patrón de supervivencia, este capítulo es el cemento, y todos los demás capítulos son los ladrillos. Ofrece una estrategia de alto nivel para crear un patrón de supervivencia para catástrofes.

Para los que se encuentren en mitad de las inquietantes agonías de la repentina concienciación del Planeta X / 2012, leer este capítulo podría ser un poco frustrante.

Si siente esta frustración, no pasa nada. Es completamente natural y no es una reflexión sobre sí mismo. La 1ª parte ha sido escrita para atender sus preocupaciones más inmediatas, por lo que puede volver a este capítulo cuando esté preparado. Después de todo, uno tiene que coger primero los ladrillos antes de preparar el cemento, así que siéntase libre de volver a visitar ahora la 1ª parte.

Por otro lado, aquellos de vosotros que ya habéis pasado por las agonías de la repentina concienciación del Planeta X / 2012, ver cómo se prepara el cemento podría ser de vuestro interés. Si es así, está preparado para lo que llamamos las 5 etapas del catastrofismo.

Las 5 Etapas del Catastrofismo

Los que investigan los temas del Planeta X y del 2012 durante varios años, progresarán por cada una de las 5 Etapas del Catastrofismo.

Etapa	Descripción	Nivel de Conciencia
1	Desviación	"No tengo tiempo para esta mierda".
2	Toma de Conciencia	"¡Oh, mierda!"
3	Exteriorización	"¡Comparte esta mierda!"
4	Aceptación	"Las mierdas suceden".
5	Iluminación	"El Universo se desenvuelve como debe".

Cada uno tiene su propio nivel de conciencia, que suele describirse como "mierda". Una palabra que puede que le parezca ofensiva en este punto. Sin embargo, antes de que termine de leer esta sección, verá por qué encaja tan bien.

Conforme hablemos de cada etapa, rápidamente verá su nivel actual de concienciación. Saber en qué punto se encuentra con respecto a otros es esencial para su propia supervivencia personal.

1ª Etapa – Desviación

Hay un dicho antiguo que explica que hay tres tipos de personas en el mundo. Las dos primeras son una pequeña minoría que hace que las cosas sucedan y una minoría mayor que mira cómo suceden. El tercer tipo es la gran mayoría, y les importa un bledo lo que sucede.

Esta etapa se llama desviación, porque se trata de un estado activo. Vemos cosas que están en conflicto con la comodidad o la continuidad de nuestras vidas, por lo que normalmente las desviamos mirando en otra dirección. Cuando esto no funciona, menospreciamos a los mensajeros con ataques *ad hominem* que juegan con nuestros prejuicios, emociones e intereses propios. Un ejemplo excelente es la historia de la Biblia de la Inundación de Noé.

En lugar de decir "podrías haber dado con algo interesante, Noé. ¿Tienes algo disponible sobre el nivel de las aguas?" se burlaron de él y lo ridiculizaron. Ya cuando estaban en las últimas, luchando contra las aguas, golpearon sus puños sobre el casco del Arca y gritaron: "Sentimos todas las cosas horribles que hemos dicho de ti, pero por favor, ¿podrías abrirnos? Nos estamos ahogando. Nos estamos ahog... Nos estamos a... ".

Aquí es donde todos debemos decir, "allí, pero por la gracia de Dios voy", porque la mayoría de nosotros, que tomamos conciencia de lo que va a suceder en los años que están por venir, comenzamos en esta misma etapa.

El motivo por el que somos diferentes es algo que vino completamente de la nada, y arrancó las vendas de nuestros ojos. Cuando sucede eso, ya no hay vuelta atrás a la desviación de la inactividad, y esto le deja frente a cuatro opciones simples:

1. Desvía su nueva conciencia con medicamentos y alcohol. Con el tiempo, su hígado se resentirá, pero siempre hay la siguiente opción.

2. Reza para alejar esta nueva concienciación. Al principio, lo hará en un susurro. Después, elevará la voz, y finalmente levantará los puños. Todo esto no sirve para nada, debido a que en lo que respecta al Planeta X y al 2012, parece que la máquina de respuestas de Dios alcanzó su límite de mensajes hace eones.

3. Finalmente acepta su nueva conciencia, y en ese momento de epifanía, pasa a la etapa 2, Toma de Conciencia.

4. Sí, esta es una etapa realmente difícil, pero antes de que se lamente de su nueva conciencia recién descubierta, tenga en cuenta esto. Lo que va a acontecer es la manera que tiene la naturaleza de poner las cosas en su sitio, y ahora lo va a escuchar venir, a tiempo para hacer algo al respecto. La mayoría nunca lo hará.

2ª Etapa – Toma de Conciencia

Hasta que el Planeta X y el 2012 no se conviertan en un peligro claro y presente, la pregunta clave que, durante mucho tiempo ha sido la precursora por excelencia de la 2ª etapa es: "¿Estoy loco?"

Si se está devanando los sesos con esta pregunta, relájese. Se trata de uno de los mecanismos auto-correctores que nuestras sociedades materialistas nos inculcan en la mente desde nuestro primer día, con objeto de que no nos desviemos del camino como obedientes consumidores y pagadores de impuestos. En consecuencia, muchos de nosotros luchamos con este dilema en el silencio de la noche.

Como el personaje Ebenezer Scrooge en *Un Cuento de Navidad*, todavía esperamos poder reescribir la primera aparición fantasmal de su fallecida pareja, Marley, con algo como "un mal sueño, causado por algo que comí que me sentó mal". Así que durante el día, durante nuestros descansos para comer y cuando tenemos un momento libre, buscamos en Internet y lo que encontramos nos acompaña a casa para alterar la quietud de la noche.

Nos encontramos tumbados en la cama, y una vez nuestros ojos se acostumbran a la escasa luz de la luna que se filtra al interior de nuestra habitación, empezamos a ver imágenes en el techo, sobre nuestras cabezas, de escenas catastróficas que tienen lugar en nuestra imaginación.

Seguramente igual que Scrooge fue visitado por los tres fantasmas de la Navidad en una noche, volveremos a ver las mismas escenas cada noche en nuestra mente. Entonces, una noche, tomamos conciencia, y comprendemos que no estamos locos. Es entonces cuando sabemos que hemos cruzado el umbral, porque sentimos la necesidad imperiosa de hacer sonar la alarma.

3ª Etapa – Exteriorización

Como dice el viejo refrán, "a la miseria le gusta la compañía," y esto resume bastante bien la 3ª etapa. Hasta que el Planeta X y el 2012 sea un peligro claro y presente, se trata de la peor etapa de todas, porque invade nuestras vidas con una soledad terrible.

Si bien hacer sonar la alarma es una actuación noble, los que se encuentran en la 3ª etapa suelen olvidarse que la mayoría de los que escuchen la alarma estarán sólidamente anclados en la 1ª etapa, con su nivel de conciencia en: "No tengo tiempo para esta mierda". El resultado es predecible. Su mujer se apunta a 20 horas de clases nocturnas en un colegio, misteriosamente dejará de recibir más felicitaciones de Navidad, y su vida social empezará a parecerse más a la cara oculta de la Luna.

Durante todo el tiempo, estará tumbado en la cama, pasando por la 2ª etapa, contemplando el techo de su dormitorio (que, llegado este momento, ya habrá memorizado en detalle) y viendo todos los escenarios de posibles catástrofes en su mente. Entonces, una noche, sucede algo maravilloso. De nuevo ha tomado conciencia. Es hora de repintar el techo y de hacer las paces con su conciencia.

4ª Etapa – Aceptación

Sabrá que ha llegado a la 4ª etapa, cuando vuelva a dormir como lo hacía antes de entrar en la 2ª etapa. En esta etapa, sabrá que no está loco, y que incluso si tiene que estar solo en esta toma de conciencia, aún así tendrá que enfrentarse a ello. Este es el momento en el que cada parte de su cuerpo comprende perfectamente cómo se sintió el pobre Noé cuando pasó por todo aquello. Dado que Noé hizo lo correcto, esto es algo que debe reconfortarle.

Durante la 4ª etapa, separará el Planeta X y el 2012 de su vida diaria. Para quienes pregunten, tendrá respuestas breves, aunque precisas, porque este es el momento en el que vuelve a tomar el control de su vida, a través de la adquisición de conocimiento y pensamientos. Este es un momento poderoso en su vida, ya que cambiará su punto de vista del mundo, para siempre.

En el pasado, puede que haya paseado por el bosque en otras ocasiones, hablando por el móvil o conversando sobre cosas mundanas con un amigo. Ahora, se dará cuenta de los detalles más pequeños. Verá las ardillas buscando frutos secos, las flores nuevas que han florecido, y muchas cosas más.

Los colores y los aromas transportados por el viento, serán más vibrantes y le llenarán más. Lo grabará todo en su interior, sabiendo que este momento tan sencillo será un tesoro en su memoria en un futuro, cuando la Tierra y todos sus hijos pasen por sus días más difíciles.

En cuanto a la creación de su propio patrón de supervivencia, puede quedarse en la 4ª etapa de forma indefinida, porque ha completado la parte del camino más vital para sobrevivir. Esto se debe a que ha perfeccionado las tres capacidades esenciales para sobrevivir que suelen decidir quién va a vivir y quién va a morir.

1. Puede evaluar su situación rápidamente.
2. Formular un plan basado en sus mejores opciones posibles.
3. Tomar medidas decisivas de forma inmediata en base a ese plan.

Considere esto; cuando las catástrofes empiecen a sucederse de forma más rápida y con mayor severidad, será como cuando una mujer se encuentra en la sala de partos, la mayoría de las personas esperan no tener que pasearse por la sala de espera preguntándose al respecto.

Estarán en la 1ª etapa, y pataleando y gritando para pasar por un proceso que a usted le ha costado meses o años en alcanzar. Excepto que ellos tendrán horas, o a lo sumo, días. Si estas personas son sus seres queridos y de los que se preocupa, puede ser su Noé que les abre las puertas, y ellos le seguirán. Pero, ¿y los demás?

Esta es la parte más difícil. Puede que no pueda salvar a nadie más que a su familia y a sus seres queridos. Los demás no le conocerán, y estarán desorientados por comprender repentinamente la catástrofe. Cuente con que esto les hará sentir pánico, discutir y ser peligrosos. Como Noé, tendrá que escuchar a estas pobres almas golpear con sus nudillos en el casco de su arca hasta que todo lo que reste sea el crujido de las maderas inflexibles, porque si se aferra a la vida, sólo podrá salvar a los que pueda.

Para unos pocos, he aquí la 5ª y última etapa.

5ª Etapa – Iluminación

Al inicio de esta sección, presentamos una tabla, como la que puede observar más abajo, donde las cuatro primeras etapas utilizaban la palabra "mierda", porque en estas cuatro etapas, usted tenía la atención puesta en sí mismo. Por tanto, toda la experiencia es bastante mala, en contraste con las recompensas agradables de una existencia material felizmente inconsciente.

Etapa	Descripción	Nivel de Conciencia
1	Desviación	"No tengo tiempo para esta mierda".
2	Toma de Conciencia	"¡Oh, mierda!"

3	Exteriorización	"¡Comparte esta mierda!"
4	Aceptación	"Las mierdas suceden".
5	Iluminación	"El Universo se desenvuelve como debe".

Así que, ¿por qué la 5ª etapa se encuentra libre de la palabra mierda? Esto es porque avanzar de la 4ª etapa a la 5ª etapa trata sobre cambiar la perspectiva. En lugar de moverse cada vez más cerca de las dinámicas de la catástrofe, usted se aleja de ello.

Por decirlo de otro modo, ya no está paseando por el bosque. En lugar de ello, se encuentra sentado en la cima de una montaña con todo el valle extendido frente a usted. Este es el momento en el que toma conciencia de que el universo se desenvuelve como debe, pero ¿qué significa esto realmente?

Esto significa que usted ya no filtra el mundo a través de los distintos prismas de nuestros sistemas de creencia de nuestros días y que acepta el mundo tal cual, con todos sus defectos, y sin juicio. Esto no es para decir que el bien se convierte en el mal, y viceversa.

En su lugar, usted ve el mundo otra vez como si fuera un niño. Es como es. Entonces, como un adulto que razona, podrá pasar a través de la confrontación y el abuso de la catástrofe que está por venir, con una mayor claridad de mente y propósito. Cuando esto suceda, tendrá lo que podría llamarse como el Zen de los cataclismos evolutivos.

El Zen de los Cataclismos Evolutivos

En términos humanos, una lección monumental que estamos a punto de aprender es la razón por la que nuestras civilizaciones evolucionan rápidamente, se degradan lentamente y después fallan de forma catastrófica. El servicio a uno mismo.

El servicio a uno mismo es un cáncer, no es una cura, y las civilizaciones que basan sus principios en el egoísmo están abocadas a una muerte temprana. Por extraño que pueda parecer esto, una vez que acepte esta afirmación, su punto de vista del mundo cambia.

En lugar de vivir para uno mismo y sufrir todo el miedo que conlleva este modelo de vida, empiece a vivir al servicio de los demás. Cuando esto sucede, gana esperanza, porque trabaja en pro de las especies, porque ha encontrado un equilibrio armonioso entre las necesidades de uno mismo y las necesidades de otros.

¿Es esta una manera radicalmente nueva de pensar más allá de nuestro alcance? No, de hecho el servicio a otros ha permitido que numerosas culturas indígenas hayan sobrevivido a los milenios.

Mientras que algunos de nosotros los consideramos como salvajes ignorantes, todavía tenemos que soportar la misma prueba de nuestro tiempo. Por lo tanto, nuestras insostenibles sociedades consumistas para nada son las más sabias, aunque tampoco se puede decir que no dispongamos de conocimiento. De hecho, ¡tenemos un gran conocimiento! Un ejemplo de ello es Albert Einstein cuando dijo: "Si la abeja desapareciera del planeta, al hombre sólo le quedarían cuatro años de vida".

Noticias de última hora. Las abejas están desapareciendo ahora como consecuencia de algo llamado problema de colapso de las colonias (CCD), que es tan misterioso para nosotros como la desaparición de los gorriones en Londres. Hace medio siglo que Einstein vio que esto se produciría, y ahora que está pasando, todavía nos reímos con reposiciones como M*A*S*H. Mientras tanto, las culturas indígenas están observando estos errores con gran preocupación.

No es porque seamos personas malvadas. Es porque hemos fallado como cultura para comprender plenamente el concepto de que la herramienta de supervivencia más importante que podamos poseer es el deseo universal de buscar la armonía dentro de nosotros mismos y con todo lo que nos rodea. La verdadera razón por la que las culturas indígenas han sobrevivido a los milenios.

Debemos hallar una manera armoniosa de fusionar lo que les ha funcionado a ellos con las capacidades tecnológicas recién descubiertas. Una vez que hagamos esto, estaremos preparados para ocupar nuestro lugar entre las estrellas, y eso, en una palabra, es de lo que se trata realmente el 2012. Una llamada de atención horriblemente dolorosa que nos lanzará a la siguiente etapa de nuestra evolución.

Si siente angustia porque cada humano sobre la faz de este planeta no puede ver esta simple realidad ahora mismo, es debido a cómo nos han enseñado que veamos el mundo desde hace cientos de años.

Visión Dominio contra Visión Ecosistema

Cada uno de nosotros tiene la opción de ver el mundo como un dominio, o como un ecosistema. En términos sencillos, un dominio es algo que se explota. Un ecosistema es la casa de uno.

Una forma sencilla de comprender la diferencia principal entre estas formas radicalmente diferentes de ver el mundo comienza con la visión de dominio.

Visión Dominio

El resultado deseado de la visión de dominio es el de identificar, aislar y usar alguna parte o aspecto del mundo para satisfacer nuestras propias necesidades y deseos. En cierto modo, vemos el mundo a través de la lente de una cámara de 35 mm. Con un zoom poderoso.

Nos alejamos de la imagen, escaneamos el mundo que tenemos ante nosotros, y entonces encontramos algo de interés. Acercamos la imagen y comienza el proceso intensivo de zoom, enfoque y encuadre de la imagen hasta que cumple nuestras expectativas. En este momento, hacemos la fotografía y seguimos nuestro camino. Lo hecho, hecho está.

El talón de Aquiles de esta visión del mundo de estilo dominio es que mientras que estamos enfocados en aquello de lo que nos queremos aprovechar, el resto del mundo está borroso y fuera de enfoque. Si vemos algo grande y borroso moviéndose en la esquina de nuestro visor, repetimos de nuevo el proceso. Acercando la imagen, ajustando el enfoque y encuadrando la siguiente imagen.

En consecuencia, muchas veces perdemos nuevas oportunidades, que por supuesto es el punto central de la publicidad. Atrapa nuestra atención limitada, de forma que acercamos nuestro zoom a cualquier oportunidad nueva hacia la que nos empujan los anunciantes. También pueden incluir temas amenazantes como, por ejemplo: "Corre, mira aquí cómo aprender más sobre el cáncer de mama o cómo proteger tus propiedades".

En cuanto a las amenazas más generales a la sociedad, estamos tan ocupados enfocándonos en lo que queremos explotar o adquirir, que simplemente no podemos mover nuestras cámaras lo bastante rápido como para verlo todo. Así que, confiamos en que otros lo hagan por nosotros. O hacemos cuanto podemos para auto-informarnos, dentro de las limitaciones de nuestra lente de zoom de 35 mm., la visión de dominio del mundo.

El resultado final es que cuando tiene lugar una catástrofe, a menudo nos coge por sorpresa, porque estamos enfocados en otra zona. Para tener una idea de primera mano de lo que significa esto, pase todo un día en su casa con la lente de zoom de una cámara.

Vaya donde vaya en la casa, o haga lo que haga, tiene que verlo a través de la cámara, y sólo a través de la cámara. Aunque no es así como vemos dentro de nuestras casas, ¿no es cierto? Por supuesto que no. Nuestra casa es nuestro ecosistema, y queremos que cualquiera que entre en nuestra casa la respete y que respete todo lo que hay en ella.

Visión de Ecosistema

Con una visión de ecosistema del mundo, no se separa del mundo mediante la lente de zoom. En lugar de eso, usted forma parte del mundo, así que todo lo que hay a su alrededor, cerca y lejos, se encuentra dentro de su enfoque. En consecuencia, ve las nuevas oportunidades y amenazas que están en desarrollo, y que de otro modo, se habría perdido.

Respete las oportunidades, porque se encuentra en una casa ajena y los buenos invitados no dejan todo patas arriba. Del mismo modo, es más probable que vea las amenazas distantes mucho antes que en una visión de dominio, así como los caminos seguros que hay alrededor de estas amenazas.

En un mundo de catástrofes, enfrentarse a las amenazas cuando ya se están produciendo es lo último que querrá. Si llama al servicio de emergencias en el año 2012, podría pasar mucho tiempo antes de que alguien responda su llamada, si es que contestan. Y lo que es peor, si las cosas empeoran y se produce un intercambio de disparos, no habrá ninguna sala de emergencias con medicamentos para aliviar el dolor y salvar vidas. En lugar de eso, estará viviendo en un mundo donde cualquier simple rasguño o un pequeño dolor de muelas, podría ser el comienzo de una lenta y dolorosa muerte.

Al adoptar la visión del mundo como un ecosistema, no se está convirtiendo en un amante de los árboles, si es así como define a los ecologistas. Está empleando la habilidad humana básica que salvó al 100% de todos los nativos durante el superterremoto y tsunami del océano Índico en diciembre de 2004.

En el momento en el que sintieron temblar el suelo bajo sus pies, los "nativos ignorantes", como les llaman algunas personas "civilizadas", dejaron de hacer lo que estaban haciendo, porque han crecido con una visión del mundo como ecosistema. Por eso recogieron a sus hijos y corrieron hacia zonas elevadas, mientras gritaban lo que probablemente se traduce así: "Pies, no me falléis ahora".

Mientras tanto, algunos pensadores de dominio con sus casas con aire acondicionado, coches, educación y dinero, se quedaron paralizados mientras el mar retrocedía descubriendo el fondo marino. Otros, corrieron tras él para recoger los peces varados.

Mientras que los "nativos ignorantes" daban las gracias porque ninguno de ellos había muerto, los pensadores de dominio enterraban a sus muertos preguntándole a Dios, "¿por qué?". Cuando no hay una respuesta, a menudo lo llamamos "un dolor irreconciliable". O podemos decir "alguien va a pagar por esto", lo que nos conduce a la noción de los gobiernos y las conspiraciones.

Gobiernos y Conspiraciones

Las conspiraciones son la profesión más antigua, y abundan las conspiraciones de los gobiernos. Cualquiera que le diga lo contrario, o bien se está aprovechando de ello, o es un zoquete. Existen, unas por encima de otras, con toda una serie de héroes globales, villanos y oportunistas, de todas las formas imaginables.

Sí, conocer las conspiraciones es útil; sin embargo, desperdiciar un tiempo precioso en ellas podría ser contraproducente en cuanto a sus posibilidades de supervivencia.

Por ello, lo mejor que puede hacer con las conspiraciones es darles cuerda larga. Esto es mucho más fácil de hacer con una visión del mundo como ecosistema, porque le ayuda a mantener su enfoque en su propia supervivencia.

O, puede caer en la visión trampa de dominio que es como nadar dando vueltas en la piscina cubierta de un trasatlántico mientras éste se hunde. Puede analizar conspiraciones con argumentos sin fin que vienen y van, pero no importa cuántas brazadas haga en la piscina, siempre permanecerá en el punto de partida. Sin embargo, el proceso es seductor, por lo que usted persiste.

Mientras lo hace, el trasatlántico sigue hundiéndose poco a poco, pero usted está demasiado distraído para percatarse de ello, porque el agua de la piscina interior sigue en el mismo nivel. Tranquilizado por ello, usted sigue nadando de un lado a otro, incluso a pesar de que las cosas no parecen estar bien.

Entonces, de repente, su cabeza se golpea con el fondo de la piscina. Esto no es bueno, porque el barco finalmente ha perdido lo que le quedaba de flotabilidad, lo que le hace llegar a tres conclusiones sobre conspiraciones y naufragios:

- La parte negativa es que el agua de la piscina ahora tiene un sabor salado. Esto le dice que lo que una vez era un hundimiento lento se ha convertido ahora en un rápido descenso mortal hacia el fondo del océano.
- Con respecto a la parte positiva, ánimo. Será misericordiosamente rápido, y ya está vestido para la ocasión.
- Mírelo a largo plazo. Su cuerpo alimentará la vida marina que, en algún momento, terminará en una red de arrastre para ser utilizada en una receta para mejorar la libido, a través de una sopa oriental.

La cuestión es que la catástrofe que se nos avecina es tan poderosa que hundirá la mayoría de las conspiraciones y a sus conspiradores. Con respecto al Planeta X y el 2012, todos somos pasajeros de un barco que se hunde. Deje los camarotes de 1ª clase para los conspiradores, y encuentre su camino a las lanchas.

Esto, por supuesto, conlleva a una pregunta interesante. Teniendo en cuenta que todavía nos tenemos que subir a bordo del barco, ¿cuándo deberíamos empezar a buscar las lanchas salvavidas? La respuesta es que empiece a buscar hoy, con el poder de su propia imaginación.

Programando Su Mente para la Supervivencia

Un antiguo aforismo dice, "lo que no te mata, te hace más fuerte". Por supuesto, lo más probable es que los que nos dicen esto por lo general, al mismo tiempo, intenten matarnos. Sin embargo, todavía persiste la lógica, porque esta catástrofe que se avecina será imparable y más allá del control humano. Durante décadas, los gobiernos y las cábalas del poder se han estado preparando para este evento a una escala que sólo unos pocos se pueden imaginar.

La palabra clave aquí es "imaginar". Para ilustrar este punto, asumamos lo siguiente. Ha decidido actuar como un gobierno, y lo primero que hace es construir una valla de 2,50 metros alrededor de su patio trasero, para evitar las miradas indiscretas.

Durante la noche, reproduce música a todo volumen mientras construye un bonito búnker en su patio trasero. Cuando lo termina, almacena en él toda clase de suministros, alimentos, combustible, armas y municiones, y lo cierra. Como medida extra, construye un mirador encima y después vuelve a hipotecar la casa para comprarse un Hummer nuevo y reluciente. Ahora, ya está preparado, y continua con su vida, confiando en que cuenta con el mejor plan secreto de supervivencia de su vecindario.

Quiso la suerte que la catástrofe se produjese cuando su familia y usted se encuentran fuera de la ciudad visitando unos familiares, y se desata el caos. No hay suministro eléctrico, la Cruz Roja se ha quedado sin suministros, la Guardia Nacional patrulla las calles, y los almacenes se han quedado sin nada. Tiene suerte; llenó el tanque de combustible de su Hummer antes del caos, y ahora tiene combustible suficiente para llegar a casa y a su búnker. No hay de qué preocuparse.

Los acontecimientos son extremos porque los puentes se han derrumbado, y los tornados han arrancado grandes trozos de pavimento, pero ahí es donde prevalece un Hummer. Se da una palmadita en el hombro. ¡Qué buena inversión!

Después de pasar el último punto de control, su Hummer empieza a dar tirones. Le falta combustible. Apenas consigue llevarle a la entrada cuando el motor deja de funcionar. Todo va bien. Ha conseguido llegar a casa por los pelos, pero tiene 380 litros de combustible en el búnker. Nuevamente, se da una palmadita en el hombro mientras usted y su familia se bajan del Hummer y corren hacia el patio trasero. No hay de lo que preocuparse.

Lo siguiente que sucede es que se encuentra ahí, contemplando el montón de escombros de lo que una vez fue su mirador, y de lo que queda de su búnker, que es nada. Todo ha desaparecido. Y cuando esta realidad le hunde, su mujer le da un codazo en las costillas para que levante la mirada.

Ahí, mirándole desde arriba de la valla de 2,50 metros, están sus vecinos. Le apuntan con sus armas, cargadas con su munición, y sólo tienen una pregunta: "¿Dónde está el otro búnker?"

¿Cómo les explica que no hay otro búnker?

Así es que, ¿cómo llegó a ese punto? Actuó como un consumidor, no como un superviviente. Los consumidores cavan búnkers, almacenan suministros en ellos y compran vehículos prácticos de supervivencia como los Hummers. Entonces, se sienten seguros de volver a su rutina diaria, pensando que tienen un plan. Por otro lado, los supervivientes utilizan el lujo del tiempo de forma muy diferente.

Programando Sus Neuronas para la Supervivencia

Los supervivientes empiezan a sobrevivir sentándose primero bajo un árbol y recapacitando sobre lo que va a suceder. Para los consumidores, esto podría parecer una pérdida de tiempo, especialmente cuando sabes que cuentas con un búnker de almacén bajo tu mirador y un Hummer nuevo y reluciente en la entrada.

Sin embargo, el superviviente ya sabe lo que cualquier planificador militar. Una vez que comienza el tiroteo, los acontecimientos sobre el terreno son los que dictan las normas. Este es el motivo por el que los planificadores militares invierten tanto tiempo en visualizar el campo de batalla en su mente con juegos de guerra. Haciendo esto, crean una sucesión de ideas de trabajo y conceptos que les permitirá responder rápidamente y de forma decisiva a lo que será una situación de evolución rápida. Cuando creen haber identificado todas las variables posibles, saben lo que necesitan, y ese es el momento en el que se van de compras.

Hay otra parte positiva en estos juegos de guerra. Mientras los crea, también está creando una nueva red de neuronas en su mente. En un sentido literal, está preparando su mente para actuar en estas circunstancias. Para que esto funcione, debe visualizarse a sí mismo haciendo frente a todas las variables en este escenario de juego de guerra.

Si se toma en serio el sobrevivir a las catástrofes naturales que sean más probables en su zona geográfica, así como a aquellas que nunca esperaría, ahora es el momento de utilizar su imaginación como un jugador de guerra.

Identifique todas las amenazas y combinaciones de amenazas posibles, que tengan sentido para usted. Entonces, encuentre un lugar tranquilo donde poder estar solo con sus pensamientos, y utilice su imaginación para explorar cada una de ellas, una tras otra.

Cierre los ojos. Ahora, use su imaginación. Empiece viéndose a sí mismo haciendo lo que acostumbra a hacer en un día normal. Entonces, imagine el evento. Quizás empieza con sirenas y viendo a compañeros de trabajo abandonando el edificio a toda prisa. O quizás está haciendo una barbacoa en el patio trasero de su casa con su familia cuando empieza a sentir que la tierra tiembla bajo sus pies.

Conforme se despliega su visualización, véase respondiendo a lo que está sucediendo. Sea honesto en evaluar su respuesta. Si ve que no sabe qué hacer, tome nota mental de ello, y encuentre la información que necesita para completar este desconocimiento. Hay mucha información de este tipo disponible gratuitamente en Internet y en páginas oficiales locales.

Una vez disponga de la información que necesita, no le será útil a menos que la tenga asimilada en su mente. Así es que, encuentre un lugar tranquilo, y utilice su imaginación para volver a desplegar el escenario de nuevo. Cuando sienta que ya sabe cómo manejar ese escenario en concreto, avance hasta el día siguiente, la semana siguiente, el mes siguiente, y así en adelante.

Tenga en cuenta también que el 2012 no es una fecha absoluta. Es una referencia relativa a una tribulación que durará un periodo de varios años. Debe pensar en ella en ese contexto.

Personalizando el Proceso

Otro aspecto de todo esto es que cada uno de nosotros llega a este punto siguiendo su propio camino. No hay una plantilla estándar por la que todos accedemos a ello del mismo modo. Después de trabajar a través de su primer escenario, modifique el proceso de forma que le haga sentirse bien con ello. Así mismo, encuentre un ritmo que no interrumpa su vida, pero que le permita continuar de forma constante.

Aunque esta forma de meditación, en un principio, podría parecer deprimente, empezará a sentir una fuerte sensación de poder que le ayudará a compensar este tipo de pensamientos desagradables. Por extraño que pueda parecer, ¿de verdad quiere estar en el proceso de preparación, en medio de un evento catastrófico, porque cedió a esa frase coloquial de: "cruzaremos ese puente cuando lleguemos a él"?

Cruzar ese Puente cuando Llegue a él

Cuando esa filosofía coloquial le presione para que aparte los pensamientos tristes y se enfoque en pensamientos más agradables, visualice ese puente futuro en su mente. No ese tipo de puentes bien mantenidos que usamos hoy en día, sino estructuras en ruinas atestadas de refugiados que huyen de un lado a otro.

La marea humana es prácticamente intransitable, por lo que la cola se extiende mucho más allá del punto de control militar por el que usted tiene que pasar, también. Claro está, si le dejan hacerlo.

Uno de los capítulos más tristes de "cruzaremos ese puente cuando lleguemos a él" de la historia de América tiene lugar durante los turbulentos días de la Guerra Civil. Mientras disminuía el apoyo a la guerra, el presidente Lincoln le dio el visto bueno al general Sherman para que emprendiera su marcha histórica al mar que provocaría un camino de destrucción en el corazón del Sur. Siempre en marcha, Sherman se veía presionado por los víveres que necesitaba para alimentar a sus tropas; suministros que se veían afectados por los miles de esclavos africanos que seguían a su ejército a la libertad.

Enfrentado a una disminución de suministros, la situación del ejército de Sherman se hacía cada vez más desesperante, y esto generó la tragedia. Sucedió cuando un batallón de hombres, bajo el mando del general de la Unión Jeff Davis (que no guardaba relación alguna con el presidente confederado), llegó al arroyo Ebenezer en Carolina del Sur. El agua era demasiado profunda y rápida para cruzarlo, por lo que Davis ordenó a sus hombres que construyeran un puente.

Una vez que sus tropas se hubieron trasladado al lado opuesto del arroyo, Davis ordenó a sus hombres que cortaran las cuerdas que sujetaban el puente, antes de que pudieran cruzarlo los esclavos liberados, dejando aislados a unos 5000 mujeres, niños y hombres mayores, estando el ejército confederado cerca.

En un instante cruel, Davis les cortó su camino a la libertad, y desesperados por ser libres, cientos de esclavos se lanzaron a la corriente turbia y se ahogaron ante la mirada horrorizada de sus hombres desde el lado opuesto. Algunos lograron cruzarlo, pero la mayoría no lo consiguió. Los que no se atrevieron a aventurarse en el agua murieron más tarde a manos de las tropas Confederadas o volvieron a la esclavitud.

Cuando Sherman fue informado más tarde acerca del incidente en el arroyo Ebenezer, defendió firmemente la actuación de Davis como una "necesidad militar." En consecuencia, Davis nunca fue reprendido ni juzgado por ello. Tenga esto en cuenta la próxima vez que hable del Planeta X y del 2012 con un amigo, y diga: "Cruzaré ese puente cuando llegue a él".

Si siente la necesidad de explicarles los términos de las necesidades militares, déjelo pasar. Su amigo todavía se encuentra en la etapa 1 de desviación, y si le presiona en este momento, lo más probable es que termine diciéndole: "No tengo tiempo para esta mierda".

La supervivencia es una responsabilidad personal, y hay otra cosa que puede hacer para mejorar sus habilidades de supervivencia. Una cosa que puede empezar a hacer hoy es mirar las noticias de la televisión desde un punto de vista totalmente diferente.

Leer Entre Líneas en las Noticias

Los medios de comunicación americanos disfrutan de una libertad de prensa sin restricciones en cuanto a historias de noticias mundanas, especialmente aquellas en las que sus protagonistas sean mujeres blancas atractivas, pero que hayan sufrido una muerte desafortunada. Desde una perspectiva empresarial, el atractivo de estas historias radica en que son baratas de producir y que generan ingresos extraordinarios por publicidad. Una ventaja adicional si se considera que los presupuestos de las noticias de investigación son más bajos que nunca.

Por encima del nivel de la muerte de las mujeres blancas, las cosas adquieren un cariz diferente. Se trata de un punto en el que la consolidación de los medios de comunicación, en manos de unos pocos magnates, ha dado buenas ganancias para que los que manipulaban la Comisión Federal de Comunicaciones de los Estados Unidos rompiese con décadas de normas, a fin de permitir la consolidación. Espere que se produzca filtrado y desinformación de las historias clave.

¿Son los reporteros de la misma calaña que los directivos que les dicen sobre lo que pueden y sobre lo que no pueden informar? Algunos no están del todo a gusto con esta situación. Recordemos lo que sucedió con el Huracán Katrina.

América se sintió conmocionada al ver a las personas sumidas en la más pura miseria en el Superdome de Nueva Orleans. Pidiendo ayuda, las víctimas varadas fueron ignoradas durante mucho tiempo por los líderes estatales y federales, que estaban demasiado ocupados señalando con sus dedos en todas las direcciones excepto al Superdome.

El problema básico fue que estas personas en su mayoría eran pobres con cargas fiscales. Antes del Katrina, le hubiesen dicho tranquilamente que nunca votarían a un presidente Republicano, incluso si sus vidas dependieran de ello. Desgraciadamente, esa creencia se actualizó como una profecía auto-cumplida. De haber sido banqueros Republicanos, su plegaria hubiese encendido una hoguera en el trasero del presidente Bush.

Justo cuando las cosas estaban siendo realmente desesperantes, sucedió algo impensable, y nada menos que por dos reporteros de televisión de la Cadena de Noticias Fox. Con las imágenes de fondo del Superdome, América vio cómo las lágrimas rodaban por las mejillas de la cara de Geraldo Rivera.

Sus súplicas, casi en forma de monólogos poéticos, fueron muy intensas, y junto a él se encontraba un extremadamente furioso Shepard Smith. Ambos fueron mano a mano con Bill O'Reilly y Sean Hannity, quienes desde su confortable y acondicionado estudio en Nueva York, restaban importancia a todo el asunto. Sin duda porque los ejecutivos de la empresa les decían que lo hicieran así. Sin embargo, Rivera y Smith se negaron a dar marcha atrás.

Anderson Cooper, de la CNN, hizo una petición similar, pero fue la FOX quien obtuvo toda la atención de la Casa Blanca. La cadena más favorable de Bush tenía dos cañones preparados y ninguno de ellos iba a detenerse. Ahora, alguien tenía que pagar las consecuencias. Algo había que hacer, y la pelota se detuvo – en alguna parte – finalmente.

La lección que hay que aprender del Katrina es simple. Si los gobernantes te ven como una persona activa, serás tratado como tal. Mientras que si te ven como una persona pasiva, también serás tratado como tal.

El presidente Bush tan solo actuó de forma consistente con la historia de la gobernabilidad, y Rivera, Smith y Cooper cambiaron la forma de contarlo. Le obligaron a recortar sus pérdidas. Así de simple. Como dicen en las películas de la mafia, "sólo son negocios". Y cuando este notable episodio pasó, volvimos a la forma habitual y mundana de cubrir noticias sobre mujeres blancas atractivas, pero que han sufrido una muerte desafortunada.

Todo sigue igual. Hay una gran cantidad de información interesante en televisión, especialmente historias sobre el tiempo y sobre los cambios de hábitos. Para sacarle el máximo partido, vea las noticias como lo haría una persona sorda. Apague el volumen y active los subtítulos. Ponga música relajante de fondo como Claire de Lune, de Debussy, y escriba notas. Se sorprenderá ante lo que podrá captar cuando no está escuchando un tema musical creado para acelerar los latidos de su corazón.

No se preocupe de si se está perdiendo algo. Lo repiten una y otra vez. Lo mejor de todo, no se distraerá con las cabezas parlantes que estiran las noticias duras de 6 minutos hasta los 60 minutos de un análisis aguado. Lo que realmente quiere ver son los visuales repetidos; los segmentos de vídeo y los gráficos que repiten constantemente añadiendo algo nuevo de vez en cuando. Con el tiempo, empezará a darse cuenta de cosas diferentes, especialmente cuando haga zapping por los canales de noticias.

Para ayudarle a desarrollar esta habilidad, los próximos dos capítulos ofrecen consejos especiales sobre Noticias Dentro de las Noticias para monitorear informes sobre eventos atmosféricos y oceánicos.

6
Ver las Señales en la Atmósfera

La NASA ha anunciado que prevén que la Tierra se caliente hasta un nivel más allá de lo que se ha visto en este mundo durante el último millón de años. Suponiendo que nuestros ancestros homínidos estuvieran intentando caminar de pie hace un millón de años, estamos hablando de cambios en la Tierra que el hombre moderno no ha visto jamás. Como resultado de ello, la NASA especula que podríamos ver un aumento en el nivel del mar de hasta 25 metros. La palabra clave aquí es "especula", a pesar de que la prueba que apoya la afirmación de la NASA ya es visible.

Ahora, la excepción se ha convertido en la norma, y durante la última década, han aparecido tormentas extremas de un cielo azulado. Azotan durante un tiempo relativamente breve, dejan un camino de destrucción prácticamente total, causan la muerte de muchas personas, y después se disipan.

Los Meteorólogos nos dicen que hemos tenido tormentas extremas como estas en el pasado y nos muestran gráficos históricos con numerosas fechas. La sutil diferencia que pasan por alto es que las fechas de los eventos en sus gráficos están separadas por décadas y siglos. Haciendo esto, de forma conveniente dejan de lado el hecho de que, durante la última década, hemos visto esta separación de tiempo comprimirse en meses y años.

Un resultado de esta compresión es que hemos tenido ya un año que, a nivel mundial, fue un claro presagio de los tiempos que están por venir. Como un motor que empieza a arrancar, la primera señal llegó con las tormentas extra-tropicales de Europa en 1999. La segunda fue la pandemia de un clima mortal en el año 2005.

Tormentas Extra-tropicales en Europa

En otoño, el oeste de Europa suele sufrir tormentas extra-tropicales, y algunas son muy violentas. Se denominan tormentas extra-tropicales porque el mecanismo que las crea y potencia es exactamente el mismo mecanismo que se observa en los huracanes del Atlántico que pasan por el Caribe, como por ejemplo el Huracán Katrina en el año 2005.

Las tormentas extra-tropicales son causadas por la llegada del invierno, y el periodo entre noviembre y febrero suele ser la temporada en la que se activan las tormentas más intensas en la mayor parte del noroeste de Europa.

Estas tormentas se forman cuando la atmósfera se enfría más rápidamente que el océano que tiene debajo. Este proceso libera calor a la atmósfera, lo que a su vez alimenta inestabilidades en la atmósfera; que se transforman entonces en poderosas tormentas extra-tropicales. Las más afectadas son las Islas Británicas, aunque este tipo de tormentas han sido la norma a lo largo de la historia.

Esto cambiaría en el otoño de 1999, cuando una depresión tormentosa muy inusual entró desde el océano Atlántico hacia la Bretaña (la península situada más al oeste de Francia). Alimentada por un aire oceánico relativamente cálido, se desarrolló un sistema tormentoso de rápido desplazamiento. Antes de alcanzar la costa el 26 de diciembre, adquirió fuerza rápidamente, y los Meteorólogos Europeos le dieron el nombre de Lothar.

Tormenta Extra-tropical Lothar

Al estar en una latitud moderada, Francia no es ajena a las tormentas de Navidad. El mismo mecanismo que desplaza estas tormentas de temporada en Europa, también desplaza los huracanes tropicales. Las diferencias de temperatura entre el mar y el aire que hay encima de él son el motor de este mecanismo.

Un patrón normal de desarrollo para este tipo de tormenta, una vez alcanza la tierra, es que empieza a perder su "motor". Cuando la tormenta se encuentra sobre el océano, el motor se reaviva mediante la energía generada por las aguas más cálidas que tiene debajo y avanza a mayor velocidad. Una vez llega a tierra, la fuente de energía es la tierra, que se encuentra a una temperatura más fresca. Esto priva a la tormenta de energía que, por lo tanto, empieza a perder intensidad.

La velocidad a la que chisporrotea depende de la velocidad a la que se desplace cuando entre en tierra. Cuando se encuentra sobre el océano, se alimenta por el cálido y fino océano, que le aporta potencia y velocidad. Por otro lado, la tierra es fresca y gruesa, por lo que la tormenta de forma natural comienza a chisporrotear, ya que le falta energía mientras que al mismo tiempo se tiene que enfrentar a una mayor fricción.

Este ha sido siempre el patrón normal de desarrollo de una tormenta hasta que Lothar azotó Francia en diciembre de 1999. En la calma entre Navidad y Año Nuevo, Lothar desafió la lógica y la historia.

En lugar de chisporrotear a medida que avanzaba tierra adentro en el paisaje frío y grueso de Francia, siguió actuando como si todavía se encontrara sobre el océano. Los meteorólogos europeos se vieron asombrados por el comportamiento de la tormenta. Su mecanismo ganó velocidad sin control, aumentando ambos su intensidad y velocidad.

En tan sólo 6 horas, Lothar arrasó aproximadamente 900 kilómetros del campo de Francia entre Bretaña en la costa oeste y la región de Lorraine, en la frontera entre Francia y Alemania. La destrucción que dejó a su paso fue un claro signo precursor de lo que el Huracán Katrina haría en Nueva Orleans en el año 2005.

Las tormentas tropicales y huracanes automáticamente conjuran imágenes mentales de vientos de velocidades catastróficas, y esto es lo que sucedió con Lothar. Mientras se encontraba sobre el océano, se intensificó en una tormenta tropical (11 Beaufort), y entonces, una vez que entró en tierra, se desarrolló en un monstruoso huracán (12 Beaufort). Por consiguiente, sucedió lo imposible delante de nuestros ojos cuando París se vio azotado por ráfagas de viento de 175 kilómetros por hora (109 mph).

Para el momento en el que Lothar alcanzó la Selva Negra en el sudoeste de Alemania, en el extremo norte de Suiza, había crecido alcanzando proporciones terroríficas, manteniendo ráfagas de viento de hasta 240 kilómetros por hora (149 mph), y en el proceso, reclamó las vidas de cientos de personas dejando buena parte de Francia sin energía eléctrica durante cerca de una semana.

La destrucción fue tan intensa que las autoridades francesas tuvieron que declarar el estado de emergencia en París y en sus alrededores. Al mismo tiempo, desplegaron a los militares para mantener el orden y ayudar a retirar los escombros, y cuando los franceses empezaron a reponerse, desearon con nerviosismo que Lothar fuera recordado como un evento único, y temeroso. Sin embargo, no tardó mucho tiempo en que la naturaleza rompiera ese deseo en pedazos.

Tormenta Extra-tropical Martin

Durante la época de huracanes, las personas están acostumbradas a que los huracanes sean clasificados según la escala de Saffir-Simpson. Un huracán de categoría 1 causará algún daño, pero uno de categoría 5 es la madre de todas las malas noticias. Cuando el Huracán Katrina se aproximó a Nueva Orleans y a la Costa del Golfo en el año 2005, se intensificó en uno de categoría 5. Una vez entró en tierra, perdió la energía suficiente como para convertirse en un huracán de categoría 3, pero uno lo suficientemente fuerte como para romper los diques e inundar Nueva Orleans.

Para explicar esto desde una perspectiva Europea, Lothar azotó Francia con toda la energía e intensidad propias de una categoría 2. Incluso para quienes están acostumbrados a las tormentas en Florida, un huracán de categoría 2 es algo que temer cuando se dirige hacia ti.

Esta es la razón por la que Europa sufrió una vuelta de tuerca colectiva apenas unos días después de que Lothar dejara un camino de destrucción en la mitad norte de Francia. Otra tormenta extra-tropical llegó justo después de Lothar, sorprendiendo a todos, pero más especialmente a los meteorólogos que le dieron el nombre de Martin. Con la intensidad de todo un huracán de categoría 1, azotó la mitad Sur del país.

Procedente del Atlántico, como lo había hecho Lothar, Martin entró en tierra justo al norte de Burdeos y arrasó todo el país desde el oeste hasta el sudeste. Como su hermano mayor Lothar, Martin dejó una estela de destrucción y desgracia hasta el mismo pie de los Alpes, con sus excepcionales vientos intensos y lluvias incesantes.

A pesar de golpear con menor intensidad que Lothar, Martin fue mucho más letal. Entre las dos tormentas, la cifra de víctimas mortales en Europa alcanzó las 140 personas, y los daños materiales solo en Francia superaron los 5 billones de Euros.

Los resultados de Lothar y Martin fueron preguntas que hoy en día permanecen sin resolver para los europeos. ¿Fueron estas dos tormentas monstruosas, eventos aleatorios? O, ¿suponen un cambio en el patrón de las tormentas en el continente europeo?

Para todos los demás, la pregunta es más amplia y presagia peligros incluso mayores. Las tormentas extra-tropicales Lothar y Martin, ambas, tuvieron lugar durante el máximo solar de 1999, que alcanzó su momento álgido en el mes de septiembre de ese mismo año. El próximo máximo solar tendrá lugar en el año 2012, lo que implica una relación entre las erupciones solares y estas tormentas anómalas.

No importa donde viva, rastrear las tormentas extra-tropicales europeas le aportará datos invaluables sobre las tendencias. Cuando se anuncien estos pronósticos, trace su propio mapa de la presencia geográfica de la tormenta, y anote los datos siguientes:

- **Punto de origen:** ¿cuándo se formó la tormenta durante la temporada que se extiende desde noviembre hasta febrero?
- **Trayecto en el Océano e Intensidad:** ¿en qué dirección se desplaza la tormenta, y cuánta intensidad está acumulando?
- **Lugar de Entrada en Tierra:** la dirección exacta, velocidad e intensidad en el lugar de entrada en tierra.
- **Trayectoria en Tierra e Intensidad:** desde el lugar de entrada en tierra, siga la intensidad de la tormenta, el cambio en velocidad y dirección. Preste especial atención en verificar las zonas en las que la tormenta mantiene un nivel estable de intensidad y velocidad, así como las zonas en las que se produce una intensificación pronunciada.

En los años previos al 2012, veremos una actividad solar nunca vista en la historia, por lo que los cómodos referentes geográficos se difuminarán conforme nos aproximemos al próximo máximo solar.

¿Ganarán intensidad las tormentas en todas partes antes de entrar en tierra, en lugar de ir perdiendo fuerza, como era habitual siempre en el pasado? El primer paso para examinar esta amplia pregunta es el de cambiar nuestro enfoque de las costas frías y gruesas del oeste de Europa, cruzando el Atlántico a las cálidas costas del Caribe.

Huracanes del Atlántico

Sin duda, el Huracán Katrina en el año 2005 fue una dura llamada de atención para América. Provocó una amplia franja de muerte y desolación por toda la región de la Costa del Golfo en América, dejando Nueva Orleans inundada y desvalida. Hay que destacar que los meteorólogos profesionales no solo subestimaron la temporada de 2005; sino que también sobrestimaron la temporada de 2006.

Una explicación para esto es que los meteorólogos se basan en datos estadísticos para ayudarles a interpretar tendencias futuras. Estas discrepancias evidentes, entre sus pronósticos de 2005 y 2006, sugieren que existe un factor importante en estos datos que ahora está cambiando de un modo nunca visto con anterioridad. El impacto de este cambio se hizo evidente por sí mismo durante la temporada de huracanes del Atlántico de 2005.

La Temporada de Huracanes del Atlántico de 2005

La temporada de huracanes del Atlántico normalmente se extiende desde finales de junio hasta mediados de noviembre, principios de diciembre. La temporada de huracanes del Atlántico de 2005 fue la más activa en la historia registrada, y Arlene, la primera tormenta de la temporada, se formó el 8 de junio.

Mientras que la temporada de 2005 fue más activa, se esperaba que la intensidad media fuese menor que la temporada precedente de 2004, y que terminaría dos meses antes que la temporada anterior de 2004. De los 7 huracanes que tocaron tierra, Dennis, Emily, Katrina, Rita, y Wilma fueron los más mortales e igualmente, batieron cifras históricas anómalas.

Huracán Dennis

Dennis se formó el 4 de julio y se intensificó en una tormenta de categoría 4. Fue el primer gran huracán de la temporada en tocar tierra, azotando Florida como un huracán de categoría 3. Se cobró 89 vidas y causó daños materiales de 2,23 billones de dólares americanos. Sin embargo, lo que le hizo diferente fue que resultó ser el primer huracán de grandes proporciones en tocar tierra en los Estados Unidos tan temprano iniciada la temporada. Normalmente, en una temporada típica de huracanes, éstos no entran en tierra antes del mes de agosto.

Huracán Emily

Emily se formó el 10 de julio y se intensificó en una tormenta de categoría 5. Fue el primer huracán de categoría 5 en formarse en la cuenca del Atlántico antes del mes de agosto. Primero azotó la península de Yucatán, la turística península mexicana, y para cuando había hecho su última entrada en tierra en el estado de Tamaulipas, en el norte de México, se había cobrado 9 vidas y causado daños materiales valorados en 550 millones de dólares americanos. Todo esto sucedió antes de que la primera tormenta hubiese golpeado la costa durante una temporada de intensificación "normal".

Huracán Katrina

Katrina se formó el 23 de agosto como el tercer huracán más poderoso que jamás golpeó una línea costera de los Estados Unidos, y el sexto más poderoso formado en la cuenca del Atlántico. Dejó Nueva Orleans inundada y arrasó las zonas costeras de Luisiana y Mississippi. Fue el huracán más mortífero de la historia de los Estados Unidos desde el

Huracán Okeechobee en 1928, se cobró 1.836 víctimas y causó daños valorados en 84 billones de dólares americanos.

A pesar de los estragos que causó en la Costa del Golfo de América, Katrina no fue un huracán que batiera un récord de forma natural como Dennis y Emily, pero se ganó una distinción única como el primer huracán importante del calentamiento global en la historia. Así lo denominó el reportero del Boston Globe, Ross Gelbspan, en un artículo de opinión de la editorial. El viceprimer ministro del Reino Unido, John Prescott, y el ministro de medio ambiente de Alemania, Jürgen Trittin, pronto se hicieron eco de sus pensamientos.

Aunque muchos climatólogos se apresuraron en mostrar su desacuerdo con esta afirmación, su falta de un historial sólido de predicción les impidió echar la idea por tierra desde el principio. De hecho, las secuelas del Katrina produjeron una audiencia altamente receptiva para la película sobre el calentamiento global de Al Gore , *Una Verdad Incómoda*.

Huracán Rita

Rita se formó el 17 de septiembre y fue el tercer huracán de categoría 5 de la temporada. El cuarto huracán más intenso del Atlántico jamás registrado, será recordado como el ciclón tropical más intenso jamás visto en el Golfo de México.

El 24 de septiembre, entró en tierra cerca de la frontera de Texas-Luisiana y causó daños extensos en las líneas costeras de Luisiana y Texas. Con el tiempo, se cobró 113 vidas y causó daños materiales valorados en 11,7 billones de dólares americanos.

Huracán Wilma

Wilma se formó el 15 de octubre y fue el cuarto huracán de categoría 5 de la temporada. Sólo dos huracanes de categoría 5 se han desarrollado durante el mes de octubre, y Wilma fue el tercero. La tormenta número veintidós de una temporada que batió cifras históricas, también fue el huracán más intenso jamás observado en la cuenca del Atlántico. Arrasó algunas zonas de la península de Yucatán y del sur de Florida, y se cobró 63 víctimas mortales, mientras que su paso causó daños materiales valorados en 28,9 billones de dólares americanos.

Otros huracanes Primeros durante la Temporada de Huracanes del Atlántico de 2005

Con una pequeña excepción, la temporada de 2005 batió todas las cifras históricas de la temporada de huracanes del Atlántico.

- **Número de Tormentas:** con un total de 28 tormentas, la temporada de 2005 superó el récord estándar de 21 tormentas tropicales, huracanes, y huracanes de categoría 5 de cualquier otra estación.

- **Número de Huracanes:** de las 28 tormentas, 15 se nombraron como huracanes, batiendo la cifra histórica anterior de 12 huracanes en una temporada.
- **Número de Huracanes de categoría 5:** La cifra máxima anterior de huracanes de categoría 5 había sido de 2 en una sola temporada. Ese récord se superó con 4 tormentas en el año 2005.
- **Primer uso de la "V" y la "W" para los Nombres:** fue la primera temporada de tormentas en la que se utilizó el nombre de Vince y de Wilma.
- **Primer uso del Alfabeto Griego:** la temporada agotó el alfabeto británico, por lo que las últimas 6 tormentas que recibieron nombre tuvieron que ser: Alpha, Beta, Gamma, Delta, Épsilon y Zeta.
- **El Huracán de mayor duración en diciembre:** Épsilon estableció el récord. Se formó el 29 de noviembre y se disipó el 8 de diciembre.
- **El Huracán de mayor duración en enero:** Zeta estableció el récord. Se formó el 29 de diciembre y se disipó el 6 de enero.

El único récord que no superó esta temporada fue el número de tormentas de categoría 3+, que se encuentra en 8. Esta temporada sólo registró 7.

Comparando las Temporadas

La temporada oficial de huracanes del Atlántico en el año 2004 comenzó el 1 de junio de 2004 y terminó el 30 de noviembre de 2004. En términos de actividad, la temporada estuvo por encima de la media en comparación con las temporadas anteriores, y destacó por su energía acumulada, que fue una de las más altas de la historia.

La temporada oficial de huracanes del Atlántico de 2006 empezó el 1 de junio de 2006 y terminó el 30 de noviembre de 2006. Al principio, los meteorólogos pensaban que el 2006 sería otra temporada violenta, parecida a la de 2005. Sin embargo, sorprendentemente no hubo nada que destacar, ya que ninguno de los huracanes tocó tierra en los Estados Unidos.

Contrariamente a la temporada de 2005, que comenzó el 8 de junio y terminó el 6 de enero, ambas temporadas, la de 2004 y 2006, comenzaron el 1 de junio y terminaron el 30 de noviembre. Este intervalo de junio a noviembre representa el periodo normal de cada año, cuando se espera la formación de la mayoría de los ciclones tropicales en la cuenca del Atlántico.

Aunque la temporada de 2005 comenzó un poco más tarde, continuó activa durante otros 2 meses más de lo normal, superando cada récord del libro, salvo uno, y cobrándose las vidas de miles de víctimas en el proceso.

Así es que, ¿cómo explicamos esto? Los meteorólogos nos dicen que hemos comenzado un periodo habitual de incremento en la actividad de huracanes, que bien podría continuar durante otras dos décadas. Esto es, asumiendo que estén en lo cierto en lo que denominan un "periodo habitual". Teniendo en cuenta lo lejos que estuvieron en su pronóstico de la temporada de 2006, esta explicación se parece más a una apuesta en un casino de Las Vegas.

Realmente necesitamos saber si se ha producido un cambio en el modo en el que se desarrollan los huracanes en el Atlántico y se desplazan por el Caribe. Al igual que en los cambios en contra de la intuición de los que fuimos testigos en los mecanismos que propulsaron las tormentas extra tropicales Lothar y Martin, ¿los huracanes del futuro también se comportarán contrariamente a la intuición? En lugar de perder intensidad conforme se aproximan para entrar en tierra, tal y como esperamos que vayan a comportarse, repentinamente adquieren una energía devastadora justo antes de tocar tierra.

Mientras que los huracanes del Atlántico son los huracanes más documentados y estudiados del mundo, otras regiones del mundo también sufrirán un cambio en la actividad, especialmente de los tifones.

Los Tifones y Huracanes de 2005

En la región del Pacífico, los huracanes se conocen de diferente forma. Se les dice tifones, ciclones y Willie-Willies. Sin embargo, aunque los nombres son diferentes, estas tormentas del Pacífico y del Océano Índico son tan letales y destructivas como sus homólogas del Atlántico.

Buen ejemplo de ello fue la temporada de 1997: 11 de 24 tormentas con nombre llegaron a la categoría 5 de supertifones. Estas grandes tormentas desgraciadamente apenas son cubiertas por los medios de comunicación occidentales, porque no suelen ser mencionadas hasta que el número de víctimas mortales alcanza una cifra enigmática, una noticia de valor mediático.

Sin embargo, hay bastante información al respecto en Internet, y en uno de estos informes aparecen unas imágenes del satélite del 20 de septiembre de 2005. Mostraban siete huracanes y tifones de forma simultánea en el globo:

- Dos se desplazaban hacia Japón y China en el oeste del Pacífico.
- Tres se encontraban en el este del Pacífico, desplazándose desde México hacia las Islas Hawaianas.
- Dos huracanes se encontraban en el oeste del Atlántico, uno de los cuales era Rita momentos antes de que tocara tierra.

Como se ha mencionado antes, Rita estableció un récord como el ciclón tropical más intenso jamás observado en el golfo de México y se saldó con 113 vidas.

La Amenaza de Supertormentas Globales

Cuando miramos las estadísticas de ambos, el Atlántico y el oeste del Pacífico de la última década, y vemos el asombroso número de tormentas activas que hay de forma simultánea, la conclusión se hace más que evidente de que los cambios climáticos tienden hacia un aumento en su intensidad. En la taquillera película de ciencia ficción de 2004, *El Día Después de Mañana*, la Tierra se ve sumida en otra edad de hielo provocada por el calentamiento global causado por el hombre.

Además de monitorear el comportamiento contra corriente de las recientes tormentas extra tropicales en Europa, se hace necesario realizar un seguimiento similar con los huracanes del Atlántico. Haga su propia tabla simple (u hoja de cálculo) para cada temporada de huracanes, y anote los datos siguientes:

- **Formación de Tormenta y Camino:** anote la fecha de formación de la tormenta y el camino que sigue.

- **¿Cómo se Desarrolla?** No todas las tormentas tienen la fuerza suficiente como para que se les asigne un nombre. Si se le asigna un nombre, anote en su tabla el lugar y momento en el que se le asignó un nombre, y cómo se desarrolló.

- **Punto de Entrada en Tierra:** resulta especialmente preocupante el hecho de que los huracanes se pueden desplazar más adentro en latitudes moderadas antes de tocar tierra. Tome notas claras sobre latitud y longitud.

- **Lluvia:** anote el lugar donde la tormenta entra en tierra y la cantidad de lluvia que se le atribuye.

- **Duración:** anote el momento en el que se disipa la tormenta y el tiempo que mantuvo su intensidad.

- **Tormentas Simultáneas:** conforme vaya completando su tabla de huracanes del Atlántico, vigile otras zonas del mundo para rastrear tifones y ciclones a los que se les haya asignado un nombre, especialmente los que aparecen más o menos en la misma fecha de las tormentas y huracanes con nombre del Atlántico.

En la película, el deshielo polar cambia la salinidad de los océanos del mundo e interrumpe la corriente del Atlántico Norte, provocando que las temperaturas en el Atlántico Norte se desplomaran.

Un impacto inmediato de este cambio repentino tiene lugar en el sur de California, cuando observamos cómo Los Ángeles se ve arrasada por tornados. Más adelante en la película, se producen sistemas tormentosos extremos sobre Siberia, América y Europa, y cuando se unen, el resultado es una supertormenta global.

Mientras que este escenario de desastre fue duramente debatido por los científicos, muchos admitieron que su premisa básica era plausible, a pesar de que muchos pensaban que se había exagerado en cuanto a lo que realmente podía suceder durante un tiempo determinado.

Sin embargo, un punto clave de esta película, directamente relacionado con este tema de las tormentas extra tropicales de Europa, los huracanes del Atlántico y tifones del Pacífico, es que hemos empezado un periodo, en el que los eventos tormentosos regionales ahora pueden pasar a convertirse en un evento global más amplio.

Dado que los medios en América apenas cubren las noticias de las tormentas ciclónicas del Pacífico y hacen un trabajo algo mejor con respecto a las tormentas extra tropicales de Europa, tendrá que buscar otras fuentes alternativas en Internet para monitorear estos eventos. Sólo de esta manera podrá detectar tendencias nuevas para las posibles tormentas que avanzan contra toda intuición y las supertormentas globales, mucho antes de que los medios americanos informen al respecto.

Utilizando otra clave de *El Día Después de Mañana*, también es igualmente aconsejable seguir muy de cerca la tendencia de los tornados.

Tornados

No sólo los huracanes han aumentado su intensidad durante la última década, sino que también lo ha hecho el número promedio de tornados que azotan los Estados Unidos de América cada año. Cuando se analizan las estadísticas, el resultado muestra tornados que, en la última década, se cobran más vidas y que causan más daños. Provocan esto, no sólo porque son más, sino porque también están siendo más extremos, y están teniendo lugar bajo circunstancias cada vez más anómalas.

El número de Tornados

Durante los últimos diez años se ha producido un innegable incremento en el número de tornados registrados cada año, con respecto a la media de los últimos 30 años. Concretamente, la última década muestra un aumento del 23% en la media de tornados. Como consecuencia de ello, la media de los últimos diez años representa el periodo de mayor actividad de tornados de la segunda mitad del siglo XX.

Más recientemente, los años 2004 y 2006 incluso produjeron tornados bastante por encima de la media de diez años, y el relativamente "lento" año 2005 también se situó en la media de los 10 años. Más pruebas de una tendencia muy clara, y además de una letal. El número de personas que murieron por los tornados en el año 2006 fue de 65, un número de víctimas mortales anual mucho mayor que cualquier otro año de los tres años anteriores.

Conforme nos acercamos al 2012, esta tendencia aumentará, resultando no sólo en un aumento de huracanes y tifones de categoría 5 que tocarán tierra cada año, sino también en el número de tornados F5 que seguramente arrasarán ciudades por todas partes.

El Infierno de un Tornado F5

En 1996, los aficionados al cine en la Ciudad de Oklahoma atestaron los cines para ver la película, *Twister*. Eran tiempos en los que Hollywood empezaba a hacer sus primeros pinitos con los efectos especiales hechos por ordenador, y hasta la fecha, *Twister* sigue siendo una película de obligado visionado para quien tenga un verdadero interés en el tema. Sin embargo, para los oklahomenses, sería más que una película de efectos especiales espectaculares; sería el presagio de un monstruo que destruiría gran parte de la Ciudad de Oklahoma en 1999.

El Tornado de la Ciudad de Oklahoma y la Escala de Fujita

El tornado que azotó la Ciudad de Oklahoma, el 3 de mayo de 1999, fue tan brutal que hizo algo que la mayoría de los científicos pensaba que era imposible hasta entonces. Rompió el récord de la escala de Fujita utilizada para clasificar tornados.

Un punto clave a recordar de la escala de Fujita es que el tamaño de un tornado no necesariamente es el indicador de su intensidad. Por el contrario, el verdadero indicador es la velocidad del viento. Nombrada por un meteorólogo japonés que hizo un trabajo muy avanzado sobre los tornados, llega hasta un F12, que corresponde a la velocidad del sonido.

Número Escala-F	Intensidad	Velocidad del Viento	Tipo de Daños Causados
F0	Vendaval	64 - 115,2 km/h	Algunos daños en chimeneas, y ramas rotas de árboles.
F1	Moderado	116,8 – 179,2 km/h	El comienzo de vientos de velocidades huracanadas que arrancan la superficie de las carreteras y desplazan casas móviles de sus cimientos.
F2	Significativo	180,8 – 251,2 km/h	Daños considerables. Techos arrancados de las casas, y casas móviles demolidas. Objetos ligeros lanzados como misiles, como tableros, y que atraviesan paredes.
F3	Grave	252,8 – 329,6 km/h	Casas resistentes pierden sus tejados y paredes. Los trenes pueden volcar, y los árboles son arrancados de raíz.
F4	Devastador	331,2 – 416 km/h	Casas bien construidas son elevadas del suelo, y los coches son volteados.

Número Escala-F	Intensidad	Velocidad del Viento	Tipo de Daños Causados
F5	Increíble	417,6 – 508,8 km/h	Edificios fuertes son arrancados de sus cimientos y desplazados a distancias considerables hasta desintegrarse, mientras que coches y camiones son elevados en el aire como misiles.
F6	Inconcebible	510,4 – 606,4 km/h	Los daños graves ya se han producido por los vientos F4 y F5 que rodean al F6.

Cualquier fenómeno más allá del F5, como un F6, no se puede determinar de la forma adecuada mediante estudios de ingeniería, que no sean las posibles deformaciones del suelo, tales como remolinos de tierra. De hecho, un F6 manifiesta una realidad simple, escalofriante. Un tornado que alcanza ese nivel de intensidad no dejará nada para su estudio, que es exactamente lo que sucedió en la Ciudad de Oklahoma en 1999.

El F6 de la Ciudad de Oklahoma F6

El 3 de mayo, el tornado primero tocó tierra pocos kilómetros al sudoeste de la Ciudad de Oklahoma, y rápidamente se transformó en un monstruoso F5. Conforme se desplazaba por las afueras de la ciudad, su diámetro máximo en el suelo aumentó a cerca de 1,6 kilómetros.

Según el radar Doppler, la velocidad máxima del viento del tornado fue de hasta 512 kilómetros por hora (319 mph), lo que lo sitúa en el umbral de un F6 en la escala de Fujita. A su paso, dejó un amplio camino de destrucción total, causó la muerte de más de 40 personas. La mayoría de los que murieron se vieron sorprendidos por el tornado, debido a la velocidad con la que llegó, o porque no tenían dónde refugiarse de un fenómeno meteorológico tan extremo.

Estos eran los mismos tipos de tornados representados en la película, *El Día Después de Mañana*. Conforme se aproxima el 2012, estos tornados de nivel F5+ por desgracia podrían convertirse en un evento común, y en lugares donde nunca los esperaríamos, hasta ahora. Lugares como California y Europa.

Tornados en América y en Europa

En cuanto al aumento global de un clima anómalo, el 2005 fue un punto de unión entre la temporada más mortal de la historia de huracanes en el Atlántico y tifones simultáneos en el Pacífico.

Hablando estadísticamente, la temporada de tornados de 2005 estuvo por encima de la media de 30 años, pero en relación con lo que estaba sucediendo en ambos, el Atlántico y el Pacífico, no fue significativa. Eso sí, "hablando estadísticamente", lo que es un modo de pasar por alto una nueva e inquietante tendencia de tornados con la actividad importante que tuvo lugar en California en enero y febrero de 2005.

En enero de 2005, cuatro tornados menores azotaron California el día 8, y hasta el 11. Antes, los californianos podían reírse de ellos con sus bravuconadas habituales, pero pisando los talones de estos pequeños tornados llegaron dos tornados asesinos el día 12 y 13. Con respecto a su localización, momento del año y frecuencia, este ciclo de tornados de 6 días fue anómalo, por decir lo mínimo. Esto es debido a que California no suele verse afectada por este tipo de clima tan extremo, y especialmente ¡nunca durante seis días consecutivos!

Mientras que el número total de tornados durante la época de tornados de 2005 fue bajo, en relación con los tres años anteriores había dado un nuevo giro. Una redistribución geográfica de los tornados. Los tornados se habían formado en localizaciones que no tenían sentido.

En cuanto a las zonas habituales de tornados, unas ni siquiera tuvieron actividad alguna, mientras que otras se vieron azotadas sin compasión. De haberse limitado estas anomalías a América, quizás se podrían haber explicado de algún modo, sin embargo estas anomalías también se registraron en Europa.

No es algo conocido en América, pero los europeos también tienen un número importante de tornados cada año. Contrariamente a los tornados que suelen afectar al callejón de los tornados en la zona del Medio Oeste de América, la mayoría de los tornados de Europa nunca tocan tierra. De hecho, el número de víctimas mortales y de daños materiales en Europa son bastante inferiores a los de los Estados Unidos.

Sin embargo, durante la última década, Europa, como América, ha visto un incremento en el número total de tornados y una redistribución geográfica similar de estos eventos. Durante la temporada de 2005, varios tornados destacaron en los medios de Europa, y algunos de ellos azotaron lugares notables.

Los medios de comunicación suelen informar sobre tornados de fuerza F2, que provocan víctimas mortales y daños materiales importantes. Prepare su propio plano de cada temporada de tornados, y anote los datos siguientes:

- **Tornados Importantes en América:** anote la localización e intensidad de los tornados F2+ en América, actividad tormentosa asociada, pérdida de vidas humanas y daños materiales ocasionados. No se limite sólo a las zonas habituales de tornados.

- **Tornados Importantes en Europa:** anote la localización e intensidad de los tornados F2+ en Europa, actividad tormentosa asociada, pérdida de vidas humanas y daños materiales ocasionados.

- **Tormentas extra-tropicales en Europa:** anote las tormentas que han tenido lugar antes de producirse tornados importantes en Europa.

- **Eventos Simultáneos:** siga el curso de tifones y ciclones a los que se le ha asignado un nombre en el Pacífico, y las tormentas y huracanes en el Atlántico que tocan tierra durante los periodos pico de tornados.

A principios de septiembre, durante dos días, varios tornados intensos tocaron tierra en Barcelona y en sus alrededores, con intensidad F2 y F3. Se formaron a partir de un complejo tormentoso que azotó el noreste de España durante varios días consecutivos. Esta formación tormentosa generó muchos tornados. Sin embargo, aunque los barceloneses están acostumbrados a ver tornados, nunca antes habían visto tantos tornados de gran fuerza tocar tierra dentro de los límites de su ciudad, y todavía menos durante varios días consecutivos.

Los informes de tornados de California y de Barcelona tan sólo son dos ejemplos de lo que parece un cambio en la conducta de los tornados. Por un lado, este cambio en su conducta podría ser debido a la creciente inestabilidad de las condiciones atmosféricas. Por otro lado, el año 2005 podría haber sido el precursor de una tendencia global más amplia conforme nos acercamos al año 2012. Especialmente cuando se incluyen las inundaciones catastróficas en la ecuación.

Inundación Catastrófica

Mientras que los tornados, huracanes y tifones nos producen bastante miedo, lo cierto es que las inundaciones causan más víctimas mortales y daños materiales. Lo que hizo el Huracán Katrina en Nueva Orleans, en el año 2005, es un perfecto ejemplo de ello. Frente a la costa, la tormenta se cernía como un monstruo de categoría 5, pero perdió intensidad y era un huracán de categoría 3 cuando azotó Nueva Orleans y destrozó los diques. El mayor daño y el mayor número de víctimas mortales fue consecuencia de las inundaciones producidas por las mareas de la tormenta y por la rotura de los diques, en lugar de por los vientos que azotaron Nueva Orleans.

Otro ejemplo de una inundación geográfica a gran escala se produjo, en el verano de 2002, cuando el centro de Europa se vio afectada por una inundación extrema. El desastre tardó semana en acumularse, como una cadena en serie de lluvias excepcionales que aumentaron el caudal de ríos, como el Danubio y el Elba, provocando su desbordamiento.

Estas lluvias provocaron una inundación regional que abarcó países como Alemania, Austria, la República Checa y Eslovaquia, cobrándose la vida de más de cien personas y billones de euros en daños materiales. Rusia, más al este, también se vio afectada por inundaciones ese verano, aunque no tan graves.

Inundación Catastrófica en Europa en 2005

Cuando los huracanes estaban causando estragos en la cuenca del Atlántico, América Central y en el norte de la Región de la Costa del Golfo de América, Europa sufría otra inundación monstruosa. Contrariamente a la inundación de 2002, que había causado tantas víctimas y daños materiales en Alemania, Austria, la República Checa y Eslovaquia, las inundaciones de 2005 afectaron más adentro en el centro de Europa, y en esta ocasión, los que sufrieron las consecuencias fueron Rumanía y Bulgaria.

Durante el verano de 2005, algunas zonas de Rumanía se vieron inundadas hasta en 6 ocasiones, y durante la última parte del mes de septiembre ambos países, Rumanía y Bulgaria, registraron más del doble de la cantidad normal de lluvia para esa estación del año. Estas lluvias provocaron inundaciones que fueron tan extremas que anegaron regiones enteras. Las zonas inundadas eran tan amplias que se fotografiaron desde el espacio.

También hubo inundaciones en Suiza, Austria y en Alemania cuando los ríos se vieron alimentados por los días consecutivos de lluvias torrenciales que se habían registrado en los Alpes. Con un caudal por encima de su capacidad, estos ríos, junto con muchos de sus afluentes al Danubio y al Rin, se desbordaron. Esto provocó inundaciones en muchos países y, como resultado de ello, corrimientos de tierras que se cobrarían decenas de víctimas.

Mientras que las tormentas de 2002, que se registraron en Europa, tuvieron una cobertura mediática amplia en América, las inundaciones de 2005 que tuvieron lugar en Europa se vieron eclipsadas por la catástrofe provocada por el Katrina. Pero esta falta de atención de los medios no justifica que hagamos caso omiso a un dato obvio, la tendencia anómala en la frecuencia de las inundaciones extremas en Europa.

Lluvias Extremas

Como fue demostrado por las inundaciones de Europa de 2002 y 2005, causadas por las lluvias, una cantidad excesiva de lluvia de forma prolongada puede ser incluso más perjudicial para la vida que los vientos intensos. Igualmente, las lluvias extremas de corta duración pueden provocar resultados similares en un breve espacio de tiempo, y se registraron dos episodios de lluvias extremas de este tipo en 2005; uno en los Países Bajos y otro en la India.

En la noche del 29 de junio de 2005, una tormenta eléctrica azotó la ciudad holandesa de Gorinchem descargando 113 mm de precipitaciones en tan sólo 90 minutos. Lo más asombroso de esta tormenta es que tuvo lugar en el centro de la ciudad y cubrió una distancia de 16 kilómetros en casi cualquier dirección. Las lluvias registradas en los 16 kilómetros que rodeaban la ciudad llegaron a acumular hasta 20 mm esa misma noche.

Gorinchem, conocido también como Gorcum, no es una ciudad moderna. Su existencia se remonta a la edad media, y a lo largo de los siglos, ningún arquitecto ni los planes de ordenación urbana concibieron la posibilidad de que la ciudad pudiera verse afectada por un fenómeno meteorológico extremo de este tipo. Como consecuencia de ello, el sistema de alcantarillado se vio saturado rápidamente, y las inundaciones causaron daños importantes en las calles y bajos de la localidad.

La rapidez con la que el sistema de alcantarillado quedó anulado fue descubierto después de la tormenta, gracias a los cálculos basados en las precipitaciones grabadas en las imágenes del radar. Los cálculos mostraron que, en su momento pico, ¡la tormenta eléctrica descargaba precipitaciones a un ritmo de 200 mm la hora!

Teniendo en cuenta que durante el transcurso de un día en un monzón intenso en la India se descarga la mitad de esa cantidad en una zona mucho más amplia que en el día de autos, este hecho nos demuestra claramente que lo que sucedió en Gorinchem es, por lo menos, un fenómeno preocupante. Especialmente, a la luz de lo que está sucediendo con las temporadas de los monzones en la India durante los últimos 10 años.

Estadísticamente, la media anual de precipitaciones del monzón en la India no ha cambiado durante los últimos diez años. Lo que ha cambiado, según los Meteorólogos de la India, es su distribución. Su análisis de las tormentas del monzón, que están teniendo lugar en el centro y este de la India, ha determinado que las tormentas que registran 101,6 mm o más de precipitaciones al día, doblan en número a las que han tenido lugar durante el siglo pasado. Mientras que las que producen unas precipitaciones moderadas, están teniendo lugar con menor frecuencia. El resultado es que, mientras que el volumen de agua sigue siendo el mismo, su distribución ha sido objeto de un cambio importante.

Además de esto, aguaceros terribles similares al que azotó Gorinchem se están produciendo también ahora con mayor frecuencia en la India. Cabe destacar por ejemplo el que se produjo en Bombay el 26 de julio, al comienzo de la temporada del monzón de 2005.

Más comúnmente conocida por los occidentales como Bombay, esta vibrante ciudad del oeste de la India es el hogar de los 13 millones de ciudadanos más ricos de la India. Lo que sucedió a la capital financiera y ciudad más importante del país fue alucinante. ¡Sufrió lluvias torrenciales que registraron 940 mm. de agua en tan sólo 24 horas!

El resultado fue una catástrofe humana que paralizó la ciudad y superó el récord de la mayor pluviosidad registrada en un sólo día que se remonta a 1910. Mientras que las cifras oficiales establecen el número de víctimas mortales en aproximadamente cien, se calcula que cientos más murieron como consecuencia de la inundación masiva.

Busque Tendencias Globales

Durante siglos, el clima se ha visto siempre desde un punto de vista centrado a nivel local. Lo que le sucede a nuestra ciudad, estado, región nacional o país. Cuando ha progresado la tecnología, entonces hemos empezado a mirar regiones más amplias. Sin embargo, acabamos de empezar a pensar en el clima desde un punto de vista holístico, es decir planetario.

Los que están en contra de este punto de vista planetario suelen ser los mismos que se posicionan contra la afirmación de que nuestro planeta se está calentando. Mientras tanto, los medios intentan presentar un punto de vista equilibrado, lo que significa que nuestro conocimiento de lo que le está sucediendo a nuestro planeta seguirá estancado en un debate sin sentido hasta que la miseria mundial sea la suficiente como para despertar de una vez por todas.

Si bien no podemos seguir negando que la acción humana desempeña un papel en el cambio de nuestro clima, debemos evitar exagerar el tema, con el fin de acallar a los detractores. Sí, nuestras emisiones no están siendo de utilidad para la biosfera de nuestro planeta, pero detener nuestra investigación de forma arbitraria en este momento sería cegarnos a otras causas.

De todas estas causas, la que más destaca es el constante aumento en la actividad solar y la desestabilización del patrón del clima que está generando en los océanos que cubren más del 70 por ciento de la superficie de nuestro planeta.

Es cierto que, un enfoque holístico, que comprenda todo sobre la ciencia meteorológica mundial resulta difícil de alcanzar para todos, incluyendo por igual a científicos y detractores. Por lo tanto, podemos monitorear las anomalías atmosféricas, como las que tuvieron lugar en 2005. Al hacer esto, podemos empezar a ver las cosas desde un punto de vista interconectado globalmente.

Conforme nos acerquemos más al 2012, estos datos empezarán a mostrar patrones globales que llamarán nuestra atención cuando veamos que una ciudad holandesa pequeña como Gorinchem se ha visto inundada.

Mejorando las Probabilidades de Supervivencia desde un Punto de Vista Global

A nivel personal, haga lo posible para estar al día sobre lo que le está sucediendo al clima a nivel global. Tome nota de los eventos para crear su propia base de datos, y con el tiempo, verá patrones que tendrán sentido para usted.

Si no tienen sentido para los profesionales, recuerde que si echa una moneda al aire, tendrá un 50/50 de probabilidades de acertar qué cara saldrá boca arriba. Suelen ser mejores probabilidades que las que obtendrá con un meteorólogo profesional.

Mírelo de la siguiente manera. Si quiere convertirse en un comerciante, la mejor manera de probar sus corazonadas es sobre papel. De esta manera, puede probar sus ideas de forma segura en un papel antes de comprometer el dinero que ha ganado con tanto esfuerzo. De la misma manera, poniendo su vida en manos de los gurús de la televisión, dejará que comercien con su vida.

Si eso no le convence, entonces haga su propio análisis de forma que tenga sentido para usted. Cuando llegue el momento de lanzar una moneda al aire, no lo hará peor confiando en sus propios instintos. De hecho, confiar en sus instintos podría llevarle a usted y a su familia a un lugar seguro con bastante antelación, mientras que todos los demás se quedan en sus casas, pegados a sus televisores.

7

Viendo las Señales en los Océanos

En el capítulo anterior, aprendió a leer entre líneas en las noticias para hacer un seguimiento de cómo nuestro clima ha empezado a mostrar un patrón más extremo. Durante la última década, las tormentas han comenzado a actuar de forma distinta, causando más daños y teniendo lugar en zonas poco habituales. Estos cambios climáticos anómalos son el primero de los síntomas de unas tendencias más amplias y alarmantes en nuestros océanos.

Los océanos cubren un 71% de la superficie de la Tierra; y cada año, almacenan cantidades inmensas de calor y absorben billones de toneladas de gases de la atmósfera. Como el sistema de amortiguación de calor más importante para nuestra atmósfera, los océanos desempeñan un papel crucial en la distribución de calor en nuestro planeta. Son tanto el termostato de nuestra atmósfera, como los pulmones de la Tierra, y están acercándose a un punto de inflexión catastrófico.

Este punto de inflexión en gran parte es causado por el hombre, y cuando lo alcancemos, seremos testigos de la aparición de fenómenos catastróficos que tendrán lugar a un ritmo mucho mayor y más extremos que en la historia reciente. De tal manera, que muchos expertos se sentirán en estado de shock por ambos, por lo que estén viendo con sus propios cálculos y ante la perspectiva de destruir sus carreras profesionales si hacen sonar una alarma temprana.

Estas tendencias tendrán lugar a tan gran escala que esperar a ser el último en saberlo no es una opción. En base a lo que ya ha aprendido en el capítulo de la Atmósfera, también tiene que empezar a leer entre líneas en las noticias en busca de las primeras señales de nuestros océanos, conforme se acercan a sus puntos de inflexión catastrófico.

Modelos de Pronóstico Climático actuales

A pesar del increíble aumento del conocimiento científico de la humanidad, todavía no hemos llegado a ver nuestros océanos en un nivel global. A pesar de nuestros poderosos satélites y barcos de investigación, todavía somos como el hombre ciego del proverbio tratando de comprender un elefante por primera vez. Tenemos un puñado de esto y un puñado de aquello, pero todavía estamos muy lejos de poderlo ver todo en conjunto.

En la misma línea, los modelos de pronóstico climático actuales del siglo XXI están basados principalmente en décadas de observación e investigación, lo que conduce hasta el final del siglo XX.

Fue un periodo de relativa quietud, cuando lo comparamos con los tiempos actuales. Este es el motivo por el que los modelos climáticos actuales son optimistas, porque no tienen en cuenta la capacidad de amortiguación de los océanos y, por lo tanto, no sirven en un punto de inflexión.

Esto no sólo los hace imprecisos. Sino que los convierte en *peligrosamente* imprecisos, porque están basados en expectativas falsas de los peores escenarios. Un buen ejemplo de ello es el hundimiento del *RMS Titanic*.

Expectativas Falsas

Se decía que el *Titanic* era "virtualmente insumergible", porque estaba construido con un casco de doble fondo y utilizaba la técnica de mamparos estanco con escotillas controladas eléctricamente.

Estaba previsto que este método de construcción permitiera al barco sobrevivir una inundación parcial ya que el agua podía cubrir hasta tres compartimentos sellados. Los arquitectos navales supusieron que si el barco se hundía, sería un evento lento, incluso durante un naufragio; permitiendo a la tripulación y a los pasajeros contar con el tiempo suficiente como para ser rescatados.

Lo que sucedió en realidad es que la parte frontal del barco se inundó en cuatro compartimentos. Incluso estando los compartimentos verticalmente sellados por mamparos resistentes al agua, los topes de los compartimentos no se sellaron.

Conforme el barco se hundía lentamente por su parte principal, el agua llenó cada compartimento hasta que alcanzó el tope de cada mamparo, donde saltó al otro compartimento. Muy parecido a las pequeñas cascadas de agua de las terrazas de nuestros jardines, donde el agua cae de un nivel al siguiente, hasta que finalmente cae en el estanque del fondo.

Antes de alcanzar su punto de inflexión, la inundación avanzaba tan lentamente que permitió que las luces permanecieran encendidas mientras tocaban los músicos. Sin embargo, momentos después de que el *Titanic* alcanzara su punto de inflexión – cuando la popa subió en el aire y el casco se partió en dos – el mirador del poderoso *Titanic* preparaba su lugar de descanso final sobre el fondo marino.

La razón por la que los compartimentos del barco no se sellaron en su tope y el motivo por el que no llevaba suficientes lanchas salvavidas fue por una suposición falsa basada en expectativas ingenuas y egoístas del peor de los escenarios posibles.

Un Titanic de los Tiempos Modernos

Mientras que el escenario de catástrofes expuesto en la película de 2004, *El Día Después de Mañana,* fue considerado como demasiado extremo, la crítica científica a la película tenía la intención de calmar las crecientes preocupaciones de que la Tierra podía verse inmersa de forma repentina en una edad de hielo provocada por el hombre.

Mientras continúa el esfuerzo de echar por tierra el escenario catastrófico de la película, los museos siguen exhibiendo los restos momificados de mamuts gigantes de 10 000 años de antigüedad. Estas criaturas se vieron literalmente congeladas hasta la muerte sosteniendo hierbas frescas en sus bocas. Además, el proceso de congelación fue tan rápido, que el ADN recuperado de estos especímenes de 10 000 de antigüedad, mantiene la calidad suficiente como para llevar a cabo una reproducción genética.

A pesar de las críticas científicas revertidas sobre *El Día Después de Mañana,* destacaban tres afirmaciones importantes.

1. Existen pruebas de que estos eventos tuvieron lugar en el pasado.
2. En la actualidad estamos monitoreando tendencias inquietantes en nuestros océanos.
3. Carecemos de la experiencia para comprender todo el alcance del peligro al que nos enfrentamos ahora.

Cuando las tres se tienen en cuenta en conjunto, nos encontramos con tendencias inquietantes que los científicos conservadores insisten en que hay que estudiar más de cerca antes de sacar cualquier conclusión. De buena fe, "no zarandeemos el barco", el enfoque que garantiza seguir recibiendo las subvenciones para el estudio.

Aquellos científicos que están dispuestos a activar la alarma y a zarandear el barco rápidamente son señalados como alarmistas, y sus carreras a menudo se ven apartadas. Sabemos que estas cosas pasan. Nuestra cultura popular así nos lo dice.

Un bien ejemplo de ello es la película de 1978, *Superman*. La película empieza cuando el padre de Superman, Jor-El, papel desempeñado por Marlon Brando, advierte a los ancianos de Krypton que su sol está a punto de explosionar. No queriendo aceptar esta posibilidad, no le hacen caso, lo que en realidad, parece más bien extraño para una sociedad tan avanzada tecnológicamente.

Silenciado, pero creyendo todavía en su propio análisis, Jor-El envía a su hijo, Kal-El, a la Tierra para asegurarse su supervivencia, y el sol de Krypton finalmente explosiona. Por supuesto, esto sólo demuestra que tener razón en estas cosas no tiene recompensa.

En los días que están por venir, cada uno de nosotros encontrará su propio momento Jor-El. Será el momento en el que veremos lo que vemos, de forma que no podamos ser disuadidos por burlas ingenuas; un momento en el que cada uno tendremos que estar dispuestos a actuar, independientemente de si debemos.

Los Pulmones de la Tierra

El cuerpo humano tiene dos pulmones, cada uno de los cuales nos aporta la mitad del oxígeno que nuestro organismo extrae de nuestra sangre. De una forma parecida, uno podría decir que la Tierra también tiene dos pulmones. Uno está compuesto por los distintos árboles, arbustos, hierbas y otras plantas, con los que estamos tan familiarizados.

A través del proceso llamado fotosíntesis, absorben agua y dióxido de carbono o CO_2, y producen oxígeno y azúcares. En su conjunto, las plantas del mundo producen un cuarto de oxígeno, del que dependemos para sobrevivir, ya que hacen uso del CO_2 que exhalamos.

El otro pulmón de la Tierra es el fitoplancton, la base principal de la cadena alimenticia del mar, y los cálculos actuales muestran que nuestros océanos mantienen hasta 80 veces la cantidad de CO_2 que tenemos en nuestra atmósfera.

Teniendo en cuenta la tala de selvas tropicales de incalculable valor, extendiendo la desertificación global y otros factores, ahora el fitoplancton de nuestros océanos es más importante para nosotros que nunca. Especialmente si tenemos en cuenta que los niveles de CO_2 de nuestra atmósfera superior están alcanzando niveles sin precedente y que ese CO_2 es el gas de efecto invernadero más "potente" que hay en la atmósfera de la Tierra.

Por qué el CO_2 es el gas de efecto invernadero "Más Potente"

El CO_2 es el gas de efecto invernadero "más potente" en la atmósfera de la Tierra por dos razones. En primer lugar, cuenta con la mayor capacidad de absorción de calor de todos los gases de efecto invernadero, y por ello es un factor crucial en el desarrollo de nuestro clima. Este es el motivo por el que los niveles de CO_2 en la atmósfera ofrecen un indicador claro de los cambios climáticos inminentes.

La segunda razón por la que el CO_2 es diferente de otros gases de efecto invernadero importantes es que no tiene un ciclo de transferencia completo.

Otros gases críticos causantes del calentamiento, como el vapor de agua, ofrecen un ciclo de transferencia de calor completo. Este proceso ocurre dentro de los rangos de temperatura normal de la superficie de la Tierra, mientras que el gas absorbe calor, y después de esto, lo condensa de nuevo en estado líquido, transfiriendo este calor al mar o a la tierra.

Con el CO_2, se produce un ciclo de transferencia de calor dependiente. Esto es, a menos que se encuentre en el Polo Sur, donde las temperaturas pueden descender por debajo de los -78,4° centígrados (-109,12F), momento en el que el CO_2 se convierte en estado sólido.

Igual que el vapor de agua y el metano, el CO_2 absorbe calor. Sin embargo, el calor no se puede volver a transferir a la tierra o al mar hasta que sea absorbido y convertido por el fitoplancton o las plantas. Este es el motivo por el que el fitoplancton de nuestros océanos, que absorbe grandes cantidades de CO_2, es tan importante para nosotros.

Lo que es preocupante, es que el fitoplancton de la Tierra se encuentra en peligro debido a la contaminación producida por el hombre y se está viendo desprovisto de un mineral necesario para mantenerlo con vida; el hierro.

¿A dónde ha ido el Hierro?

Los fabricantes de vitaminas a menudo lanzan anuncios diciendo "pobre en hierro, sangre cansada" y alardean sobre cómo sus suplementos pueden evitar el cansancio y disminuir la inmunidad de la anemia. A diferencia de los elementos raros, el hierro es uno de los metales más abundantes sobre la Tierra, y el fitoplancton lo necesita del mismo modo que lo hacemos nosotros.

En el cuerpo humano, el hierro se utiliza para producir hemoglobina, la sustancia que transporta oxígeno a través de la sangre a todas las células de nuestro organismo. El fitoplancton utiliza el hierro para absorber CO_2, y cuando se vuelve anémico, sufre igual que lo hacemos nosotros.

El hierro del que depende se produce de forma natural en los mares. La mayor parte procede de las arenas de los desiertos que lo transportan sobre los océanos por los vientos. Cuando estas arenas caen al mar, estas sales naturales de hierro que hay en ellas se disuelven de forma natural en el agua marina.

La gran preocupación se centra ahora en que, a pesar de la abundancia de hierro que hay en el mundo, el fitoplancton en grandes extensiones de nuestros mares no está recibiendo el hierro que necesita. De hecho, desde los años 80, los científicos han estado observando la constante pérdida de hierro en todos las cuencas de los océanos del planeta, con la única excepción de la cuenca Atlántica ecuatorial.

El resultado es que estamos viendo un constante declive en el volumen del fitoplancton de nuestros océanos, en comparación con los niveles habituales de décadas anteriores. La causa más probable de esta constante pérdida de hierro son los fosfatos de potasio y de sodio en nuestros detergentes para la colada.

Los detergentes que echamos en nuestras lavadoras utilizan estos fosfatos para lavar nuestra ropa. Los fosfatos hacen que las partículas de suciedad de nuestras ropas sean más impermeables, permitiendo que puedan ser extraídas fácilmente durante el ciclo de lavado y expulsadas por el sumidero.

Por medio de nuestras cañerías, estos fosfatos llegan a nuestros ríos, donde continúan haciendo su trabajo. Este es el quid del asunto.

Los fosfatos de nuestras lavadoras están matando nuestros Océanos

Los fosfatos hechos por el hombre, de detergentes para nuestras lavadoras, son letales para el fitoplancton, debido a cómo interactúan con las sales naturales de hierro que hay en nuestros océanos. Los fosfatos de los detergentes se unen con el hierro natural y forman unas sales de hierro completamente diferentes que no se disuelven bien. Literalmente se caen sobre el fondo marino como una arena que no tiene utilidad alguna.

Tenga en cuenta esto. En nuestro anterior ejemplo sobre el *Titanic*, vimos cómo se hundió el barco porque el agua pudo pasar fácilmente sobre los topes de los mamparos que separaban los compartimentos estanco del barco. Ahora, apliquemos este ejemplo a la anemia del fitoplancton.

Nuestra atmósfera y los océanos forman parte de un sistema natural perfecto. Si los arquitectos navales que diseñaron el *Titanic* se hubieran visto influidos por el ejemplo de la naturaleza, los compartimentos estancos hubiesen estado sellados en su tope.

Estamos privando al fitoplancton del hierro, sencillamente porque nos gusta ir con ropa limpia al trabajo. Como consecuencia de ello, poco a poco le estamos quitando a la naturaleza su sello natural hermético en la parte superior de los compartimentos.

En otras palabras, para que podamos seguir respirando, nuestros océanos también tienen que seguir respirando. Este es el motivo por el que nuestra contaminación de los océanos contribuye de forma importante en la aceleración del cambio climático. No sólo vemos pruebas de ello en nuestra atmósfera, sino que también lo vemos en el nivel más fundamental de la vida, nuestros océanos.

El plancton se está muriendo, y vastas extensiones de mar están ahora sin vida, con excepción de las algas. Cuando las algas y la contaminación se abren camino hacia aguas productivas, empiezan a producirse muertes masivas de peces. Ya existe una zona muerta permanente en el norte del golfo de Botnia, entre Suecia y Finlandia.

Las críticas afirmarán que esto es puro alarmismo y lo achacarán al hecho de que el golfo de Botnia es un brazo cerrado del océano. Lo que estarán ignorando es que también las zonas permanentes muertas y de estaciones serán cada vez más comunes en mar abierto.

> Seguir los informes de la pesca y los precios del pescado, así como los informes sobre comportamiento errático de animales marinos, le dará una perspectiva del estado biológico de los océanos. Conforme sean publicados, tome nota de los datos siguientes:
>
> - **Cupo de pesca y tamaño:** la sobrepesca se delata a sí misma por las cifras en descenso del tamaño de los peces que se pescan y porque las zonas de pesca cada vez están más lejos de la tierra.
>
> - **Varado de ballenas:** allí donde aparecen más ballenas varadas en la playa es porque el estado de las plantas marinas es peor. Las ballenas se alimentan del plancton, y la falta de plancton hace que se marchen en su busca. La falta de comida provoca que se desorienten y que queden varadas.
>
> - **Floración de algas:** donde se produce una floración de algas, muere toda vida, dejando un mar sin vida bajo las olas. No queda oxígeno ahí para el plancton.
>
> - **Vertidos de petróleo:** cuando se vierte petróleo, se hunde sobre el lecho marino y mata toda vida que hay en él, robándoles la comida a los peces y a todos los animales marinos. Esto interrumpe la cadena alimenticia y mata el mar.

Ahora hay una de estas zonas temporales muertas más allá de la desembocadura del río Mississippi. Seguro que se producirán más, y regiones enteras de mar sencillamente morirán.

Esto afectará la cantidad de peces que podamos coger para nuestro propio consumo, y que ya se encuentra muy afectado, dado que ya hemos pescado el 90% de las especies de peces más grandes de los océanos. Nuestros mercados de pescado todavía aparentan que nuestros océanos mantienen un suministro ilimitado, pero el hecho es que estamos utilizando nuestras enormes factorías de barcos pesqueros y redes de arrastre para exprimir el 10% restante de las especies de gran tamaño. Peces que resultan ser también vitales para la salud de los arrecifes de corales del mundo.

Sin embargo, la amenaza más crítica es lo que le está sucediendo al plancton. Representa la base de la cadena alimenticia del mar, y su destino afectará a todos los animales vivos de los océanos. Lo más destacable es cómo este hecho ya ha afectado a las criaturas más grandes de la Tierra, las ballenas. Muchas se aventuran ahora cerca de tierra, en busca de comida, y terminan varadas en la playa. Debilitadas e incapaces de regresar a mar abierto, algunas son salvadas por personas compasivas, pero la mayoría mueren. Lo bueno de esto es que no todos somos malvados.

Mientras que algunos países intentan administrar sus industrias pesqueras de forma más prudente, otros siguen saqueando los océanos. La pesca destructiva de países como China seguirá saqueando ciegamente un caladero tras otro, hasta que todos fallen.

Entonces, desesperados por alimentar su creciente población, empezarán a merodear las zonas protegidas, bien administradas, lo que seguramente desatará enfrentamientos duros, aunque no durarán mucho, debido a que estaremos más interesados en luchar por el aire que por los peces.

CO_2 y Oxígeno

Si las fuerzas naturales y provocadas por el hombre conspiran en provocar que nuestros océanos superen su punto de inflexión, entonces se producirá una masiva liberación de CO_2 a nuestra atmósfera, concurrente con una disminución de oxígeno. Miremos los porcentajes.

En la actualidad, la atmósfera de la Tierra mantiene una concentración baja de CO_2 de aproximadamente un 0.038%. Si esto aumenta a:

- 0.5%, lo podemos asumir durante largos periodos de tiempo.
- 3.0%, lo podemos asumir durante cortos periodos de tiempo.
- 2.5% y se mantiene en este nivel o superior, moriremos.

De igual modo, si el fitoplancton deja de absorber el CO_2, también dejará de producir oxígeno, lo que significa que habrá menos oxígeno en la atmósfera para que podamos respirar.

En la actualidad, la cantidad de oxígeno que hay en la atmósfera de la Tierra es de un 21%; si disminuye a un:

- 17%, la llama de una vela ya no se quemará, pero podemos sobrevivir esto.
- 14% iremos perdiendo la consciencia poco a poco.
- 11%, nos morimos.

La humanidad está manipulando un sistema complejo que es enorme, pero que no es ilimitado, aunque pueda parecer que lo es.

Como cualquier otro sistema, tiene su propio punto de inflexión catastrófico. Aunque sabemos que está siendo agobiado, no sabemos lo suficiente al respecto como para asumir que no tenga un punto de inflexión, al que poco a poco esté siendo estrangulado por nuestra arrogancia irreflexiva.

Si lo empujamos más allá de ese punto de inflexión, en primer lugar todos sentiremos la acumulación de CO_2 y los efectos de la asfixia, y después sufriremos la falta de oxígeno. En esta futura mina de carbón, los canarios serán los ancianos, los enfermos, y los que tengan sistemas cardiovasculares debilitados.

En principio, será una muerte lenta, muy parecida a la que tuvo lugar durante la ola de calor de 2003 en Europa. Durante uno de los veranos más cálidos de la historia de Europa murieron 14,802 personas, la mayoría ancianos, que perdieron la vida en Francia.

Para los que vivan en latitudes elevadas, los niveles de CO_2 serán más tolerables, pero sentirán más la falta de oxígeno. Sucederá lo contrario a los que vivan a nivel del mar, excepto que los que vivan a nivel del mar tendrán otra preocupación extra a tener en cuenta.

CO_2 y el Nivel del Mar

Una liberación masiva del CO_2 almacenado en el océano empujaría el nivel de CO_2 en la atmósfera por encima del 2%. Si sucediese esto, las temperaturas aumentarían más de 10 grados centígrados (18°F). Esto provocaría el deshielo de todo hielo permanente sobre la Tierra en escasos años, momento en el que no quedarían glaciares ni capas de hielo polar.

El acelerado derretimiento de las masas de hielo más importantes en tierra es exactamente lo que estamos viendo suceder y esto se ha confirmado en un informe publicado en mayo de 2007 por el Centro Nacional de Investigación Atmosférica (NCAR). El informe afirma que el hielo del mar se está reduciendo a tres veces el ritmo previsto y que nuestras regiones polares están siendo las más afectadas.

Si seguimos subestimando el ritmo al que estamos perdiendo las placas de hielo, no veremos venir el próximo ciclo global de retroalimentación positiva, donde los problemas se acumularán unos sobre los otros hasta que provoquen un fallo catastrófico.

Una manera de ver esto en su mente es la de imaginarse un gran y terrible ogro, con grandes botas de clavos en sus pies, en el extremo de un pequeño puente de piedra.

Usted se encuentra de pie en medio del puente, y cuando el ogro pisa con fuerza con su gran bota, envía un temblor a través del puente. Usted siente el temblor, pero no dura mucho. Todavía rabioso, el ogro vuelve a pisar con su bota, y nuevamente el proceso se repite. Aún así, el puente todavía permanece tan sólido y seguro como siempre.

Esto enfurece al ogro, por lo que empieza a pisotear el puente con su bota tan rápido como puede. Ahora, el temblor de la primera pisada todavía está desplazándose por el puente cuando llega la segunda, la tercera, cuarta, y así sucesivamente.

Incapaz de evitar las vibraciones, el puente empieza a resonar cuando el temblor de una pisada magnifica el temblor de la siguiente. Como el ogro sigue pisando con fuerza, todo se acumula en una resonancia que es demasiado potente para que el puente pueda soportarlo. Finalmente se rompe en pedazos, cayendo al arroyo, y arrastrándole a usted con él.

Ahora, pensemos en nuestro ogro con las botas de clavos como la fuente del CO_2 y que cada pisada es una liberación de este gas que no sigue el proceso natural. ¿Qué sucede después?

La Resonancia del Fallo

Como hipótesis, vamos a suponer que la Gran Placa de Hielo de Groenlandia es la primera en sentir el temblor de CO_2 de la pisada de un ogro. Se trata de un lugar lógico en el que empezar, porque al norte del ecuador, nuestra gran preocupación es la placa de hielo de Groenlandia. Los científicos han determinado que no sólo podría derretirse rápidamente, sino que también se deslizaría en grandes trozos.

A medida que nuestro ogro de CO_2 comienza a pisar fuerte, empezamos a ver un gran deshielo de la placa de hielo de Groenlandia. Mientras se deslizan grandes trozos, los niveles del mar empezarán a subir. Si toda la placa de hielo de Groenlandia se derrite al mar, veremos una elevación media del nivel del mar de hasta 6,5 metros (21,33 pies).

Llegados a este momento, nuestra atención se fijará en la Antártica, nuestro continente situado más al sur. Prácticamente el 90% de todo el agua dulce de la Tierra se encuentra en la Antártica, bloqueada en el hielo y la nieve. Este agua dulce helada es importante para nosotros, porque refleja la radiación solar. Cuando desaparece, la tierra expuesta y el agua procedente del deshielo absorberán la radiación solar.

Al reflejar el hielo y la nieve menos radiación solar, la tierra y los océanos absorberán más calor, lo que a su vez creará un bucle de retroalimentación positiva que finalmente podría provocar que se derrita todo el hielo permanente que hay sobre la Tierra.

Si se derritieran todas las placas de hielo de la Antártica, de Groenlandia y todos los glaciares de las regiones montañosas, los niveles del mar podrían aumentar hasta en 20 metros (65,62 pies), con consecuencias catastróficas para cada una de las zonas situadas en un nivel bajo con respecto al mar, cerca de las costas oceánicas. Además, el agua marina se calentaría. Como resultado de este calentamiento, el agua se expande, y subirá todavía más. Un buen ejemplo de lo que significaría esto para ciudades como Nueva York, fue ilustrado de forma gráfica en la película de 2001, *Inteligencia Artificial* de Steven Spielberg.

Los primeros países en verse más afectados serán los que están situados en zonas bajas costeras, como Bangladesh, que desaparecería en el mar prácticamente en su totalidad, con una trágica pérdida de vidas humanas.

Las naciones industrializadas también sentirían los efectos. En América, ciudades enteras de las regiones de los Estados del Golfo, como Nueva Orleans, desaparecerían junto con las ciudades costeras más importantes, como Miami, Florida. También los europeos sentirían los efectos.

Londres sería inhabitable, y zonas enteras de Europa Occidental, como Bélgica, los Países Bajos y Dinamarca desaparecerían, junto con sus ricas tierras agrícolas.

Todo el mundo se vería afectado, viva en zonas costeras o en el interior. Los que se vean forzados a abandonar sus casas por las inundaciones marcharán como refugiados a lugares seguros. La mayoría no estará preparado, y esto será lo que desencadene una pesadilla económica y logística.

Si vive en el interior y puede evitar lo que está sucediendo con el hielo permanente del mundo y la elevación de los niveles del mar, finalmente se verá invadido por una oleada de refugiados muertos de hambre y sed.

Los primeros estarán agradecidos, pero los que les sigan tomarán por la fuerza todo cuanto no supieron prevenir y preparar. Vendrán como un enjambre de langostas, aunque no por mucho tiempo.

Las Cosas Incluso Podrían Ir a Peor

Conforme cambian nuestra atmósfera y océanos, nuestro clima global será más violento y más extremo en latitudes moderadas, y esto podría causar una desaceleración o incluso una parada total de la corriente del golfo del Atlántico Norte. Si esto sucede, el escenario de enfriamiento extremo de la película de ficción, *El Día Después de Mañana,* que los expertos consideran improbable, aunque no imposible, podría hacerse realidad.

Sin embargo, pasado algún tiempo, la corriente se restablecerá por sí misma. La acción humana ahora mismo está ayudando a empujar al clima fuera de su punto estable de equilibrio, pero el clima se restablecerá por sí mismo. La pregunta es cuántos de nosotros estaremos ahí para presenciarlo. Recuerde que estamos cometiendo el mismo error que los propietarios del *RMS Titanic*. No vieron ningún peligro en no sellar los compartimentos estancos para evitar que el agua del mar entrara y los superara, y todos conocemos el resultado.

Sin embargo, desconociendo el punto exacto de inflexión, en el que nuestros océanos responden de forma repentina y catastrófica a nuestros comportamientos miopes, seguimos actuando contra el perfecto sistema de la naturaleza y quitando los sellos de las zonas superiores de nuestros propios compartimentos estancos.

Así que aquí está usted, de pie en el muelle, con su billete para subir a bordo. Por encima de usted sobresale un barco que los expertos aseguran que es "virtualmente insumergible". Sin embargo, hay otros modos de llegar donde quiere ir, y por el momento, es libre de elegir

Tanto si vive tierra adentro como si vive cerca de la costa, mantenerse informado sobre los cambios que están teniendo lugar en los océanos y en la atmósfera, le ayudará a anticiparse a las amenazas futuras. De este modo, podrá tomar medidas antes que los que han elegido ignorar estas tendencias vitales.

- **¿Dónde vive con respecto al mar?** ¿A qué distancia vive por debajo del nivel del mar o por encima? En el 2012 esto será un factor decisivo para los que viven en la costa.

- **¿Cuál es su nivel de protección?** Si vive detrás de diques que le protegen de un aumento en el nivel del agua, investigue su estado de mantenimiento.

- **¿Cuántas personas hay a su alrededor?** Calcule cuántas personas hay a su alrededor dependiendo de la misma protección contra el agua. Competirán por usted por los recursos en el caso de que haya necesidad de ellos.

- **¿Donde vive suele sufrir a menudo problemas con inundaciones?** Compruebe si existen otras fuentes de agua que puedan causarle problemas, como ríos y sistemas de alcantarillado, y cuántas veces se han desbordado. Investigue cómo se libera el exceso de agua cerca de donde vive y si estaría en peligro en el caso de que se produzca algún tipo de inundación que no proceda del mar.

- **Registros históricos del clima:** Esté atento a los fenómenos meteorológicos que superen cifras históricas, por frío o calor, humedad o sequía. Manténgase atento a las estadísticas de fenómenos climáticos inusuales; se producen directamente por el aumento en la temperatura del agua del mar.

- **Temperatura del agua del mar:** Los cambios en la temperatura media del mar indicarán un próximo cambio climático. El hecho de que el agua del mar esté más cálida hará que se produzcan más tormentas extremas; el agua del mar más fría producirá más sequías.

- **Rotura de la capa de hielo:** Los informes de la rotura de las placas de hielo o del deslizamiento de grandes trozos de hielo de Groenlandia o de la Antártica son los indicadores del aumento de la temperatura global.

3ª Parte – Lo que están Haciendo nuestros Gobiernos

"No puedes escapar a la responsabilidad de mañana evitándola hoy"

—*Abraham Lincoln (1809 – 1865)*

Los gobiernos son como las mejores familias. Buenos, malos, o de otra manera. Todos comparten una meta primordial, la de sobrevivir. Sin embargo, no se calme ante esta hipérbole.

En su lugar, hágase la pregunta que preocupa a los que tienen mucho poder cuando se sientan frente a sus autorretratos: "*Cuando mis herederos vean esta pintura, ¿qué pensarán de mi?*" Todo lo demás es secundario; incluyendo el resto de nosotros.

8

Monitorizando una Tormenta Solar

La mayor amenaza a la que nos enfrentaremos con el Planeta X es su interacción con nuestro Sol. Después de que el Planeta X cruce la elíptica, empezaremos a sufrir tormentas solares extremas cuando el Sol empiece a responder ante su presencia. Cualquiera de ellas puede dejar nuestras redes de comunicaciones y eléctricas, la base de nuestro poder industrial, fuera de servicio, e incluso peor.

El peligroso comportamiento del Sol durante los próximos años es ahora la mayor amenaza para los países industrializados. Ha dado lugar a un esfuerzo multinacional para reforzar nuestro sistema de defensa frente a la actividad solar. Como consecuencia de ello, las agencias espaciales, NASA de América, ESA de Europa, y JAXA de Japón, han unido sus fuerzas para lanzar una flota de 7 observatorios espaciales en el 2008. ¡Y estos sólo son los que han hecho públicos!

Si tenemos en cuenta el número de observatorios solares que estarán monitoreando nuestro Sol de forma conjunta durante los peligrosos próximos años, vemos un esfuerzo bien coordinado. No importa lo que piense de su gobierno, puede estar seguro de esto; se están gastando sus euros de forma sabia; así que veamos en qué están utilizando su dinero.

Observatorios Solares con base en el Espacio

Cuando vamos al hospital, los especialistas llevan a cabo pruebas diversas para conseguir una idea general de lo que está sucediendo en nuestros organismos. Lo mismo sucede con nuestro Sol, y para conseguir este propósito, tenemos que monitorear cuidadosamente 5 longitudes de ondas diferentes de la radiación: Gamma, Rayos-X, X-UV, UV y Espectro Visible.

Nombre de la Misión AGENCIA *Lanzamiento*	Propósito de la Misión	Gamma	Rayos-X	X-UV	UV	Espectro Visible
Ulysses ESA, NASA *1990*	Trazando los polos del Sol	☐	☐			
SOHO ESA, NASA *1995*	Atmósfera Solar y avisos de erupciones solares		☐	☐	☐	☐
Hinode NASA, ESA, JAXA *2006*	Interacción del campo magnético y coronal del Sol	☐		☐	☐	☐
STEREO NASA *2006*	Comportamiento Solar y dinámicas de las EMC				☐	☐
Proba-2 ESA *2007*	Observación Solar y monitoreo clima espacial				☐	☐
Observatorio de Dinámica Solar NASA *2008*	Magnetodinámicos del Sol			☐	☐	☐
Satélite Solar ESA *2010 o 2015*	Estudio de Alta Resolución Sol			☐	☐	☐

Los científicos tienden a hilar fino cuando definen estas 5 ondas de radiación diferentes. Este capítulo le dará un concepto de trabajo a grandes rasgos de la ciencia, que le ayudará a interpretar lo que descubra en las noticias, conforme los medios empiecen a facilitar datos de estos observatorios solares.

Midiendo la Radiación

Cuando se miden las ondas de radiación, normalmente se suelen utilizar dos términos científicos; nanómetros y micrones.

Nanómetro (nm): milmillonésima parte de un metro.

- Gamma = cualquier onda por debajo de 0.1 nm
- Rayos-X = 0.1 nm a 50 nm
- X-UV = 50 nm a 200 nm
- UV = 200 nm a 380 nm
- Luz visible = 380 nm a 780 nm

Micrón: millonésima parte de un metro.

- Infrarrojo (Infrarrojo Cercano) = 780 nm (0.780 micrones) a 10 micrones
- Infrarrojo Lejano = 10 micrones a 200 micrones

Los observatorios solares expuestos en este capítulo solo monitorean al Sol en el ancho de banda de los nanómetros. Los telescopios espaciales del próximo capítulo observan el cielo en los dos anchos de banda.

Monitoreo Solar en Rangos de los Nanómetros

Monitoreando los cinco anchos de banda de los nanómetros antes mencionados, los científicos y astrónomos podrán crear una imagen diagnóstica comprensiva del Sol, a tiempo real.

Rayos Gamma — Monitoreando el Horno Interno del Sol

Es la radiación que proviene de los isótopos en decadencia, como el uranio y el plutonio. Las plantas nucleares crean radiación gamma como un proceso normal. La radiación gamma nos dice lo que está teniendo lugar en la fusión (la fusión produce neutrones, su choque con otra materia produce el calor que sentimos y también la radiación) del horno del Sol.

Al medir esta radiación vemos si esta actividad mantiene una tendencia en alza, a la baja, o si permanece relativamente estable. En un sentido más simple, monitorear la radiación gamma es como tomarle el pulso al Sol. Por lo tanto, un pulso más alto indica un mayor nivel de excitación general del sistema.

Rayos-X — Predicción de Rayos Cósmicos

En la actualidad, los Rayos-X sólo pueden ser creados por aparatos hechos por el hombre. En la ciencia, este término se utiliza para describir la radiación que tiene lugar de forma natural dentro de este mismo ancho de banda y que se utiliza para medir determinados tipos de choques de alta velocidad entre átomos.

Cuanto más violentos sean estos choques, más Rayos-X se genera en anchos de banda más cortos (mayores). Estos choques más violentos son causados por el incremento en los campos electromagnéticos que afectan a estos átomos.

Después de que el Planeta X cruce la elíptica, empezaremos a ver un importante aumento en las emisiones de Rayos-X cuando se produzcan interacciones (rayos cósmicos) entre el Planeta X y el Sol.

X-UV — Pronosticando Tormentas Solares

Este ancho de banda nos permite medir la ionización de un átomo por medio de sus electrones internos. Contrariamente al ancho de banda de los Rayos-X, que se enfoca en choques atómicos de alta velocidad, los X-UV se enfocan en choques atómicos de baja velocidad. Esto nos facilita la capacidad de pronosticar, a tiempo real, los tipos de erupciones solares y eyecciones de masa coronal (EMC), que podrían paralizar nuestras redes de comunicación y eléctricas.

UV — Midiendo la Reacción del Sol al Planeta X

Contrariamente a los X-UV, la UV mide la ionización de un átomo vía sus electrones externos. Esto nos aporta dos puntos de vista importantes a nivel atómico. En primer lugar, vemos cómo aumenta la unión de los electrones internos con respecto al núcleo conforme son eliminados los neutrones externos. Esto, a su vez, modifica la composición química de una estrella y sus interacciones eléctricas.

Al monitorear los cambios en la emisión de los UV del Sol, podremos determinar el grado en el que se está viendo perturbado por el Planeta X durante su sobrevuelo.

Luz Visible — Saber Cuándo hacer Sonar la Alarma

El ancho de banda de luz visible es lo que vemos con nuestros ojos. Se crea en la superficie del Sol y nos facilita una manera de medir los choques ultra bajos entre átomos. Dentro de este ancho de banda también existe una gran cantidad de información sobre las fluctuaciones del campo magnético que están teniendo lugar en la superficie del Sol.

Cuando se produce una eyección de masa coronal (EMC), el ancho de banda de luz visible no sólo nos permite la oportunidad de observarlo usando telescopios espaciales y con base en la tierra, también nos facilita la velocidad y dirección del plasma emitido. Utilizando estas observaciones, podemos saber si el plasma viene hacia nosotros y cuándo llegará.

El plasma caliente procedente de una tormenta solar perfecta puede alcanzar la Tierra en tan sólo 18 horas. Sin un aviso, y no estando preparados, una tormenta solar perfecta nos conduciría de vuelta a otra era agraria.

Observatorios Solares

Una visión global emerge de las misiones y planes que acaban de empezar o que están a punto de comenzar en el futuro inmediato. Este esfuerzo sin precedente para monitorear nuestro Sol le dice a los investigadores del Planeta X que nuestros gobiernos realmente están en ello. Comprenden que cuanto más tiempo tengamos de aviso ante la llegada de una erupción solar, tendremos mejores probabilidades.

Ulysses (ESA, NASA)

Desde su lanzamiento en 1990, Ulysses ha estudiado el viento Solar desde todos los ángulos, así como el comportamiento de los polos del Sol. También está siendo utilizado para crear una mapa tridimensional de la heliosfera del Sol. Este mapa permitiría poder estudiar con mayor detenimiento la dinámica del Sol, con objeto de desarrollar una comprensión sin precedente de cómo funciona el Sol.

En diciembre de 2006, Ulysses pasó por debajo del Polo Sur del Sol. Detectó una intensa actividad magnética a un nivel que corresponde a un máximo solar. Sin embargo, se encontraba entonces prácticamente en un mínimo solar. Este comportamiento del Sol aún debe ser aclarado y sugiere que algo podría estar provocando al Polo Sur del Sol. A principios de noviembre de 2007, cruzará por encima del Polo Norte del Sol; esto debería aportarnos una comparación entre los dos polos. Será interesante ver si son igualmente activos o si la actividad sólo proviene de un lado.

SOHO Observatorio Solar y de la Heliosfera (ESA, NASA)

SOHO fue lanzado en 1995, y esta antigua y venerable nave espacial ha facilitado un flujo casi constante de imágenes impresionantes de nuestro Sol, gracias a su órbita de punto de Lagrange, a 1 millón de km. de la Tierra.

Debido a que SOHO ni orbita al Sol ni a la Tierra, está diseñada oficialmente como una sonda espacial. Los satélites como los que utilizamos para el uso de nuestros teléfonos móviles y televisiones por cable orbitan la Tierra. El punto de Lagrange en el que orbita SOHO se encuentra entre la Tierra y el Sol, a 1 millón de kilómetros de la Tierra.

El SOHO principalmente observa la actividad solar y facilita un sistema de alerta temprana para las erupciones solares que se dirigen hacia la Tierra. Nos da unos 20 minutos de aviso para poder apagar los satélites vulnerables y dirigir a los astronautas a un refugio contra la radiación durante una tormenta solar.

Programado originalmente para ser desactivado en 2006, la misión del SOHO se ha ampliado hasta el 2009. Su perfil de misión también se actualizó para que pudiera tomar imágenes del lado distante del Sol. Estos datos nuevos nos ayudarán en nuestra habilidad para predecir la actividad Solar intensa en el futuro.

Cabe destacar que la ampliación de la misión en parte fue debido a un software muy inteligente fijado por la NASA en 1998. En junio de ese mismo año, los 3 giroscopios de la sonda espacial fallaron uno tras otro. En lugar de abandonar el SOHO, los ingenieros de la NASA desarrollaron un software para eliminar la necesidad de utilizar giroscopios. Poco después de cargar el software al satélite, fue capaz de continuar su misión. La NASA tiene sus momentos.

Hinode (ESA, NASA, JAXA)

La misión japonesa Hinode (conocida anteriormente como Solar-B) estudia la interacción entre el campo magnético del Sol y la alta temperatura de su ionosfera. El propósito de la misión es el de poder comprender mejor lo que conduce a nuestro Sol a los cambios a largo plazo de luminosidad.

Anteriormente en el libro, destacamos que en la mayoría de los planetas de nuestro sistema solar se está registrando un calentamiento global, así como perturbaciones climáticas. Esto es debido a que el aumento en la radiación solar está poniendo una carga extra de energía a los planetas de nuestro sistema solar. Un resultado de este aumento de radiaciones solares es lo que estamos viviendo hoy en día con el clima de la Tierra.

Gracias a los datos procedentes del Hinode, los científicos podrán comprender mejor las perturbaciones atmosféricas causadas por la carga extra de energía provocada por un aumento en las radiaciones solares.

STEREO, Observatorio de Relación Terrestre y Solar (NASA)

De todas las misiones de observación solar que serán operativas entre ahora y el 2008, la misión STEREO de la NASA es la más ambiciosa, porque consiste en dos naves espaciales.

Una de las gemelas STEREO se encuentra adelantada en la órbita de la Tierra. La otra se desplaza por detrás de la Tierra, también en la misma órbita. Cuando se utilizan juntas, crean algo nunca visto antes en la historia de la humanidad... ¡Imágenes en 3-D del Sol!

Las imágenes en 3-D seguramente serán impresionantes tanto para los laicos como para los científicos, pero lo más importante de estas imágenes en 3-D será el hecho de que facilitan el monitoreo de las mejoradas EMC (Eyección de Masa Coronal) y su pronóstico. Esta mejoría en la habilidad de pronóstico nos ayudará a anticiparnos mejor a los efectos de las erupciones solares para que podamos hacer cuanto sea posible para minimizar los efectos dañinos.

Proba-2 (ESA)

Proba-2 es un microsatélite belga lanzado en 2006 para estudiar el comportamiento del Sol. Es único, ya que tiene una masa de tan sólo 120 kg. (265 lb). De ahí el término de microsatélite.

La misión de este microsatélite es la de estudiar el Sol en el rango del ultravioleta lejano, lo que lo hace extremadamente útil para estudiar cómo el Planeta X activará nuestro Sol durante su sobrevuelo a través del núcleo de nuestro sistema. No obstante, Proba-2 ofrece otro beneficio que podría ser de mayor importancia.

Una vez que el Planeta X cruce la elíptica, nuestro Sol será cada vez más violento, y muchos de nuestros observatorios solares podrían quedar dañados o destruidos durante las tormentas solares que tengan lugar. Sin embargo, microsatélites de reemplazo, como el Proba-2, podrían ser construidos y lanzados mucho más rápido que satélites y sondas espaciales más grandes y sofisticados.

Observatorio Dinámico Solar (NASA)

Después de que sea lanzado el Observatorio Dinámico Solar (SDO) en el 2008, será utilizado para observar la atmósfera exterior del Sol para ayudarnos a comprender mejor la influencia del Sol sobre la Tierra. Hará esto a la vez que observa al Sol mediante instrumentos múltiples, durante cortos periodos de tiempo, pequeñas escalas de espacio, y en numerosos anchos de banda.

En esencia, el ODS es el reemplazo de la NASA para el venerable SOHO, que se prevé será desactivado en el 2009 y se convertirá en el sistema primario de alerta temprana de la Tierra para las erupciones solares. También estudiará las topologías magnéticas que producen estas erupciones violentas en el Sol.

El ODS estará mucho más capacitado que el SOHO. Al igual que el SOHO, será utilizado para observar erupciones solares a tiempo real, pero además de esto, también se usará para intentar observar las erupciones solares antes de que entren en erupción.

Satélite Solar (ESA)

La antigua expresión familiar, "de la sartén al fuego," es una descripción apropiada para el Satélite Solar ESA. Una vez desplegado, se estacionará mucho más cerca del Sol que cualquier otro observatorio solar, a 0,21 UA. Una UA simple (unidad astronómica) es la distancia media de la Tierra al Sol, por lo tanto a 0,21 UA, el Satélite Solar orbitará a medio camino entre el Sol y Mercurio, es decir a 0,4 UA del Sol. ¡Sin duda, un punto caliente!

En la actualidad se prevé el lanzamiento del Satélite Solar para el 2015, pero la NASA está presionando a ESA para llevar a cabo el lanzamiento en el año 2010, ya que este observatorio solar es el compañero perfecto para el ODS de la NASA, que estará operativo en el año 2008. Esto se debe a que puede aumentar las observaciones ODS mediante observaciones *'in situ'* (una frase del Latín que significa *en el lugar*).

NASA tiene razón. Teniendo en cuenta las consecuencias de vida o muerte de las supererupciones solares, tenemos que aumentar nuestro tiempo máximo de alerta para el 2010, no para el 2015.

9

El Planeta X y las Tierras Nuevas

En el "Capítulo 8 — "Monitorear una Tormenta Solar", nos habíamos enfocado en un sólo objeto: nuestro Sol, y en cómo responderá frente al sobrevuelo del Planeta X a través del núcleo de nuestro sistema solar.

En este capítulo, vamos a cambiar esa atención al exterior, hacia los confines de nuestro sistema solar y más allá. Buscaremos el Planeta X, otros objetos similares en sistemas de estrellas distantes, y nuevas Tierras extrasolares.

La Biblia Kolbrin nos dice que el Planeta X será diferente a cualquier otro objeto que hayamos visto antes y, en 1930 pensamos que lo habíamos vislumbrado por primera vez después de que Clyde Tombaugh, del Observatorio Lowell, descubriera el planeta Plutón. Sin embargo, esta idea terminó con el descubrimiento de la luna de Plutón, Caronte, por el astrónomo James W. Christy, del Observatorio Naval de los Estados Unidos, en 1978.

Lo que hizo que el descubrimiento de Christy fuera importante es que Caronte permitió que los astrónomos tuvieran una forma precisa de determinar la masa de Plutón, que es 1/400 veces la de la Tierra. Por lo tanto, Plutón, que es más pequeño que la propia Luna de la Tierra, nunca podría haber sido el misterioso Planeta X que los astrónomos llevan buscando desde el descubrimiento de Neptuno, en 1846. De hecho, fue recientemente degradado del estatus de planeta al de planeta enano.

Otra posible consecuencia del descubrimiento de Christy de Caronte fue el comunicado de prensa de 1992 realizado por la NASA, en el que decían: "Desviaciones inexplicables en las órbitas de Urano y Neptuno apuntan a un gran cuerpo en el sistema solar exterior de 4 a 8 veces la masa de la Tierra, en una órbita muy inclinada, a más de 11,2 billones de kilómetros del Sol".

> ***Comunicado de Prensa de la NASA 1992***
>
> "Desviaciones inexplicables en las órbitas de Urano y Neptuno apuntan a un gran cuerpo en el sistema solar exterior de 4 a 8 veces la masa de la Tierra, en una órbita muy inclinada, a más de 11,2 billones de kilómetros del Sol".

O, ¿este comunicado de prensa de la NASA "prueba irrefutable del Planeta X en 1992", fue impulsado por algo diferente, como piensan muchos investigadores del Planeta X? La respuesta a esa pregunta no empieza por lo que nuestros gobiernos están mirando con nuestro rápido aumento de la flota de satélites y sondas espaciales. En su lugar, comienza por la manera en la que están escudriñando la oscuridad del espacio.

Los Observatorios Solares de la Tierra con base en el Espacio

El hecho de que Neil Armstrong pisara la superficie lunar por primera vez fue difícil de superar, pero lo hicimos. Después de esa misión tripulada a la luna, la atención del público se centró en decenas de sondas especiales no tripuladas que nuestros gobiernos están utilizando para explorar los planetas del sistema Solar y más allá.

Estas misiones incluyeron la Voyager, Pioneer y también las misiones de la nave Venera a Venus, y la Vikingo, Observatorio de Marte y las misiones de la nave Pathfinder a Marte. La misión Galileo fue a Júpiter y sus lunas, y la misión en curso Cassini está buscando a Saturno y sus satélites.

Uno por uno, se están estudiando los planetas con mayor detalle, y las imágenes que vemos en nuestro televisor nos sorprenden. Sin embargo, lo que no podemos ver con el ojo humano se ha convertido en algo cada vez más importante.

Desde el año 2000, existe una clara evidencia de un nuevo sentido de urgencia en el lanzamiento de misiones espaciales. En el "Capítulo 8 — Monitorear una Tormenta Solar", vimos cómo ESA, NASA y JAXA se habían esforzado bastante en mejorar su observación del Sol. Igualmente, han aumentado su exploración del sistema Solar, enviando sondas para chocar con cometas, aterrizar sobre asteroides y encontrar Tierras nuevas en sistemas solares distantes.

Misiones y planes para estudiar planetas

Sin embargo, durante los últimos años, el número de misiones dirigidas a estudiar el espacio exterior han visto un importante incremento por parte de las agencias espaciales de América (NASA), Europa (ESA) y Japón (JAXA).

Nombre Misión AGENCIA Lanzamiento	Propósito de la Misión	UV	Visible	Infrarrojo	Infrarrojo Lejano
IRAS NASA *1983*	Estudio de las fuentes de radiación infrarroja en todo el cielo			☐	
HST (Telescopio Espacial Hubble) NASA *1990*	Exploración del Espacio Profundo	☐	☐	☐	
SST (Spitzer Space Telescope) NASA *2003*	Exploración del Espacio Profundo			☐	
COROT ESA *2006*	Sismología estelar Búsqueda de un planeta extrasolar		☐		
ASTRO-F JAXA *2006*	Estudio de todo el cielo, hasta 10 veces más sensible que el IRAS			☐	
Observatorio Espacial Herschel ESA *2008*	Formación de galaxias Composición química de la superficie de cuerpos celestes				☐
WISE NASA *2009*	Estudio de todo el cielo, hasta 1000 veces más sensible que el IRAS			☐	

Las observaciones realizadas por estas sondas nos dicen que algo está cambiando o está a punto de cambiar. De hecho, la atención de nuestros gobiernos ha pasado de la investigación pura a la medición de algo de una naturaleza mucho más seria.

Midiendo la Radiación

Cuando se miden las longitudes de ondas de la radiación, se suelen utilizar dos términos científicos, nanómetros y micrones.

Nanómetro (nm): milmillonésima parte de un metro.

- UV = 200 nm a 380 nm

- Luz visible = 380 nm a 780 nm

Micrón: millonésima parte de un metro.

- Infrarrojo (Infrarrojo Cercano) = 780 nm (0.780 micrones) a 10 micrones
- Infrarrojo Lejano = 10 micrones a 200 micrones

Obviamente, el infrarrojo es el ancho de banda de la radiación dominante utilizado en esta urgente y nueva investigación. Suponiendo que el Planeta X es una enana marrón, un sol no nacido gemelo a nuestro propio Sol, utilizando estos cuatro anchos de banda de la radiación al mismo tiempo, obtenemos un perfil más amplio de este objeto misterioso.

UV — Presencia del Planeta X y el Sol

Medimos los anchos de banda de la radiación UV para determinar los cambios en la composición química de una estrella y sus interacciones eléctricas. Como una enana marrón, el Planeta X es esencialmente una estrella ardiente. Aunque una vez tuvo la masa suficiente como para encenderse brevemente, no fue lo suficiente como para producir la fusión de hidrógeno que hace que estrellas como nuestro Sol brillen durante billones de años. Hablando claro, se puede imaginar una enana marrón como una briqueta de carbón ardiendo en una barbacoa de un patio trasero. Sigue generando calor mientras va muriéndose lentamente.

Descubrimientos recientes sugieren que un planeta del tamaño de la Tierra, en una órbita estrecha alrededor de una enana marrón, podría recibir suficiente radiación UV y luz como para mantener vida. No obstante, el mayor interés en la búsqueda de enanas marrones se centra en medir la actividad UV entre las enanas marrones y los compañeros soles más grandes a los que orbitan.

Observando la emisión de radiación UV de las enanas marrones extrasolares y los grandes compañeros a los que orbitan, seremos más capaces de determinar hasta qué punto responderá nuestro Sol al Planeta X durante la fase más crítica de su sobrevuelo.

Luz Visible — Construyendo una Efemérides Fiable

El ancho de banda de luz visible es lo que vemos con nuestros ojos, y nos aporta una gran cantidad de información sobre las fluctuaciones del campo magnético que tienen lugar en la superficie del Sol. Estos datos serán inestimables para pronosticar y detectar las eyecciones de masa coronal (EMC), así como la velocidad y dirección del plasma emitido

En términos del Planeta X, el ancho de banda de luz visible sirve para un propósito incluso mayor, porque este es el ancho de banda utilizado por el mayor número de telescopios de profesionales y aficionados. Esto significa que, una vez se pueda observar el Planeta X en el ancho de banda de luz visible, los datos empezarán a llegar procedentes de astrónomos de todo el mundo.

Al principio, las observaciones empezarán a llegar a cuentagotas de países del hemisferio sur, como Australia, Nueva Zelanda y Chile, pero conforme se aproxime el Planeta X a la elíptica, el goteo de información se convertirá en un fluido continuo de informes de observaciones de alta calidad.

Los datos de todas estas observaciones de gobiernos, profesionales y aficionados serán procesados por las redes más potentes de ordenadores de la Tierra para crear la efemérides más fiable posible del Planeta X.

Una efemérides es un dispositivo o tabla utilizado por lo astrónomos para obtener las posiciones de un objeto astronómico en el cielo en varios momentos. Pocos de nosotros utilizamos alguna vez una efemérides para localizar una estrella o cometa por la noche, pero aquellos de nosotros que siguen a los astrólogos para aprender más sobre nuestra oportunidad para el amor, la riqueza y así sucesivamente, la utilizamos. Esto es porque los astrólogos se basan en efemérides especializadas para hacer nuestros horóscopos.

Preparar una efemérides para dos objetos se puede hacer fácilmente con una calculadora de mano. Pero, desarrollar una efemérides fiable a largo plazo para el Planeta X, hará que pronosticar el amor y la salud parezca con toda seguridad un juego de niños. Esto es porque saber exactamente dónde estará el Planeta X y cuándo estará ahí durante su sobrevuelo por nuestro sistema requiere una solución de 12 objetos. La resolución de este problema requerirá de todos los datos de observación de luz visible y recursos de ordenador que la humanidad pueda aportar.

Infrarrojo (infrarrojo Cercano) — Observando al Planeta X a Distancia

El ancho de banda infrarrojo se expresa por calor. A menudo vemos ejemplos de tecnología por infrarrojo en las emisiones de noticias cuando vemos a nuestros combatientes de guerra utilizando dispositivos por infrarrojo para seguir a las tropas enemigas y los vehículos por la noche, para poderlos destruir.

Al igual que el motor caliente de un tanque enemigo por la noche, el calor natural generado por el Planeta X hace que destaque como un pulgar dolorido en los anchos de banda por infrarrojo. Este es el motivo por el que los investigadores del Planeta X piensan que las cámaras por infrarrojos del telescopio IRAS fueron las primeras en detectar el Planeta X en los confines lejanos de nuestro sistema solar en 1983. De ser así, los telescopios por infrarrojos con base en la Tierra y en el espacio, lo han estado observando "extraoficialmente" una y otra vez, desde entonces.

El único problema al observar el Planeta X con respecto a las emisiones de ancho de banda por infrarrojo es que podemos detectar fácilmente su firma de calor, pero averiguar más cosas de este objeto misterioso en este ancho de banda es virtualmente imposible, debido a su disco protoplanetario.

Infrarrojo Lejano — Escudriñando Un Disco Protoplanetario

En esencia, un disco protoplanetario es una nube de gases y polvo alrededor de un Sol. Nuestro propio Sol se encendió a la vida y comenzó a rotar a partir de un disco protoplanetario, que después siguió para formar los cuerpos celestes, como los planetas y asteroides de nuestro sistema solar.

Cuando el Planeta X se encendió por primera vez, también procedía de un disco protoplanetario, pero en una escala mucho menor, a pesar de que podía tener 4 UA de diámetro (cuatro veces la distancia entre la Tierra y el Sol).

Si resulta atrapado en una tormenta de arena de uno de los desiertos más extensos de la Tierra, tendrá suerte si puede ver a un palmo de distancia. El polvo que hay en el disco protoplanetario de una enana marrón produce el mismo efecto sobre la luz visible, motivo por el cual el Planeta X tendrá que estar mucho más cerca de la Tierra para que podamos verlo a simple vista, como hacemos con Saturno.

Del mismo modo, este mismo disco protoplanetario nos impide que podamos ver cualquier detalle del Planeta X, aparte de su calor. Este es el motivo por el que los infrarrojos lejanos nos dan una gran ventaja. Prácticamente imperturbable por las distorsiones del disco protoplanetario del Planeta X, este ancho de banda nos facilita una forma de escudriñar a través de la nube de polvo que rodea a este objeto misterioso mientras todavía se encuentra lejos. Gracias a las observaciones del ancho de banda por infrarrojo lejano, realizadas por observatorios con base en el espacio, podremos averiguar bastante sobre el Planeta X, mucho antes de que los astrónomos en la Tierra puedan empezar a observarlo en los rangos de la luz visible.

Observando al Planeta X en el Espacio

Cualquier polvo cósmico alrededor del Planeta X hará que la observación en el rango de longitud de onda de luz visible sea de muy difícil a imposible, hasta que empiece a brillar de forma notable. En la actualidad, tenemos pocas opciones salvo buscarlo en los espectros de UV, visible, infrarrojo e infrarrojo lejano con telescopios espaciales, especialmente teniendo en cuenta que no se desplaza en el plano de la elíptica.

IRAS — el Primer Avistamiento "Extraoficial" del Planeta X

Lanzado en enero de 1983, el Satélite Astronómico por Infrarrojo (IRAS) fue un proyecto conjunto de los Estados Unidos, el Reino Unido y los Países Bajos para hacer un mapa del cielo con un telescopio de infrarrojos integrados. Emplazado en órbita alrededor de la Tierra, estuvo operativo durante 10 meses hasta que un mal funcionamiento forzó su desactivación. Durante ese tiempo, fue capaz de encontrar 350 000 fuentes diferentes de radiación por infrarrojo, e hizo un mapa del 96% del cielo, en dos ocasiones.

La razón por la que se dio por terminada la misión del IRAS fue un mal funcionamiento en el sistema de refrigeración del satélite. Sin embargo, según John Maynard, un ex oficial del Servicio de Inteligencia de los Estados Unidos convertido en informante del gobierno, esta explicación "oficial" no fue la verdadera razón por la que se dejó de usar el satélite IRAS.

Según Maynard, los astrónomos del IRAS detectaron una fuente masiva de emisión de calor en los confines de nuestro Sistema Solar, muy por debajo de la elíptica, tras varios meses de estudio del cielo. Con objeto de crear la mejor efemérides disponible en ese tiempo, los controladores americanos de tierra declararon "oficialmente" que se había producido un mal funcionamiento en el sistema de refrigeración y cesaron de compartir datos con sus socios académicos en el proyecto de Europa. Entonces, los controladores utilizaron el combustible propulsor de navegación a bordo del satélite IRAS para seguir con las observaciones en privado de este objeto nuevo, hasta que se agotó en su totalidad.

Astro-F — Un IRAS Nuevo, Más Potente

Conocido también como Akari, el Astro-F fue lanzado por Japón, en febrero de 2006, para estudiar discos protoplanetarios alrededor de estrellas situadas a una distancia de hasta 1000 años luz de la Tierra. Es 10 veces más sensible a la radiación infrarroja que el IRAS de 1983, y nos dará una información más precisa sobre las estructuras en un disco protoplanetario, como el que rodea al Planeta X.

También cuenta con capacidad de infrarrojo lejano que le permite no sólo ver discos protoplanetarios, sino también mirar a las estrellas, por sí mismas. Esta capacidad ayudará a encontrar estrellas más frías y oscuras que no pueden verse en sus discos de partículas en el rango de luz visible.

SPT — Viendo el Planeta X desde el Sur

En el "Capítulo 8 — Monitorear una Tormenta Solar," aprendimos que nuestra creciente flota de observatorios solares con base en el espacio son vulnerables a las embestidas de una tormenta solar perfecta. En el caso de que varios de ellos se vean dañados o destruidos, podremos lanzar microsatélites de reemplazo como el prototipo belga Proba-2.

Sin embargo, para asegurarnos que podríamos seguir monitoreando de forma continua al Planeta X, hacía falta un plan B. En el año 2004, América empezó a trabajar en un observatorio como plan B, el Telescopio del Polo Sur (SPT).

A finales de 2006, una flota de transportes C-130, especialmente equipados, comenzaron a llevar componentes pre-ensamblados del SPT a la Estación Amundsen-Scott del Polo Sur, situada prácticamente en el extremo del Polo Sur. Ensamblado bajo las duras condiciones del polo, el SPT empezó a estar operativo en febrero de 2007.

Las condiciones en el Polo Sur son duras tanto para el personal como para el equipo. Construir este telescopio en cualquier otra parte, como por ejemplo en Chile, hubiese sido mucho más económico, especialmente si tenemos en cuenta lo que supone desplazar a las personas y los suministros para el SPT de forma continua. De hecho, incluso un observatorio con base en el espacio es una opción más asequible con respecto al gasto de la construcción y mantenimiento del SPT.

Sin embargo, cuando se dejan a un lado los temas de operatividad, el SPT es el instrumento perfecto, situado en el lugar perfecto y en el momento perfecto. La razón es simple; este telescopio por infrarrojos es ideal para hacer un seguimiento a algo como el Planeta X. Si perdiéramos nuestros aparatos con base en el espacio, el SPT nos mantendría enfocados en el Planeta X a lo largo de los sectores más peligrosos de su sobrevuelo.

Observatorio Espacial Herschel — Escudriñando la Esencia del Planeta X

Programado para ser lanzado en 2008, el Observatorio Espacial Herschel ha sido construido para estudiar la química molecular del universo vía la luz del infrarrojo lejano y las porciones sub-milimétricas del espectro.

Su misión es la de encontrar información nueva sobre las estrellas y galaxias más antiguas y distantes, así como sobre las estrellas más nuevas y cercanas a casa. Podrá ver a través del polvo cósmico y observar la composición química de las atmósferas y superficies de cometas, planetas y satélites.

Una vez esté operativo, podrá reunir datos importantes sobre el Planeta X y los numerosos objetos pequeños y gases que lo preceden y siguen. De igual valor será su habilidad para conseguir información sobre la cola parecida a un cometa del Planeta X, que ha sido ampliamente documentada en los informes históricos de *La Biblia Kolbrin,* así como en otros textos antiguos.

WISE — Encontrando Enanas Marrones "Pequeñas"

Por definición, una enana marrón sólo tiene que ser más grande que el planeta Júpiter. Por ahora, las enanas marrones que estamos descubriendo en la actualidad con otros telescopios espaciales son varias veces veces más grandes. Si el Planeta X es una enana marrón "pequeña", apenas un poco más grande que Júpiter, entonces tiene sentido encontrar otros objetos de tamaño similar, en los sistemas solares distantes, para que podamos observar sus comportamientos.

Esto hace que el **W**ide-field **I**nfrared **S**urvey **E**xplorer o nave WISE sea el perfecto cazador de una enana marrón "pequeña". Previsto su lanzamiento en 2009, explorará el firmamento en el espectro de infrarrojo, igual que hiciera el IRAS en 1983, excepto que será 1000 veces más sensible que el IRAS. Esto permitirá que pueda detectar enanas marrones no vistas anteriormente que son demasiado pequeñas como para ser detectadas mediante los dispositivos actuales.

Spitzer — El Cazador de Enana Marrón Más Moderno

El telescopio Spitzer es el telescopio por infrarrojo más grande jamás lanzado al espacio. Mientras que el Hubble ya era grande con 2.4 m. (8 pies), Spitzer lo supera con 4.45 m. (cerca de 15 pies). Lanzado en agosto de 2003 para una misión de 2,5 años, está considerado como uno de los telescopios espaciales de los "Cuatro Grandes" de la NASA. Los otros son Hubble, Chandra X-Ray y Compton Gamma Ray.

La misión del telescopio Spitzer es la de crear la imagen de objetos distantes por su emisión de radiación infrarroja. Muchas zonas del espacio están cubiertas por nubes densas de gases y polvo cósmico. La luz infrarroja penetra estas nubes, lo que nos permite mirar al centro de estas nubes, dentro de las galaxias y de la nueva formación de sistemas planetarios.

En septiembre de 2006, el telescopio Spitzer creó la imagen de una enana marrón que orbitaba una estrella más grande y luminosa. Aproximadamente 50 veces el tamaño de Júpiter, orbita su estrella madre a 10 veces la distancia entre el Sol y Plutón.

Otra observación reciente de gran interés de Spitzer fue la de una enana marrón en una órbita inestable alrededor de su enorme sol. Esto demostró que las enanas marrones pueden, y de hecho hacen espiral en la de sus padres, conforme desestabilizan las órbitas de otros planetas en el sistema. Esta prueba nos dio una razón urgente para buscar y colonizar Tierras nuevas en otros lugares en la galaxia.

La Búsqueda de Tierras Nuevas

Suponiendo que el Planeta X sea una enana marrón en una órbita inestable casi perpendicular a la elíptica, este podría ser el último sobrevuelo al que se pueda sobrevivir. De ahí la gran importancia para la humanidad de buscar Tierras extrasolares en sistemas distantes de nuestra galaxia. Y el reloj sigue corriendo...

Nostradamus predijo lo que podría ser el fin del mundo en el 3797 EC. Esta fecha bien podría representar la inmersión mortal final del Planeta X en nuestro Sol. En el camino, igualmente provocaría que la Tierra y otros planetas de nuestro sistema entraran en espiral en nuestro Sol o fueran lanzados afuera, a las frías profundidades del espacio. Otra posibilidad es que el Planeta X simplemente haga espirales al Sol en el 3797, por ello causando una erupción solar gigante que queme nuestro planeta convirtiéndolo en una roca de ceniza inerte.

Hubble — Vida Nueva para un Telescopio Antiguo

Lanzado en 1990, el Telescopio Espacial Hubble ha rastreado el cielo con una precisión sin precedentes. Tras un error inicial de enfoque que casi destruye su misión, la NASA suplió al Hubble con una adaptación correctora de sus ópticas. Desde entonces, ha aportado algunas de las imágenes más espectaculares jamás tomadas. Sus imágenes mas conocidas son las de galaxias y nebulosas ubicadas a billones de años luz de distancia.

El Hubble ha permitido a los astrónomos presenciar el nacimiento de estrellas y encontrar pistas valiosas sobre el origen de nuestra propia estrella y planetas, y tiene la potencia suficiente como para encontrar estrellas marrones enanas y exoplanetas alrededor de estrellas, a años luz de distancia. Estos objetos apenas emiten luz y son mucho más difíciles de hallar que las estrellas a las que orbitan.

Varias misiones tripuladas utilizando el Transbordador Espacial han prologando su vida en varias ocasiones, y hasta hace poco, la NASA programó su desmantelamiento para el 2010. Sin embargo, programaron una nueva misión para el 2008 que ampliará la vida del Hubble hasta el año 2013.

Gracias a esta nueva misión, el Hubble permitirá que podamos seguir observando el comportamiento de las enanas marrones mientras nos ayuda a encontrar posibles Tierras nuevas en galaxias lejanas. Por ejemplo, en septiembre de 2006, el Hubble fotografió un objeto 12 veces el tamaño de Júpiter. Podría ser una enana marrón o un planeta enorme.

COROT — Un Poderoso Cazador Nuevo de Tierras Extrasolares

En diciembre de 2006, ESA lanzó COROT (**CO**nvection **RO**tation and Planetary **T**ransits). Este satélite buscará planetas y Tierras nuevas que orbiten estrellas distantes. Para hacer esto, empleará un método de tránsito que le permitirá detectar pequeños cambios en el brillo de las estrellas distantes que tienen lugar cuando sus planetas orbitan (transitan) frente a ellas.

Otros observatorios, con base en el espacio y con base en la tierra, son buenos para encontrar gigantes de gas extrasolares como Júpiter y Saturno, pero si este observatorio trabaja como esperamos, será nuestro cazador extrasolar de la Tierra más potente, capaz de detectar mundos rocosos, como el nuestro. Por esta razón, el observatorio COROT desempeñará un papel vital en encontrar futuros planetas habitables alrededor de estrellas distantes y, sin ninguna duda, será el primero de muchos satélites de este tipo.

Supervivencia de las Especies

En una entrevista de radio en junio de 2006, el físico de renombre mundial y autor de *A Brief History of Time,* Stephen Hawking, afirmaba su creencia de que el riesgo de una total aniquilación de la humanidad aumenta día a día. En consecuencia, ha convertido la supervivencia de nuestra especie, a través de la colonización de otros mundos exteriores, en una cruzada personal.

En el proceso, a menudo se burlan de él científicos menos visionarios, que creen que tenemos que hacer las cosas bien aquí, en la Tierra, antes de colonizar otros mundos. Estos detractores asumen que tenemos todo el tiempo del mundo para hacerlo, pero Stephen Hawking, y aquellos que comparten sus puntos de vista, piensan de otro modo.

No tenemos todo el tiempo del mundo, y colonizar Marte en el 2046, como ha pronosticado Hawking, tan sólo es dar un pasito temporal. Colonizar otros cuerpos celestes de nuestro sistema solar hará que podamos contar con un laboratorio en nuestro patio trasero, donde aprender lo que funciona y lo que no. Una vez hayamos pasado por esta experiencia tan necesaria, seremos más capaces de impulsarnos más allá de los límites de nuestro propio sistema solar hacia Tierras nuevas extrasolares. A diferencia del arca de Noé, que se tardó unos años en construir, esta migración mundial futura hacia el mundo exterior tendrá que hacerse por etapas.

En primer lugar, tenemos que localizar Tierras futuras y después, enviar misiones robotizadas a estos planetas distantes para determinar su habitabilidad. Esto podría tardar siglos. Después de lo cual, empezaremos a construir arcas espaciales masivas, mientras nos preparamos genéticamente para soportar los rigores especiales de los largos viajes espaciales.

Un día, nuestros descendientes contemplarán nuestro precioso mundo verde azulado alejarse de su vista, mientras se llevan consigo las esperanzas y rezos de todas las generaciones que les han precedido. ¡Sobreviviremos!

10

Arcas para los Elegidos

Cuando escuchamos o leemos la palabra "arca", pensamos en el Arca de Noé, un gran barco construido por Noé y por su familia. El gran barco de madera que construyeron les salvó, así como a una pareja de cada criatura viviente, durante la Inundación, tal y como se describe en el Génesis 6 – 9.

Sin embargo, en estos tiempos modernos, un arca es mucho más que un gran barco de madera. En su lugar, un arca resulta ser cualquier lugar de protección o seguridad que ofrezca refugio o asilo. En consecuencia, las arcas del planeta pueden ser muy diversas en forma y tamaño. La gran diferencia entre ellas será quiénes las construyen y quiénes serán los elegidos para habitarlas durante los tiempos más difíciles del sobrevuelo.

Aquellos que sean abandonados a su suerte por las grandes élites del poder del mundo tendrán que buscar refugio en cuevas naturales o escavando búnkers subterráneos, al menos 1,8 metros por debajo del suelo. Los elegidos por los poderosos se refugiarán en arcas submarinas, oceánicas y subterráneas, construidas por el hombre. Entre ellos, las posibilidades de supervivencia varían, y no hay apuestas seguras.

Ningún Arca será Totalmente Segura

Prever qué tipo de arcas serán necesarias para el sobrevuelo del Planeta X es complicado, ya que no hay manera de asegurar la gravedad de las consecuencias catastróficas.

A pesar de nuestros masivos recursos astronómicos e informáticos, todavía estamos enfrascados en tres normas básicas del éxito inmobiliario: localización, localización y localización. Cuando trasladamos esta idea a la mecánica orbital, se convierte en objetos, objetos y objetos.

Asegurar hacia dónde se desplaza el Planeta X y a qué velocidad llegará allí, requiere de algo llamado solución orbital. Cuantos más objetos añada a estas soluciones, más complejas serán.

- **Solución de Dos-Objetos:** en el supuesto de que el Sol y el Planeta X fueran los únicos dos objetos importantes de nuestro sistema solar, una buena calculadora y un poco de tiempo sería cuanto necesitaríamos para calcular una solución.

- **Solución de Tres-Objetos:** en el supuesto de que el Sol, el Planeta X y la Tierra fueran los únicos tres objetos importantes de nuestro sistema solar, necesitaríamos mucho más tiempo y potencia informática que con una solución de dos objetos, pero es factible matemáticamente.

- **Solución de Doce-Objetos:** para llegar a la solución final de la órbita del Planeta X, en los cálculos deben tenerse en cuenta las influencias de 12 objetos mayores. Incluso si todos los ordenadores del mundo estuvieran conectados entre sí para resolver esta órbita, es improbable que pudieran concluirla de forma precisa hasta el último decimal. Sólo pueden "acercarse" matemáticamente. O, en otras palabras, es mucho más fácil determinar cuántos ángeles caben en la cabeza de un alfiler.

El punto de todo esto es que, a pesar de todas nuestras proezas científicas, saber exactamente lo que sucederá durante el sobrevuelo del Planeta X, y la mejor manera de sobrevivir, ha sido y posiblemente seguirá siendo un cálculo aproximado, en el mejor de los casos.

Si bien es conocido por todos que nuestros líderes mantienen búnkers subterráneos para asegurar la Continuidad del Gobierno (CDG), estas arcas son suficientes para salvar un gobierno, pero no una nación, y mucho menos a especies.

Por esta razón, nuestros gobiernos visibles e invisibles no están siguiendo una estrategia simple. Más bien están cubriendo todas las opciones mediante diferentes tipos de arcas emplazadas en lugares distintos.

La mayor parte de esta actividad está oculta a la vista; sin embargo, los tipos de arcas más visibles para la supervivencia del Planeta X – 2012 aparecen en televisión casi cada noche. Los llamamos buques de crucero, y son los secretos del 2012 mejor guardados de la televisión. En los años difíciles que tenemos por delante, estas arcas de Noé podrían salvar hasta 150 millones de vidas.

Arcas Oceánicas

Para ser un arca de verdad, un refugio debe ofrecer una habitabilidad completa contando con alojamiento, alimentos, tratamiento de residuos, recursos médicos, comunicaciones, y así sucesivamente. En este contexto, los transatlánticos y los buques de crucero pueden adaptarse para servir como arcas.

A diferencia de los transatlánticos, que están diseñados principalmente para el transporte de puerto en puerto, los cruceros son más como un casino de Las Vegas y un hotel. Como consecuencia de ello, los cruceros operan viajes de ida y vuelta que por lo general suelen regresar a los mismos puertos una y otra vez.

Los transatlánticos, por otra parte, no suelen visitar los mismos puertos durante tantos años. Dejando de lado los itinerarios y lujos, la mayor diferencia entre ambos es la velocidad. Los transatlánticos están construidos para ir más rápido que los buques de crucero.

Como arcas, no hay diferencias entre ambos, excepto que los buques de crucero modernos están mejor acondicionados como arcas futuristas. Comparar rápidamente tres barcos bastante conocidos nos ayudará a poner esto en perspectiva.

Buques de Crucero Modernos como Arcas

En 1977, la comedia de enredo americana "The Love Boat" mostraba comedias románticas a bordo del crucero *Pacific Princess*. Ahora hay un nuevo *Pacific Princess* en servicio, y *The Love Boat* original ha cambiado de manos y de nombre en varias ocasiones. En el año 2003 fue reformado, y ahora navega entre los puertos de Europa del Este como el *MV Discovery*.

Comparando el *RMS Queen Mary*, que ahora es un museo flotante en Long Beach, California, USA, con el crucero *Freedom of the Seas*, que acaba de hacer su viaje inaugural en el año 2006, la fama del "The Love Boat" original es un lento amor deslucido.

	Queen Mary	**The Love Boat**	**Freedom of the Seas**
Entró en Servicio	1936	1972	2006
Tipo de Barco	Transatlántico	Barco de Crucero	Barco de Crucero
Longitud	311 m.	168.8 m.	339 m.
Manga (Anchura)	36.1 m.	24.7 m.	56 m.
Desplazamiento	81,961 toneladas	20,636 toneladas	160,000 toneladas
Velocidad de Crucero	29.5 nudos	18.0 nudos	21.6 nudos
Pasajeros	2.139	650	4.370
Tripulación	1.101	305	1.360

En el sector de los viajes de crucero, el número de pasajeros se expresa normalmente en términos de capacidad. Esto varía, ya que cada barco se configura de manera distinta con grandes salas de estancias múltiples, camarotes dobles, y así sucesivamente. Lo mismo sucede cuando viajamos en tren. Podemos reservar compartimentos con literas dobles o con camas individuales en un coche cama.

La capacidad también se puede cambiar. Por ejemplo, cuando *The Love Boat* hizo su primer viaje en el año 1972, fue configurado para llevar 780 pasajeros. Sin embargo, durante su reforma en 2001-2003, su capacidad se volvió a configurar para llevar 650 pasajeros, contando con camarotes más espaciosos.

Igualmente, los buques de crucero y los transatlánticos pueden usarse como hoteles flotantes, residencias de ancianos y complejos de apartamentos. Un buen ejemplo de ello fueron las Olimpiadas del Verano de 2004. Debido a una grave escasez de alojamiento en hoteles, varios buques de crucero quedaron atracados en Atenas para facilitar un alojamiento adicional para los turistas. En el año 2005, la FEMA atracó tres buques de crucero en Nueva Orleans para facilitar el alojamiento a las víctimas desplazadas por el Huracán Katrina.

El tema aquí está en que cualquier transatlántico o buque de crucero se puede configurar de nuevo para diferentes aplicaciones y con camarotes distintos. Esto a su vez afectará a su capacidad de transportar más o menos pasajeros, y esto nos hace plantearnos tres preguntas simples:

1. ¿Cuántos buques de crucero están operativos ahora mismo en el mundo?
2. ¿Cuántos entrarán en servicio desde ahora hasta el 2012?
3. ¿Cuál es la capacidad total de estos barcos?

A primera vista, parece que esta información se puede encontrar fácilmente en Internet. Inténtelo usted mismo. Después de un rato, llegará a la misma conclusión que la Fundación *Lighthouse for the Seas and Oceans*: "Hay una escasez de estudios y de literatura sobre el turismo de los buques de crucero a pesar de ser el sector de crecimiento más rápido en la industria del turismo". Han dado en el clavo.

Sin embargo, si tiene $1900.00 para gastarse, podrá comprar el informe de 2005 de *Bharat Book Bureau* que incluye estas cifras. A falta del mismo, he aquí un resumen de lo que averiguará finalmente tras mucho esfuerzo en Internet.

Crecimiento de la Industria de los Cruceros

El gran crecimiento en el sector de los cruceros comenzó a finales de los años 80, y para el año 1991, había aproximadamente 100 000 camarotes disponibles en los cruceros de las zonas del Caribe, Alaska y México.

En esa época, comenzó un gran boom en la construcción cuando los astilleros de Europa empezaron a aumentar la flota internacional a razón de aproximadamente un 8% al año, y para el año 2000, el número de camarotes disponibles aumentó de 100 000 a 1 millón.

Para el 2004, las líneas de cruceros del mundo tenían cientos de buques de crucero modernos en todo el globo. Como con el Freedom of the Seas, estos barcos están siendo cada vez más grandes. Los astilleros ahora construyen buques de crucero lo más rápido que pueden, diseñados para llevar más de 3000 pasajeros y de más de 100 000 toneladas brutas.

Al ritmo actual de construcción, ¡para el 2012, la flota global de buques de crucero aumentará a los 20 millones de camarotes! Es decir, camarotes para turistas, a quienes les gusta dormir cómodos, jugar y comer toneladas de helados cada semana.

Suponiendo que los gobiernos del mundo reformaran todos los buques de crucero que están operativos a tiempo para el 2012, ¿cómo se pueden reformar 20 millones de camarotes, diseñados para turistas que se atiborran de helados, para alojar a los refugiados del sobrevuelo del Planeta X, personas que estarán dispuestas a dormir en pequeños catres y a vivir de raciones de comida, de un modo parecido al de los soldados americanos que cruzaron el Atlántico al Reino Unido a bordo del *RMS Queen Mary* durante la segunda guerra mundial?

Convirtiendo Buques de Crucero en Arcas Oceánicas para el 2012

Durante la segunda guerra mundial, desplazar combatientes de guerra y materiales por el Atlántico entrañaba dirigir toda una flota de submarinos nazis. El caballo de batalla de la flota de submarinos fue el modelo VII.

Sobre la superficie, el modelo VII podía alcanzar una velocidad máxima sostenida de 17,7 nudos (33 kilómetros por hora) y la mitad de esta velocidad cuando estaba sumergido. Aunque estos lobos grises de mar podían alcanzar con facilidad a la mayoría de los barcos mercantes, un barco, el *RMS Queen Mary*, podía superarlos con facilidad.

Espacioso, lujoso y magnífico para contemplar, podía alcanzar una velocidad máxima de 32,6 nudos (60 kilómetros por hora), y mantuvo todos los récords de velocidad de los transatlánticos modernos desde 1936 hasta 1952. Esto hizo que se convirtiera en el barco perfecto para transportar el recurso más preciado de América, por encima de los submarinos de Hitler que acechaban por debajo en el Atlántico, a nuestras tropas.

En principio, había sido diseñado para transportar 2139 pasajeros y a una tripulación de 1101 personas, en tiempos de paz. Tras una gran reforma al estallar la segunda guerra mundial, se convirtió en un barco de las tropas Aliadas, contando con un gran número de camarotes. Durante uno de sus viajes cruzando el Atlántico, podía transportar de forma segura a más de 17 000 combatientes americanos al Reino Unido.

Si se convirtieran todos los barcos de crucero en el 2012, tendríamos una capacidad para albergar a más de 150 millones de refugiados, contando con una flota global de arcas de Noé, apoyadas por una flotilla auxiliar de tanques de petróleo, buques de transporte de cereales, buques de carga, barcos pesqueros, diques secos flotantes, etcétera.

Diseñados para navegar por cualquier parte del mundo, los modernos buques de crucero de hoy en día pueden posicionarse sobre las regiones profundas de nuestros océanos, donde pueden superar fácilmente las olas de tsunami pasando por encima de ellas. Aunque estas olas pueden ser monstruosas cuando llegan a tierra, la mayoría pasan desapercibidas para los buques de crucero en el mar; es como si pasaran por encima de una "joroba" en el océano.

La amenaza más grave para estos barcos serán las tormentas, la radiación y las ondas de choque causadas por el impacto de meteoritos. En el mejor de los escenarios posibles, la mayoría de estas arcas oceánicas superarán lo peor de ello y servirán como alojamiento temporal, mientras la humanidad empieza a reconstruir las ciudades portuarias que han quedado arrasadas.

Aunque las arcas oceánicas ciertamente ofrecerán un refugio para el mayor número de personas, la mayoría no sobrevivirá al peor de los escenarios posibles. La pérdida de vidas sería catastrófica, y esos barcos que permanecen a flote serán naufragios flotantes. Después del sobrevuelo, tendrán más valor como chatarra de acero que como alojamientos.

Contrariamente a las arcas oceánicas, las arcas submarinas y subterráneas construidas por el hombre, ofrecerán un refugio para un número considerablemente menor de personas, pero les dará mejores posibilidades de sobrevivir.

Invisibles para el mundo, estas arcas secretas sobrevivirán cómodamente el mejor de los escenarios posibles, y un número importante de ellas posiblemente sobreviva el peor de los escenarios posibles.

Las Arcas Invisibles

Como hipótesis, imagínese que desarrolla un programa secreto del gobierno y que tiene acceso, de forma legal o ilegal, a una cantidad de dinero ilimitada.

Le dicen que el Planeta X llegará en el año 2012, y los científicos más prestigiosos advierten que podría provocar un evento de proporciones catastróficas a nivel de extinción o ELE. Entonces le dicen que otros serán responsables de mantener la CDG (Continuidad del Gobierno) y que usted es responsable de:

- Diseñar una red global de arcas submarinas y subterráneas, conectadas entre sí, para asegurar la continuidad de la especie humana.
- Construir arcas extremadamente resistentes para sobrevivir al Planeta X con reservas suficientes para una década.
- Crear un programa de miedo y de separación familiar para ejercer control sobre los angustiados supervivientes elegidos para habitar las arcas.

- Poblar las arcas bajo mandato, con hombres y mujeres en edad fértil, saludables, educados, y mentalmente estables.
- Reconstruir la infraestructura básica para que el mundo se recupere tras el paso del Planeta X.

Si usted fuera esta persona, los frutos de su trabajo probablemente se parecerían a una red secreta de arcas de hoy en día, descrita por el denunciante del gobierno, Philip Schneider.

Schneider Revela una Red Global de Arcas

A mediados de los 90, un geólogo americano, ingeniero civil, de nombre Philip Schneider, quien supuestamente renunció a su trabajo construyendo bases militares secretas para el gobierno de los Estados Unidos de América, ofreció más de 30 conferencias en 1995.

Sufrió una muerte bastante sospechosa en enero de 1996, y presentamos su historia en este libro para ilustrar un punto de vista muy real sobre los refugios que podría haber hoy en día.

Antes de profundizar en la descripción de un supuesto entramado global de arcas subterráneas y submarinas que existen hoy en día, conozcamos primero al difunto Philip Schneider.

Sobre Philip Schneider

Como geólogo e ingeniero, tenía autorizaciones gubernamentales de alto nivel. Por ello, visitó muchos países extranjeros y se reunió con los líderes de sus gobiernos durante sus 17 años trabajando para el gobierno de los Estados Unidos. Durante 11 de esos años, trabajó en el lago Groom en la zona de la base de las Fuerzas Aéreas Nellis, en el estado de EEUU de Nevada, al norte de Las Vegas.

Co-inventó tecnologías de deflagración de rocas y en forma de cargas explosivas, y fue hijo de un antiguo comandante de un submarino nazi. Después de la segunda guerra mundial, su padre ayudó a construir el Nautilus, el primer submarino nuclear del mundo.

Los dispositivos de deflagración de rocas por máser/láser que inventó Schneider están siendo utilizados para crear túneles subterráneos y complejos, derritiendo y fosilizando la roca. Utilizados en los sistemas de perforación de túneles, pueden perforar a un ritmo de eje de 8,53 metros de anchura x 8,53 metros de altura, y a una velocidad de 11,27 kilómetros por día.

Para despejar del túnel de transporte los materiales que el dispositivo no fosiliza, los trabajadores perforan agujeros verticales a un lado del eje lateral y usan montacargas. Esto reduce la posibilidad de que el polvo de roca pueda entrar en la maquinaria o en los pulmones o mascarillas de los trabajadores. Además, también perforan agujeros de ventilación para que pueda entrar aire fresco. Trabajando en conjunto, pueden avanzar a un ritmo de 11,2 kilómetros, mientras minimizan la contaminación.

Los Problemas de Credibilidad de Schneider

Los que están en minoría, que rechazan la idea de que nuestros gobiernos, en su conjunto, están en contacto secreto con razas alienígenas, verán todo cuanto dice Schneider como una locura. Señalarán las afirmaciones que hacía en sus conferencias de que los Estados Unidos de América, posiblemente junto con muchas otras naciones, están en contacto con 11 razas alienígenas, de las cuales dos son favorables. Las otras 9 razas son explotadores que despiadadamente codician nuestro planeta, sus recursos y formas de vida.

Por otro lado, la mayoría de los que creen en la existencia de razas extraterrestres, hallarán una fuerte relación entre lo que él decía en 1995 y las tendencias globales actuales, que están creando subclases cada vez mayores, mientras transfieren más riquezas y poder en manos de solo unos pocos.

Schneider nos advirtió que un Nuevo Orden Mundial ha estado continuamente desmantelando los gobiernos nacionales, fusionándolos en las Naciones Unidas, que finalmente se convertirá en un solo gobierno mundial.

A los que trabajan para esta cábala secreta les dicen que trabajan en pro de un propósito noble, el de terminar con las guerras. Tras 17 años prestando un servicio leal, Schneider dimitió tras llegar a la conclusión de que había un propósito mucho más oscuro en ello y que estaba siendo controlado por razas de fuera de este mundo que de forma rutinaria transgreden sus acuerdos.

Este comportamiento provocó la guerra Extraterrestre-Humana en Dulce, Nuevo México, en 1979, que tuvo lugar por mero accidente. Según Schneider, 66 agentes del servicio de los Estados Unidos y miembros de las Fuerzas Especiales murieron durante una batalla breve y no planificada, y él fue uno de los tres que sobrevivieron.

La batalla se produjo mientras el equipo de ingenieros de Schneider se encontraba perforando 4 agujeros en cruz para empezar a construir un nuevo complejo subterráneo. Uno de los agujeros empezó a emitir malos olores y rompía brocas tan rápido como podían bajar por el agujero. Debido a esto, condujo a un grupo de investigadores a través del hueco de un pequeño ascensor para examinar el agujero. Vestido con un traje de medio ambiente, con un cinturón adornado con herramientas geológicas y contenedores de recogida, empezó a tomar muestras.

Este es el momento en el que se encontró con dos extraterrestres altos y grises, y habiendo sido entrenado para este tipo de encuentros, inmediatamente sacó su arma semiautomática y les mató. Entonces llegó un tercer extraterrestre y le disparó con su arma de alta energía que le quemó uno de los pulmones y le desgarró dos dedos de la mano. También dice que le salvó un boina verde, que perdió su vida durante el enfrentamiento.

Posteriormente, tuvo que someterse a más de 400 días de terapia de radiación. Los otros 2 supervivientes languidecieron en un hogar de ancianos en Canadá. Esta parte en concreto de su historia, provoca preguntas, teniendo en cuenta el arma de alta energía utilizada por el extraterrestre en el ataque y que los 400 días de terapia, que menciona para su terapia de radiación, es algo muy irregular. También hay otros temas.

Durante su última conferencia, afirmaba que el arma pequeña que había utilizado para matar a los dos extraterrestres altos y grises era una "Walther PPK con un clip de 9 rondas". Esta afirmación claramente es un error, ya que Carl Walther GmbH Sportwaffen nunca hizo un modelo PPK con un clip de 9 rondas. Los modelos PPK de ese tiempo estaban calibrados para una ronda de .380 y venían con un clip de 7 rondas. De otra manera, estaban calibrados para una ronda de .32 ACP y venían con un clip de 8 rondas.

Vale que la recámara de la PPK para una ronda de .32 ACP podría haber tenido un clip de 8 rondas, más 1 en la recámara, lo que sumarían 9 rondas. Sin embargo, en su última conferencia, Schneider dijo que había tenido que cargar la pistola antes de disparar, lo que indica que no tenía el arma preparada con una ronda en la recámara. Más bien tuvo que cargar la pistola tirando firmemente de la corredera hacia la parte trasera y liberándola para que pudiera ir hacia adelante, mientras evitaba una ronda del clip y lo dejaba en la recámara.

Por lo tanto, un clip de 9 disparos es un claro error de un hecho concreto contado de labios del propio Schneider durante una conferencia grabada, que puede ser vetado de forma independiente utilizando fuentes irreprochables. Sin embargo, sus advertencias de 1995 sobre la globalización han empezado a parecer verdad de una manera cada vez más inquietante. Lo mismo podría decirse de su muerte en 1996.

La Forma de la Muerte de Schneider Transmite Credibilidad

La forma del suicidio aparente de Schneider en enero de 1996 es bastante sospechosa. Según su ex-mujer, Cynthia Drayer, su cuerpo – parcialmente en descomposición – fue descubierto en su apartamento en Wilsonville, Oregon.

El médico forense determinó como causa de la muerte el suicidio porque le encontraron con una manguera de catéter de goma envuelta tres veces alrededor del cuello y semiatada en en el frente. Resulta extraño, ya que a este hombre le faltaban dos dedos de la mano y tenía un botiquín lleno de analgésicos potentes para sus muchas enfermedades.

Según Drayer, le extrajeron los fluidos corporales a su ex-marido, pero nunca los analizaron, y los investigadores nunca encontraron una nota de suicidio. Además, se llevaron la biblioteca personal de Schneider con materiales de investigación sobre las operaciones en secreto del gobierno, mientras que grandes sumas de dinero y objetos de valor quedaron sin tocar.

Durante sus conferencias en 1995, Schneider le contó a su audiencia que habían intentado terminar con su vida en 13 ocasiones. Su ex-mujer, Cynthia Drayer, añade además que él le decía continuamente a sus amigos y familiares que si en alguna ocasión "se suicidaba", sabrían que había sido asesinado.

En sentido literal, esto parece describir a un hombre que finalmente fue silenciado en el intento número 14. Dada la forma sospechosa de su muerte, sus afirmaciones siguientes sobre las operaciones encubiertas del gobierno y las bases subterráneas y submarinas, podría decirse que nos ofrecen un buen nivel de credibilidad a título póstumo.

Las Arcas Subterráneas y Submarinas de Schneider

Según Schneider, en diciembre de 1995, había 131 bases subterráneas por todo el mundo. Las variantes subterráneas son conocidas por la comunidad que regula las operaciones encubiertas como Bases Militares Subterráneas Profundas (DUMBs). A las versiones submarinas, que existen más allá de la plataforma continental, se les ha asignado el nombre de bases DUMB2. Schneider enfocó sus conferencias en la variante de las DUMB subterráneas y ofrecía los hechos siguientes:

- **Localizaciones de Subterráneos en los Estados Unidos de América:** los DUMBs suelen ubicarse en terrenos propiedad del gobierno. Por ejemplo, hay 9 DUMBs bajo la base de las Fuerzas Aéreas Nellis, en el norte de Las Vegas.

- **Tamaño y Coste Medio:** 18,76 km cúbicos, a un coste de $17 a $31 billones de dólares (US), cada uno.

- **El Mayor Tamaño y coste de una Base:** ubicado en Suecia, tiene 125,04 km cúbicos, a un coste de $2 trillones de dólares (US). Tardaron 5 años en construirlo y fue sufragado en su totalidad por las Naciones Unidas.

- **Variedad de Profundidades:** las profundidades oscilan desde 152 metros para las bases más antiguas hasta 3218 metros para las instalaciones militares, lo que es casi la profundidad de la mina del Rand del Este en Sudáfrica. Esta mina alcanza una profundidad de 3585 metros.

- **Profundidad Media:** durante los terremotos, es más seguro permanecer a gran profundidad bajo tierra que en la superficie, motivo por el cual la mayoría de los DUMBs se encuentran a una profundidad de 737,36 m. Esta es la profundidad óptima en términos de supervivencia, sin necesidad de ninguna obra de ingeniería con respecto al calor y presiones asociadas con profundidades mayores.

- **Tipos de DUMBs Subterráneos:** los DUMBs más antiguos son de hace unos 40 años y están ubicados en profundidades menores. Son utilizados principalmente como almacenes. Los más nuevos, los DUMBs más profundos, son o bien totalmente autosuficientes, o bien instalaciones militares multi-niveles o prisiones.

- **Número de DUMBs Subterráneos:** En 1995, el número era de 131. En la actualidad, se están completando una media de 2 nuevos DUMBs cada año, mientras que algunos lugares más antiguos, ubicados en profundidades menores, están siendo retirados del servicio. Se desconoce el número actual que puede haber de DUMBs.

- **Mano de Obra para la Construcción:** cada DUMB requiere de 1800 a 10 000 trabajadores expertos, con sueldos de $4,000 a $40,000 al mes, dependiendo de su puesto y capacidad. Todos los empleados están sujetos a acuerdos muy estrictos de seguridad sobre no divulgación.

- **Distribución en los Estados Unidos:** como media, hay 3 DUMBs por estado, de los cuales ¼ son campos de prisioneros. La mayoría están ubicados en los 48 Estados bajos.

- **Redes de Transporte**: dos tipos diferentes de redes de túneles unen todas las DUMBs. Una de ellas es una red simple compuesta por túneles estrechos de 2 viales. La otra es un sofisticado sistema de trenes de alta velocidad capaces de desplazarse al doble de la velocidad del sonido. Entre ellos se encuentran los trenes designados como vehículos de las Naciones Unidas para el transporte de prisioneros, cada uno con capacidad para 143 zonas con grilletes para prisioneros.

- **Fuentes de Energía:** se están utilizando motores nucleares, del tamaño de pequeñas neveras. Operaciones de ingeniería procedentes de naves extraterrestres capturadas. Cada uno de estos motores es capaz de suministrar energía a tres portaaviones.

- **Fuentes de Patrocinio:** algunos de los fondos provienen de los impuestos, pero la mayoría de los fondos provienen de operaciones clandestinas, incluyendo el tráfico de drogas. La financiación anual conjunta supera los $500 billones (US).

Según Schneider, durante su permanencia a lo largo de 17 años trabajó en 13 DUMBs, tiempo durante el cual fue testigo de un esfuerzo considerable en las operaciones de ingeniería para mezclar las tecnologías extraterrestres capturadas con los diseños humanos más avanzados.

En los métodos de estudio de hoy en día, donde la tabla periódica que se enseña en nuestros colegios contiene 117 elementos confirmados, la tabla periódica que utilizan en las operaciones encubiertas contiene 140 elementos, y eso era en 1995. Los ejemplos que mencionó incluyeron la Mirrinita. La Mirrinita, una sustancia nueva compuesta por minerales de tierra raros, arcillas y elementos extraterrestres procedentes de naves extraterrestres estrelladas, utilizada ahora para cubrir aviones fantasma y helicópteros negros.

También mencionó el Niobio, Titanio, Uranio, Cobre, Óxido en cristales escalenoedricos (cristales sin lados de tamaño equivalente). Éstos están siendo utilizados para cubrir barcos fantasma o para sellar los cascos de titanio de los submarinos tipo Phoenix, con objeto de que puedan mantenerse a profundidades extremadamente profundas durante meses, de una sola vez.

Esto en parte es cómo Schneider explica la alucinante proliferación de la red de DUMB y de su infraestructura de transporte. Durante sus conferencias, expresó la creencia de que la tecnología militar está 1000 años por delante de la tecnología pública. Añadió que esta disparidad a favor de lo militar aumenta a razón de 45 años al año en el sector público.

Todo esto, en el contexto de la razón que aporta Schneider para su deserción, hace sonar las alarmas de preguntas que nunca podrán ser respondidas. Sin embargo, en el contexto de una especie buscando salvarse a sí misma de un inminente cataclismo natural, todo encaja como en una caja de Legos™.

Por lo tanto, si nos alejamos del intimidante concepto de que se estén utilizando tecnologías extraterrestres híbridas para construir una inmensa red bien oculta de arcas subterráneas y submarinas, ¿existe algún ejemplo más convencional que podamos estudiar?

Sí, lo hay, y esta fuente es intachable. Robert Hopper y la Mina Bunker Hill.

La Mina Bunker Hill en Kellogg, Idaho

Cuarenta y ocho kilómetros al este de Coeur d'Alene, Idaho, se encuentra la pequeña comunidad minera de Kellogg y la Mina Bunker Hill, el ancla industrial del Distrito Minero de Coeur d'Alene y su propietario actual, Robert Hopper.

Según la Agencia de Protección Medio Ambiental (EPA), la Mina Bunker Hill es la mayor mina subterránea de plomo-zinc-plata del país. A principios de la administración de Clinton, la EPA llevó a cabo el primero de sus muchos intentos de robarle la mina a Hopper. Sin embargo, Hopper afirma que no ha roto ni transgredido ninguna de las leyes estatales, federales, o de la minería, que pueda permitirles hacerlo legalmente.

Esta batalla es de gran interés en el debate del Planeta X y el 2012, porque Hopper luchó contra la EPA hasta alcanzar un punto muerto. Él sigue luchando a pesar de su uso abusivo de poderes extrajudiciales para confiscarle la mina sin pagarle nada a Hopper por su propiedad.

Una Mina del Tamaño de 25 Ciudades

El sitio que se convertiría en la Mina Bunker Hill, descubierta por primera vez en 1887 por el buscador Noah Kellogg, estuvo funcionando de forma continua hasta su cierre por los recursos del golfo en 1982. Durante ese tiempo, produjo 6094 toneladas US (5528 toneladas métricas) de plata, 3156 millones de toneladas US (2863 millones de toneladas métricas) de plomo y otros materiales varios. En una ocasión, llegó a contratar hasta 600 trabajadores.

En abril de 2004, Hopper participó en el programa de radio por Internet *Cut to the Chase* con Marshall Masters (yowusa.com/radio). Durante su entrevista, Hopper facilitó la descripción siguiente de la Mina Bunker Hill:

- **Niveles:** la EPA describe la mina como "25 ciudades apiladas una encima de otra". Cada nivel está desarrollado en su totalidad, con agua y suministro eléctrico, aire comprimido, transporte por raíles y zonas de trabajo.

- **Funcionamiento Horizontal:** pasillos de 240 kilómetros, de 3,05 metros de anchura, con 3,05 metros o 3,66 metros de altura. Estos son pasajes horizontales lo suficientemente grandes como para conducir un gran camión por ellos.

- **Túneles Verticales:** navegar verticalmente por los 25 niveles de la mina se hace a través de 9,66 kilómetros de túneles. Estos túneles se utilizan de forma muy parecida a los ascensores que hay en los rascacielos modernos.

- **Reservas de Minerales:** según Hopper, la mina todavía contiene 40 millones de toneladas (36,29 millones de toneladas métricas) de minerales combinados de plomo-zinc-plata por un valor de $2 billones.

- **Agua Potable:** el sitio de la mina se encuentra adyacente a un gran suministro de agua natural. En los últimos años, los niveles inferiores de la mina se han anegado por completo con agua mineral pura.

- **Acceso al Transporte Terrestre:** la entrada principal a la mina se encuentra aproximadamente a 304,8 metros de la calle principal de la ciudad y de la Interestatal 90.

- **Acceso al Transporte Aéreo:** la entrada principal a la mina se encuentra aproximadamente a 3,22 kilómetros (2 millas) por autovía del aeropuerto de la ciudad de Kellogg, con 1.828,8 metros (6000 pies) de vía. Un acceso fácil para el transporte en Jet más moderno de América, el C-17 Globemaster III, que puede aterrizar en pistas de aterrizaje tan pequeñas como de 1064 metros (3500 pies).

En su estado actual, Hopper calcula que la mina fácilmente podría acomodar a 1000 refugiados en caso de una emergencia natural prolongada. Con mejoras, podría albergar hasta 10 000 refugiados. Sin duda esta es la razón por la que la EPA despiadadamente ha ejercido sus facultades extrajudiciales para intentar confiscar la mina.

Los Poderes Extrajudiciales de la EPA

El pretexto ofrecido para confiscar la Mina Bunker Hill fue la contaminación por plomo. Con el pretexto de la Ley de Responsabilidad, Compensación y Recuperación Ambiental, mejor conocida como Superfund, la EPA se escudó en los extraordinarios poderes legales que le concedió el presidente Richard Nixon en 1971.

El plan de toma de posesión de la EPA comenzó con un inocente poder de investigación llamado Requerimiento de Información (RDI). Un RDI convierte cualquier ciudadano respetuoso con las leyes inmediatamente en una persona de interés, sujeta a cargos criminales, a menos que aporte a la EPA copias de cada palabra que escribe, resúmenes de las conversaciones mantenidas y los nombres de todos sus contactos, ¡de toda su vida!

Es bastante simple, los violadores y asesinos tienen más derechos que cualquier propietario honesto en los Estados Unidos que reciba una RDI de la EPA. Sin embargo, lo peor de una RDI para el propietario de una mina, como Hopper, es que le cierra todas las puertas para acceder a un crédito. Incluso aunque nunca haya sido nombrado como sospechoso o acusado con cargos por un crimen o por cualquier violación de la ley, tiene que rebatir la RDI que haya emitido la EPA. Para los banqueros, una RDI es el beso de la muerte.

Los abusos de la EPA fueron tan gravosos, que se mantuvieron 2 audiencias diferentes en el Congreso, y durante la segunda, en 2001, el Congreso designó un Defensor del Pueblo nacional para que investigara el asunto. La Academia Nacional de las Ciencias también se vio implicada, así como científicos importantes de la NASA, uno de los cuales trabajó en proyectos de exploración en Marte, y desacreditó por completo las manifestaciones de la EPA. En respuesta, la EPA subrepticiamente cerró la oficina del defensor del pueblo y confiscó todos sus archivos.

Robert Hopper todavía lucha contra la EPA con todo lo que puede, pero al final, esto versará sobre geología. Con el tiempo y presión suficientes, la EPA finalmente se hará con la mina, por un medio o por otro. Después de eso, la manejarán a través de una empresa que hará de fachada mientras la convierten para el propósito que quieren.

Si usted tiene una entrada de oro que le permite entrar en una de estas DUMBs o en un búnker reformado de Bunker Hill, tiene suerte. ¿Y qué hay del resto de nosotros?

Construyendo su propia Arca

Aquellos de nosotros que seamos abandonados a nuestra suerte en la superficie tenemos que construir unos búnkers de supervivencia o encontrar cuevas naturales para afrontar los peores momentos del sobrevuelo del Planeta X. No vamos a tener máquinas perforadoras de túneles que utilizan rayos láser para escavar 11,27 kilómetros (7 millas) de túneles al día.

Más bien vamos a tener el mismo equipo sofisticado que utilizó el Frente Nacional de Liberación de Vietnam para escavar su extensa red de túneles en tiempos de guerra en Vietnam del Sur: palas, picos, baldes y carretillas.

En nuestro mundo materialista de hoy en día, codearse con abogados, contables, vendedores de seguros de vida y gurús de la publicidad en los almuerzos del Rotary Club es un uso astuto del tiempo. Por otro lado, si usted no tiene una entrada de oro para acceder a una DUMB, es posible que prefiera pasar su tiempo con personas que puedan aumentar sus posibilidades de supervivencia.

Un trabajador indocumentado que haya abandonado su granja de maíz en México para cruzar la frontera a América tendrá más valor que una armada de abogados.

Es cierto, los trabajadores ilegales extranjeros de hoy en día, bien podrían marcar la diferencia de si vive o muere en los próximos años. Esto es porque, cuando tenemos hambre en un país altamente industrializado, todo cuanto sabemos hacer es coger nuestros coches con aire acondicionado y salir al supermercado local más cercano.

Cuando llegue el momento de arañarle unas calorías a la tierra, ¿tendremos tiempo suficiente para aprender lo básico de la agricultura, transmitido de generación en generación entre los campesinos? Sinceramente, ¿cuántos de nosotros podemos permitirnos pasar por un proceso de ensayo y error para volver a aprender nuestras antiguas habilidades de supervivencia?

Si esa pregunta resulta un insulto para usted porque piensa que no necesitaremos a esos campesinos cuando tengamos nuestras propias pequeñas granjas, entonces es que necesita actualizarse rápidamente sobre lo que realmente está sucediendo.

En 1935, América fue bendecida con 6,8 millones de pequeñas explotaciones agrícolas familiares. Desde entonces, el gobierno ha subvencionado empresas y las operaciones familiares se redujeron a 2,1 millones en el año 2002.

Hoy en día, la media de edad de los que dirigen estas pequeñas explotaciones granjeras familiares es de unos 50 años, y más del 40% tienen un segundo empleo para poder sobrevivir. Mientras tanto, sus hijos y nietos se han marchado a las ciudades para convertirse en empleados de oficinas y trabajadores de fábricas.

Este es el motivo por el que NAFTA (el Área de Libre Tratado de América del Norte) bien podría ser considerado por las generaciones futuras como una verdadera bendición para la supervivencia de aquellos americanos que hayan sido abandonados por su gobierno para valerse por sí mismos.

Las empresas granjeras americanas han estado obteniendo ganancias inesperadas cuando su maíz subvencionado se ha introducido en los mercados de México, provocando allí el cierre de comunidades granjeras enteras. Desesperados por cuidar a sus propias familias, muchos de estos campesinos han venido a América para fregar platos y cavar zanjas, junto con sus maravillosos conocimientos granjeros.

Cuando llegue el momento de construir refugios con palas, picos, baldas y carretillas, harán lo que ya están haciendo. Se mancharán las manos y no llorarán por los almuerzos vividos en el pasado en el Rotary Club. Por ahora, tenga esto en cuenta, porque hay un aspecto incluso más siniestro sobre cómo piensan llenar las arcas del gobierno en el 2012.

Revisión del Emplazamiento de los Grilletes

Durante sus conferencias, Philip Schneider le contó a sus audiencias que una sofisticada red de túneles con un sistema de trenes de alta velocidad conectaba todas las DUMBs. Entre ellos, algunos trenes habían sido designados como "vehículos de las Naciones Unidas para el transporte de prisioneros" cada uno con capacidad para 143 zonas con grilletes para prisioneros.

Para él, los emplazamientos de estos grilletes representaban el brutal establecimiento de un sólo gobierno mundial y la trágica pérdida de derechos humanos. Uno que convertiría una nación de estados como América en una mítica Atlántida, junto con su Constitución.

Teniendo en cuenta el tiempo que trabajó en estos proyectos, tiene sentido. Sin embargo, en vista del medio ambiente infernal en el que se convertirá la superficie de la Tierra en algún momento del sobrevuelo del Planeta X, podría haber una explicación mucho más lógica.

Asumiendo que la superficie del planeta va a ser un lugar de pesadilla, ¿por qué preocuparse en transportar prisioneros a lugares seguros, donde mantenerlos a salvo, alimentarlos, vestirlos y cuidar de ellos? Piense en ello, ¿pasaría usted por todo ese esfuerzo para después dejar libres a los inmanejables indeseables en un mundo devastado después de 2012? Un detalle más, ¿estos humanos se merecen que se inviertan trillones de dólares para asegurar la continuidad de las especies? ¡Sólo en Hollywood!

Es hora de asumir una brutal realidad. Sin tener en cuenta cuál es la motivación por la que los gobiernos y los grupos de operaciones encubiertas preparan las arcas de las que estamos hablando en este capítulo, sólo hay una meta común. Quieren que nuestra especie sobreviva.

Cómo lleguemos ahí podría no ser noble, pero si funciona, pues funciona. Debemos aceptarlo y esperar lo mejor. Si tan sólo por un momento, nos atreviésemos a considerar como cierto lo explicado por Philip Schneider, ¿cuáles serían las implicaciones en un futuro cercano?

La Reunión

En algún momento de los próximos años, se producirá un evento desencadente, y entonces comenzará la reunión. Los candidatos para las DUMBs ya habrán sido seleccionados sin ellos saberlo.

Nunca podrá haber espacio ni suministros suficientes para todos, por lo que los elegidos tendrán que estar en edad fértil, ser saludables, con una buena educación, altamente cualificados y bien adaptados.

Conforme se vaya desarrollando la reunión, cualquier barrio de América podría convertirse en el lugar de aterrizaje de un helicóptero de transporte, como un Huey o un Blackhawk. El resultado es que las familias se verán separadas por la fuerza.

Para los que ven marchar a sus seres queridos hacia la seguridad, habrá gratitud y pena. Para los elegidos, será horrible saber que están frente a las personas que más quieren, posiblemente por última vez.

Los que permanezcan en la superficie sentirán consuelo al pensar que alguien que quieren se encuentra a más de un kilómetro y medio bajo la superficie, escondido en la seguridad de una DUMB. Pero, aquellos que han sido separados de sus familias, seguramente se sentirán atormentados por una profunda sensación de pérdida.

Como con todos los momentos trascendentales de la vida, cada uno lo asumirá a su manera. La mayoría aceptará la situación con tristeza y sufrirá a su modo. Otros, seguramente se volverán histéricos con un dolor insoportable. Por su propia seguridad y la de otros, serán tratados como prisioneros hasta que se adapten a su pérdida, o peor.

Este es el motivo por el que las zonas de grilletes de los trenes de alta velocidad servirán finalmente a un propósito brutal, pero necesario: la supervivencia de nuestra especie.

Después de que lo peor haya venido y se haya marchado, seguiremos aquí, y los de abajo saldrán de su lugar bajo el suelo para compartir un futuro más prometedor con los que, gracias a la gracia de su propia fuerza espiritual, hayan conseguido sobrevivir.

4ª Parte   Defenderse Uno Mismo

"Es mejor comer de nuestro propio plato, que de la mano de otra persona."

—*Marshall Masters*

Después de 2012, habrá dos tipos de humanos en base a las decisiones tomadas hoy en día. Los elegidos para sobrevivir y los que eligieron sobrevivir como iguales.

En los años posteriores al 2012, emergerán juntos como hijos del futuro, y nuestro mundo será mejor para ello.

11

Conviértase en un Rambo de 2012

Cuando la perspectiva de lo que va a suceder empieza a calar de verdad, tendemos a sentir un cosquilleo interior del tipo: "sálvese quién pueda" o "compre algo, ¡ahora!". Para ilustrar este punto, digamos que ha decidido convertir su trastero o sótano en un refugio para sobrevivir. Lo primero que tiene que conseguir es que su familia mantenga el secreto. Su mujer piensa que es un lunático, pero le seguirá el juego. Con los niños es fácil. Les puede convencer llevándoles al zoológico, al parque o al cine.

Por las noches, navega por Internet en busca de toda la información sobre los métodos de construcción adecuados y los materiales que necesita, y empieza a hacer los pedidos. Aunque no todos a la vez. No quiere convertirse en el vecino al que repentinamente no cesan de llegarle paquetes por mensajería, así que alarga el proceso todo lo que puede mientras va recopilando productos adquiridos en su localidad.

Suponiendo que va a necesitar permanecer en su refugio durante un año, compra todos los paquetes con comida de supervivencia para usted, su mujer y sus dos hijos para todo un año, con un 10% extra como reserva.

Finalmente, el refugio se ha terminado y todo está almacenado, y nadie sabe nada al respecto. Para evitar miradas curiosas de vecinos que puedan intentar entrar para echar un vistazo, ha puesto una lona sobre la placa de acero de la puerta de acceso con una nota que dice: "Cuidado con las fugas de aguas residuales". Después de charlar con los vecinos sobre el mal trabajo de algunos fontaneros, su sótano se convierte en un tema olvidado. A continuación, se compra un rifle de asalto con telescopio y varias pistolas. Los fines de semana, aprende a disparar practicando el tiro al plato.

Todo va viento en popa hasta que llega la reunión familiar de todos los años. Después de disfrutar de una barbacoa y de tomarse unas cervezas, su mujer – de forma accidental - le cuenta a su hermano lo que ha estado haciendo en secreto en el sótano. Un perdedor de 35 años, que todavía vive en la casa de los padres, porque le resulta difícil mantener un trabajo.

Una vez que averigua que su problema con las aguas residuales en realidad es un búnker de supervivencia, empieza a meterse con usted sin piedad. Usted está furioso con su mujer por contar su secreto y por ponerle en ridículo, pero ella le dice que se aguante y que apechugue con ello. Al fin y al cabo, se trata de su hermano pequeño.

Un año más tarde, sucede lo peor, y usted se encuentra en el búnker con su familia. Con buenas provisiones, a salvo y apretado. Esto es, hasta una semana más tarde, cuando aparece su hermano pequeño con dos nuevos amigos. Ambos parecen recién salidos de la cárcel, y él les ha contado lo de su búnker. Ahora, los tres se sienten con derecho a entrar y a que comparta con ellos lo que almacena en el búnker, a partes iguales.

Aparte de la amenaza que supone admitir a unos extraños indeseables en su casa, las cuentas pintan muy mal. Alimentar a tres hombres adultos reducirá las posibilidades de supervivencia de su familia a la mitad. Esto es inaceptable, así que les entrega suministros para tres días a base de comida enlatada y muy amablemente les pide que sigan su camino. El hermano pequeño se queja amargamente a su mujer, pero en esta ocasión ella se pone de su parte. También ella ha hecho las cuentas.

Ahora, el tiempo avanza a paso de tortuga mientras se pregunta si el hermano pequeño y sus amigos seguirán su camino o si regresarán para vengarse. La respuesta no tarda en llegar. Han cambiado parte de la comida que les dio por güisqui. Esto, y una larga noche de juego, han ayudado a que lleguen a la conclusión de que usted es un chico malo. Los amigos del hermano pequeño le han asegurado que no les pasará nada a su hermana y a sus hijos, pero usted no está incluido en esa lista. Después de todo, un bastardo sin corazón no se merece vivir.

A la mañana siguiente, asaltan la casa con martillos, hachas, bates y pistolas viejas. Usted está preparado para un ataque como este, y está preparado para recibirlos. Todo se ha terminado en cuestión de minutos.

Despachar a los extraños fue fácil, pero el hermano pequeño está herido. Simplemente no pudo disparar a matar. En su lugar, le dejó herido con la intención de darle una segunda oportunidad. Confundiendo su compasión por una mala puntería, él jura matarlo, y una voz en su interior le dice que ya es suficiente. La siguiente bala le alcanza entre ceja y ceja.

Cuando está arrastrando los cuerpos a una pequeña zanja en el jardín trasero, su mujer sale del refugio. Ve las armas y los cuerpos, y empieza a llorar. Enfadada, le persigue y le abofetea mientras grita: "¡Bastardo! ¿Has matado a mi hermano pequeño! ¡Te odio!"

Usted queda sumido en el silencio. En parte por su ira, y en parte porque se da cuenta que durante todo el año tendrá que compartir un espacio reducido con una mujer que le odia y con dos niños angustiados. Durante el transcurso de todo el año, no dejará de pensar en ese segundo disparo. Pura suerte.

El error más destacable fue el pensamiento pueril de que podría comprar su supervivencia al 2012. Si en su lugar, hubiese invertido su tiempo y esfuerzo para trabajar en conjunto con personas de ideas afines para formar un núcleo de una comunidad de supervivencia, el hermano pequeño y sus amigos se habrían encontrado con un grupo de supervivencia muy unido y preparado.

Lo más probable es que él y sus amigos hubiesen cogido la comida y se hubiesen marchado calle abajo para buscar otro objetivo más fácil de asaltar. O quizás otros ladrones les habrían matado al verlos, sólo para robarles la comida que usted les dio.

En todo caso, de haber atacado, el grupo habría respondido con fuerza y sin piedad alguna. En ese punto, la muerte del hermano pequeño no habría provocado esa reacción irracional contra usted. En su lugar, se habría hablado de la amenaza que suponía para el grupo. Por lo tanto, el secreto para sobrevivir al 2012 no es el consumismo.

El Consumismo no es un Método para Sobrevivir al 2012

Una frase, atribuida al popular personaje de dibujos animados Ziggy, es la que mejor expresa el mensaje de marketing que siempre está presente en nuestra moderna sociedad del consumismo: "Si te pica, ráscate". Como consumidores, cada día nos vemos bombardeados por cientos de mensajes que nos dicen que si nos apetece, nos tenemos que comprar algo.

Estamos tan desesperadamente inundados por esta cacofonía de capitalismo que, una vez queremos o temamos algo, instintivamente salimos de compras. Admítalo. (Abrazo de grupo: usted no está solo). Igual que el Perro de Pavlov, esto es para lo que nos han entrenado desde que miramos la televisión por primera vez. Cuando tenemos ganas de llenar nuestros estómagos, nos vamos al McDonalds. La única parte complicada de este proceso es preguntarnos si tendremos la fuerza de voluntad suficiente como para ignorar la necesidad de tomarnos el menú más grande, el McScratcher.

¿Y qué? ¿No es así como se han hecho las cosas siempre? No. Durante milenios nuestros antepasados cazadores iban a la tierra para buscar carroña fresca y fruta, hortalizas, granos y tubérculos. Quizás su dieta carecía de una salsa secreta, sin embargo sobrevivieron a numerosas catástrofes globales. Noticia de última hora. Esto es algo que nosotros, los consumidores modernos de hoy en día, todavía tenemos que aprender, contrariamente a nuestros antepasados primitivos. Un simple hecho que puede hacer que se pregunte si somos un caballo negro desbocado corriendo el derbi de la evolución de la vida y la muerte.

Imagínese. Siglos después del 2012, durante el día, futuros arqueólogos se maravillarán ante la majestuosidad de la Gran Pirámide de Giza. Por las noches, se sentarán alrededor de su fuego en el campamento y especularán sobre si los arcos de oro mágico de los ángeles legendarios de los consumidores existieron realmente.

Entonces, uno de ellos mencionará el descubrimiento reciente de una cápsula del tiempo, con una copia intacta de un mito venerado del cine histórico antiguo llamado *Rambo: Primera Sangre*.

> **NOTA:** para sacarle el máximo partido a este capítulo, consiga una copia de *Rambo: Primera Sangre* (1982), la primera película de Rambo protagonizada por Sylvester Stallone. Antes de seguir leyendo este capítulo, vea la película como una forma de entretenimiento. Después, siga leyendo.

La Brújula Moral de Rambo

Comprender lo que significa ser un Rambo del 2012 no es ver al personaje de John Rambo en el contexto de las creencias de hoy en día, o pensar que podrá enfrentarse a todos los problemas con su cuchillo de combate de Rambo a mano. Más bien se trata de centrarse en lo que le hizo ser querido por América.

Atormentado por los recuerdos de sus varios viajes a Vietnam, como miembro de una unidad de élite de la Armada de los Estados Unidos conocida como "Team Delta (Delta Force)," la virtud más entrañable del personaje de Rambo es su sentido de la ética del bien y del mal. Es la brújula moral interior de Rambo, la que une al personaje a través de las cuatro películas de la serie y le atribuye un atractivo humano admirable.

Valiente, Rambo siempre dice la verdad, lucha contra la injusticia y pone su vida en peligro para proteger al inocente y al vulnerable de la explotación y del abuso. Para comprender la fuerza de esta virtud, uno debe volver a la época en la que se estrenó la primera película.

Cuando se estrenó la primera película de Rambo en 1982, cayó en un creciente pesar de que los veteranos de Vietnam habían sido tachados injustamente de bárbaros e inhumanos. Con una terrible guerra tras de sí y la prosperidad ante ellos, muchos americanos no podían olvidar cómo una nación orgullosa se había vuelto contra sí misma. Ahora, había un gran deseo entre muchos de hacer las cosas bien.

Esta es la razón por la que la primera película de Rambo tuvo un éxito tan rotundo. Se lanzó al mercado cuando la gente todavía recordaba haber visto las noticias de chicas jóvenes corriendo hacia los soldados en los terminales del aeropuerto, pero no para entregarles flores, sino para escupir a sus uniformes.

Hoy, uno solo se puede preguntar cuántas de estas chicas justas más tarde tuvieron que ver cómo sus propios hijos o nietos partían a la guerra, preguntándose si también ellos sufrirían un deshonor similar a su regreso, o si regresarían. Las lamentaciones son como fantasmas. Te persiguen para siempre.

En los próximos años, se enfrentará a tormentos que seguramente serán mucho más graves que las representadas en las películas de Rambo, pero tendrá que permanecer firme como un Rambo y mantener una moral verdadera. Aquellos que vivan al servicio de otros, como hace el personaje de Rambo en esta serie de películas tan conocidas, triunfarán. Los antepasados nos han contado lo siguiente:

La Biblia Kolbrin: Edición Original Siglo XXI

- **Manuscritos 3:09** "Entonces los hombres se sentirán mal en sus corazones. Buscarán sin saber lo que buscan y la incertidumbre y las dudas les acosarán. Acumularán grandes fortunas, pero serán pobres de espíritu. Entonces, temblarán los Cielos y la Tierra se moverá. Los hombres sentirán pánico, y mientras el terror les acompaña, aparecerán los Mensajeros de la Muerte. Vendrán silenciosamente, como ladrones de tumbas. Los hombres no sabrán quiénes son y serán engañados. La hora del Destructor está al llegar."

- **Manuscritos 3:10** "En esos días, los hombres tendrán el Gran Libro ante ellos; el conocimiento será revelado; pocos se reunirán con predisposición; será la hora de la prueba. SOBREVIVIRÁN LOS INTRÉPIDOS; LOS VALIENTES NO SUCUMBIRÁN A LA DESTRUCCIÓN".

Si pierde su ética y explota a los inocentes en beneficio propio, se convertirá en un alma perdida y enfadada, formada por su propio egoísmo.

Entonces, ¿qué sucederá con aquellos que son egoístas, los que siempre consiguen sobrevivir a catástrofes puntuales a costa de los demás? ¿Pagarán también su propio precio en los próximos años? Aunque intentarán por todos los medios explotar a quienes encuentren a su paso, durante el máximo tiempo que puedan, este medio no es interminable. Finalmente, se agotará, y tendrán que empezar a valerse por sí mismos.

Tendrán conocimiento de los tipos duros de Rambo 2012, pero no tendrán ni la fuerza ni el deseo de enfrentarse a ellos. Esto es porque un Rambo de 2012 es un maestro de la toma de conciencia de la situación (CS).

Saltar al Suelo Corriendo

A menudo escuchamos el dicho "empezar con buen pie". Acuñado en primer lugar en el siglo XX, es utilizado para explicar cómo algunas personas siempre que se encuentran en situaciones nuevas, instintivamente consiguen levantarse y empezar con buen pie. Por ejemplo, vagabundos saltando de trenes de mercancías para explorar ciudades nuevas y tropas aerotransportadas lanzadas en paracaídas en territorio hostil.

Tanto si es un vagabundo que aprende mediante el doloroso proceso de ensayo y error, o si ha sido entrenado por los militares, como lo fue el personaje de Rambo, el primer paso para tocar fondo y salir corriendo es el concepto de supervivencia llamado toma de conciencia de la situación (CS).

Rambo: Primera Escena Sangrienta de Toma de Conciencia de Situación

En la película se puede observar un excelente ejemplo de CS después de que el sheriff Will Teasle equivocadamente arresta a Rambo, por vagabundear, y le lleva de vuelta a la cárcel para ficharle y detenerle.

Recurriendo a su formación militar, Rambo permanece tranquilo durante el proceso de fichaje. Hace caso omiso al irrespetuoso trato con el que le manipulan, y analiza cada detalle de la oficina, buscando las rutas de escape. También se fija especialmente en la mesa, donde casualmente han dejado caer su cuchillo de supervivencia.

Tome nota de lo que sucedió cuando el agente que le estaba fichando amenazó a Rambo diciéndole que le iba a "partir la cara". El oficial estaba tan cegado por su propio poder sobre Rambo que fue incapaz de detectar que había cambiado al modo de supervivencia. El director, Ted Kotcheff, hace un uso excelente de sus altamente capacitados asesores de producción al pedirle a Stallone que asumiera una expresión de hiper-atención (ojos abiertos como platos y mandíbula apretada) durante la escena.

CS No Es Sobre Buscar Culpables

En esencia, la CS es un proceso que se compone de 3 pasos, por los que podrá determinar rápidamente la situación en la que se encuentra, de forma que pueda actuar en consecuencia:

1. ¿Qué está sucediendo, y por qué?
2. ¿Qué va a pasar a continuación?
3. ¿Cuáles son mis opciones?

Por lo tanto, la CS no trata sobre encontrar a alguien a quien echarle la culpa en una situación de supervivencia. Por el contrario, si reacciona diciendo cosas como "¡El FEMA debería estar aquí! ¿Dónde están?" o "¡Es culpa del gobierno!" entonces la naturaleza le sacrificará fuera de la manada, si ese es su destino.

Si finalmente el FEMA termina por aparecer, o el Gobierno deja de comportarse como un ciervo encandilado por los faros, pues estupendo. Mientras tanto, usted se encuentra en una situación a la que tiene que enfrentarse solo. Sea lo suficientemente objetivo como para ver exactamente lo que es a través de la toma de CS, y confíe en su intuición.

Confíe en Su Intuición

Siendo criaturas con una supuesta libre elección, preferimos un pensamiento racional a un acercamiento basado en la intuición. Con el razonamiento, podemos controlar un proceso basado mayormente en los análisis lógicos y cuantitativos. Este acercamiento produce una sensación de control al evaluar las distintas opciones en relación con los resultados esperados, la importancia, valor de utilidad, riesgo, y así sucesivamente. Al final del proceso, seleccionamos una opción con la mejor posibilidad de éxito, o no. En cualquier caso, tenemos el control hasta cierto punto.

Cuando usted tiene el lujo de contar con el tiempo suficiente para elaborar un plan, el razonamiento ofrece una buena manera de evitar un destino terrible del que nos advirtió Alexander Pope cuando dijo: "El necio es atrevido y el sabio comedido". Además, el pensamiento racional le permite cosechar las recompensas que otros pasarían por alto. Louis Pasteur lo expresa mejor al decir: "la suerte favorece la mente preparada". Sin embargo, cuando NO tenemos el lujo del tiempo para pensar de forma racional, un acercamiento más intuitivo fácilmente puede ser la diferencia entre la vida y la muerte.

Todos tenemos esa voz interior, y utilizamos muchos nombres diferentes para darle un nombre, como subconsciente, guía espiritual, Yahveh, y así sucesivamente. Para el propósito de este tema, si quiere, digamos que es una buena intuición pasada, o instinto.

Las librerías están llenas de un gran número de libros que nos enseñan cómo aprovechar nuestra intuición, y después nos muestran cómo cerrar mejores acuerdos de negocios y cómo manejar situaciones espontáneas de la vida de forma efectiva. La clave para hacer que funcione de forma efectiva es que tiene que confiar en sus instintos lo suficiente como para renunciar a la sensación de control que aporta el razonamiento.

Los Beneficios de Confiar en su Intuición

En términos de sobrevivir a las catástrofes del 2012, confiar en un modo de pensamiento intuitivo durante una crisis en rápido movimiento le dará tres ventajas muy poderosas:

Procesamiento Simbiótico

Un acercamiento intuitivo nos permite utilizar todo el poder de procesamiento de nuestras mentes.

Con un análisis racional, nuestra mente consciente virtualmente excluye nuestra mente subconsciente. Por el contrario, mientras que el pensamiento intuitivo es dominado por nuestra mente subconsciente, nos une a nuestra mente consciente mediante un fuerte equilibrio simbiótico.

Percepción Holística

Un acercamiento intuitivo nos permite encender el poderoso ordenador de supervivencia que llevamos dentro de nosotros.

El análisis racional es un proceso que, en alguna medida, se parece a las antiguas máquinas de procesamiento por tarjetas perforadas de los años 60. Los problemas se resolvían usando grandes cantidades de tarjetas perforadas de forma secuencial. Mientras que este proceso racional, pero rígido, se adapta bien a la manipulación de las tareas de mantenimiento de registros, nunca se ha adaptado bien a los sistemas que se parezcan al pensamiento humano.

Los humanos ven las situaciones de forma holística, donde fragmentos diferentes de una misma imagen emergen en paralelo. Una habilidad bien definida que la naturaleza ha ido perfeccionando desde que nuestros antepasados comenzaron a caminar por primera vez en la Tierra.

Conexión Emocional

Un acercamiento intuitivo aumenta las posibilidades de que elijamos la opción correcta en un momento de crisis de rápida evolución.

Con un análisis racional, intentamos distanciarnos de nuestras emociones, y en muchas ocasiones, esto es lo mejor que podemos hacer. Por lo tanto, contamos hasta diez antes de decir algo de lo que podamos arrepentirnos después, o decidimos recapacitar durmiendo antes de tomar una decisión demasiado precipitada.

Sin embargo, cuando las circunstancias en las que se ve envuelto se mueven a un ritmo más rápido de lo que puede procesarlas o son difíciles de discernir, conéctese a sus emociones verdaderas. Aprenda a distinguir entre las emociones que son provocadas por un ego herido, por la codicia u orgullo, y déjelas de lado. Enfóquese exclusivamente en esas emociones que parten del instinto puro.

Por ejemplo, si tiene que tomar una decisión rápida, y una opción que le parece racionalmente correcta le parece que no es la buena, tome la decisión que le parezca que está bien. En más ocasiones que en las que no, será la opción correcta, porque en ausencia de la lógica clara, cualquier opción debe ser considerada ilusoria a nivel racional.

Hay un ejemplo muy claro en la escena más visualizada de la película *Star Wars IV: Una Nueva Esperanza* (1977), casi al final de la película. Luke Skywalker está volando con su avión de combate Ala-X, a través de la trinchera ecuatorial principal de la Estrella de la Muerte, con el objetivo de alcanzar la ventilación de escape del reactor principal de la Estrella de la Muerte, mientras Darth Vader y dos de sus secuaces le persiguen.

Lo racional es cerrar el conducto de ventilación de la Estrella de la Muerte con su focalizador computerizado, pero cuando empieza a prepararse para el ataque, escuchamos la voz de su mentor, Obi-Wan Kenobi diciéndole: "Usa la Fuerza, Luke. ¡Confía en tus instintos!" Para sorpresa de los líderes Rebeldes, Luke apaga su ordenador y consigue llevar a cabo un ataque con éxito, usando únicamente su intuición. Aunque se trata de un buen ejemplo, la película Rambo ofrece un ejemplo mejor, porque se acerca más al punto principal de este asunto.

Rambo: Primera Escena Sangrienta de Intuición

Rambo ha huido a una mina abandonada, y los hombres de la Guardia Nacional han sitiado la entrada. Tras un duro intercambio de tiros, disparan un cohete dentro de la mina, que hace que se derrumbe. Sin dudarlo, Rambo prepara una antorcha, hecha de tiras de su poncho envueltas alrededor de un palo. Las enciende y empieza a investigar las profundidades de la mina en busca de otra salida. Por el camino, se encuentra un poco de gasolina en un bote y lo utiliza para prender más tiras y conseguir más luz.

Después de atravesar una zona inundada de la mina, donde utiliza la antorcha para eludir un ataque de ratas, se da cuenta de que la llama de la antorcha se mueve en respuesta a una brisa de aire que entra por una entrada trasera de la mina. Eso le conduce a salir de la mina, sano y salvo, sin ser detectado.

Rambo utiliza su intuición, su instinto y su entrenamiento militar para salir airoso de una situación que supone una amenaza para su vida. Al responder mediante sus instintos, sale de la mina sin ser detectado por el sheriff y por la policía estatal. Confiando en su pensamiento racional, ellos concluyen que ha muerto y abandonan su búsqueda. ¿Por qué? Le tienen miedo a Rambo porque él tuvo el coraje y la habilidad de enfrentarse al problema.

Enfrentarse al Problema

En los años próximos, conoceremos un miedo desconocido hasta ahora por nosotros. No obstante, los antepasados lo experimentaron durante el último sobrevuelo del Planeta X, durante el Éxodo.

La Biblia Kolbrin: Edición Original Siglo XXI

- **Manuscritos 3:04** "Cuando llueva sangre sobre la Tierra, aparecerá el Destructor, y las montañas se abrirán y escupirán fuego y cenizas. Los árboles serán destruidos y todo ser viviente será engullido. Las aguas serán tragadas por la tierra, y los mares hervirán".

- **Manuscritos 3:05** "El Cielo arderá con gran brillo y de color rojo; habrá un matiz de cobre sobre la faz de la tierra, seguido de un día de oscuridad. Una luna nueva aparecerá, se romperá, y caerá".

- **Manuscritos 3:06** "La gente enloquecerá. Escucharán la trompeta y el grito de guerra del Destructor y buscarán refugio en el interior de la Tierra. El terror consumirá sus corazones y su coraje desaparecerá como el agua de un cántaro roto. Se verán devorados por las llamas de la ira y consumidos por el aliento del Destructor".

En otros pasajes, se nos dice que las mujeres tenían tanto miedo que ya no pudieron concebir y que los hombres se volvieron impotentes, todo ello a escala global.

Afortunadamente para nosotros, nuestra ciencia nos ayudará a prepararnos mejor y a anticiparnos a los escalonados pasos de este evento evolutivo. Aún así, nos enfrentaremos a la misma bestia, y veremos cómo el coraje nos abandona, también a nosotros. En estos momentos, consideremos una de las maneras en las que se sabe que cazan algunos grupos de leones de África.

El grupo sabe que una gacela saludable fácilmente puede esquivar y escaparse de un león viejo, por lo que se dividen. Los leones más jóvenes y veloces, que pueden reducir a una gacela, se arrastran silenciosamente sobre sus vientres entre el follaje alto hasta que están en una buena posición a favor del viento.

Cuando es el momento oportuno, los leones más mayores se mueven en contra del viento y empiezan a rugir desesperadamente. Cuando las gacelas escuchan y huelen a los leones más viejos, reaccionan corriendo en dirección contraria. Como consecuencia de ello, se dirigen directamente hacia los leones más jóvenes y veloces que les esperen pacientemente entre la hierba alta.

El tema aquí está en que si las gacelas hubieran corrido hacia los leones viejos, o en este caso, si se hubieran enfrentado al problema, podrían haberlo esquivado y salir ilesas. De aquí que la expresión, "enfrentarse al problema", en sentido humano, significa que tiene que enfrentarse a su peor miedo, de frente.

Esto no significa que tenga que sentirse obligado a luchar para sobrevivir al 2012, como hizo el personaje de Rambo a lo largo de toda la película. Por un lado, si Rambo hubiese sido sensible, habría caminado o hecho autoestop otros 48 kilómetros siguiendo la carretera, en lugar de enfrentarse al sheriff Will Teasle al principio de la película. Por otro lado, no habría habido película si hubiese sido sensible. En el año 2012, usted tendrá que ser más sensible.

La Esencia de Rambo

En el 2012, no habrá salas de cine con espectadores encantados mirando la gran pantalla mientras sacan palomitas de maíz con mantequilla caliente de una bolsa de papel. El tema aquí está en que mientras que la película contiene una gran cantidad de realismo que tiende a hacer creíble la acción, sigue siendo una historia de ficción.

Tampoco habrá hospitales equipados con antibióticos, calmantes y las otras maravillas de la ciencia a las que nos hemos acostumbrado. En su lugar, viviremos en un mundo donde las personas morirán de una simple infección, eso si no se mueren de hambre primero.

Si bien la venganza y las payasadas de altas horas son una manera tonta de que te maten, habrá situaciones en las que el enfrentamiento sea inevitable. Si eso sucede, conviértase en el más malo; golpee fuerte; golpee rápido, y después desaparezca. De lo contrario, siempre evite el enfrentamiento, donde y cuando pueda.

Las escenas de combate de las películas de Rambo deben verse como entretenimiento y como nada más. Dejándolas de lado, puede apreciar las siguientes tres lecciones del personaje de Rambo:

- Si no puede confiar en su intuición, estará perdido.
- Si pierde su habilidad de sentir compasión por el necesitado y el vulnerable, estará perdido.
- Si pierde su habilidad para amar y ser amado, estará perdido.

No importa a cuánto dolor y sufrimientos tenga que enfrentarse, ¡nunca, nunca, nunca pierda su brújula moral interior!

12

Enfrentarse a un Sol Violento

En el "Capítulo 8 — Monitorizando las Tormentas Solares", examinamos el esfuerzo hercúleo que llevan a cabo en la actualidad América, Europa y Japón, para lanzar una gran flota de observatorios solares en el espacio para el año 2008. Incluso la misión del venerado observatorio solar SOHO, que ha estado operativo desde 1995, se ha ampliado hasta el año 2009.

La intención es obvia. Nuestros gobiernos están monitorizando el Sol para poder pronosticar cualquier tormenta solar antes de que tenga lugar y poder hacer un seguimiento de las que se produzcan y supongan una amenaza para la Tierra. ¿Por qué? Porque una tormenta solar perfecta, una que sea masivamente violenta y que esté dirigida directamente hacia la Tierra, podría ser devastadora para la vida humana y para nuestras sociedades industrializadas.

De hecho, una tormenta solar perfecta podría dañar seriamente un transbordador espacial o incluso la Estación Espacial Internacional (ISS) de forma que podríamos verlos en una descontrolada reentrada, sufriendo un ardiente encuentro con nuestra atmósfera.

¿Podría suceder esto? Según la cultura Hopi, sucederá; lo veremos como el presagio de los malos tiempos que están por venir, y por ello será doblemente horrible. En primer lugar por la trágica pérdida de su valiente tripulación, y en segundo lugar, porque nos daremos cuenta de que los que quedan sobre la superficie de nuestro planeta sufrirán de forma terrible, también.

Tormenta Solar Resumen

Los científicos vigilarán muchos aspectos del comportamiento de nuestro Sol con esta nueva flota de observatorios solares. Dos tipos de tormentas serán de mayor interés: las erupciones solares y las eyecciones de masa coronal (EMC).

Ambas son causadas por cambios rápidos, a gran escala, en el campo magnético del Sol y la mayoría tienen lugar de forma conjunta como un uno-dos. Sin embargo, también pueden producirse de forma independiente la una de la otra. O, una inicia una tormenta solar y después activa la otra.

Eyección de Masa Coronal (EMC)

Una EMC es el hipo violento que se registra en la atmósfera baja del Sol, una zona llamada la corona. En realidad se trata de una gigantesca nube de gas caliente, electrificado, llamado plasma, que puede tardar hasta 48 horas en llegar a la Tierra.

En su mayoría, las EMC principalmente son una amenaza para nuestros satélites, aeronaves y astronautas, y pueden interrumpir las comunicaciones en la Tierra. En el peor escenario posible, una EMC podría ser tan potente como para anular el campo magnético de la Tierra, por lo tanto causando tormentas de radiación y climáticas violentas.

En los próximos años, podríamos ser testigos de poderosas EMC interactuando con el campo magnético que rodea la Tierra. El resultado serían auroras increíbles. Con la apariencia de una aurora borealis (Luces del Norte), se extenderán hacia abajo, hasta latitudes medias, y llegarán a ciudades como Seattle, Chicago y Nueva York.

Podrían verse efectos similares en el hemisferio Sur con la aurora australis (Luces del Sur). Este será el momento en el que rezaremos para que nuestros campos magnéticos resistan.

Los campos magnéticos de la Tierra nos protegen de lo peor que pueden lanzar estas tormentas de plasma de EMC, algo así como los escudos de la Nave Espacial Enterprise en la famosa serie Star Trek. Igualmente, cuando se debilitan los escudos de la Enterprise, empieza a recibir los peores impactos. Un evento similar sucedió en la Tierra a mediados del siglo XIX.

En septiembre de 1859, una tormenta solar masiva golpeó la Tierra. Fue una EMC de una escala inmensa, con un desplazamiento rápido, y los campos magnéticos que contenía no sólo eran poderosos, sino que también estaban alineados en oposición directa con los propios campos magnéticos de la Tierra. Como consecuencia de ello, aplastó el campo magnético de la Tierra, permitiendo que las partículas cargadas penetraran en la atmósfera superior de la Tierra. Esto provocó un cortocircuito en todas las líneas de telegrafía de los Estados Unidos y de Europa y causó varios incendios.

Imagínese que sucediese ahora. ¿Qué quedaría de Internet, de nuestras redes eléctricas y ordenadores en nuestros coches, casas, oficinas, radios, televisiones, y así sucesivamente? No mucho. Sin embargo, es probable que acontecimientos como esta misma EMC empiecen a producirse una vez que crucemos el umbral de 2012. Esto es debido a que los campos magnéticos de la Tierra están debilitándose, preparándose para un cambio en la polaridad, mientras que la actividad solar aumentará hasta su punto máximo en la historia.

¿Qué nos pasará a nosotros si el escudo de la Tierra, sus campos magnéticos, se debilitan justo cuando una EMC masiva se dirige hacia la Tierra, mientras nuestros polos norte y sur se encuentran en el proceso de cambiar su polaridad? Las consecuencias podrían ser graves, por decir lo menos. Sin embargo, una amenaza más inmediata y menos especulativa proviene de las erupciones solares.

Erupciones Solares

En cuanto a los riesgos para los humanos, las erupciones solares son los golpes más mortíferos del Sol. La radiación de las erupciones solares nos alcanza a la velocidad de la luz, lo que hace que sea más rápida que el desplazamiento más lento del plasma de una EMC. Una segunda amenaza también proviene de las partículas cargadas, que siguen justo después de la radiación inicial de la erupción solar, a una velocidad cercana a la de la luz.

Esto significa que la Tierra se ve golpeada por el doble golpe de una erupción solar, más rápido que el lento desplazamiento del plasma de una EMC, que puede tardar hasta cuatro días en alcanzarnos. O, podría llegar aquí en menos de un día, lo que sería especialmente devastador si fuera un evento de clase-Y.

Erupciones Solares de clase-Y

Durante el siglo XX, las erupciones solares fueron clasificadas en categorías, según su gravedad: A, B, C, M, y X. La categoría X se reservó para las tormentas más violentas y dentro de esta clase-X, una erupción solar podría clasificarse de X1 a X20.

El 2 de abril de 2001, una erupción solar superó la X20 de la escala. Fue la más intensa de la historia, y algunos la clasificaron como una X22, mientras que ¡otros la clasificaron como una X40! Esta superación en la escala de clasificación dio como resultado la creación de la nueva clase-Y para las erupciones más intensas.

Afortunadamente para nosotros, la erupción solar de clase-Y de 2001 no estaba apuntando hacia la Tierra. De haber sido lo contrario, el año 2001 podría haber sido testigo de cómo la humanidad retornaba a una edad pre-industrial, agraria.

Tormentas Solares en Dirección hacia la Tierra

Sin tener en cuenta si una tormenta solar es una erupción de clase X o Y, con o sin una EMC, las tres reglas de los valores inmobiliarios conformarán su resultado. Estas reglas son: ubicación, ubicación y ubicación.

Imagínese que la Tierra se encuentra mirando el final de una escopeta, y que el Sol es el tirador. Si usted mira directamente hacia abajo del cañón, se encuentra en el peor sitio en el que podría estar. Si está de pie un poco a cada lado del mismo, entonces le alcanzarán algunos perdigones, porque se encuentra cerca de la explosión, pero podrá sobrevivir. Obviamente, la tercera ubicación, detrás del tirador, es la mejor.

En términos de las tormentas solares, la mayoría de las tormentas solares y EMC explosionan en una dirección que está muy lejos de la Tierra. Las que apuntan a una zona cercana a la Tierra, y que son de gran intensidad, son las que se convierten en un problema. Si una tormenta solar extrema de clase-X o de clase-Y explosiona con la Tierra en su punto de mira, entonces estaremos mirando al cañón de todo un cosmos de dolor que se dirige hacia nosotros.

Peligros de las Tormentas Solares

Peligrosos es la única manera de describir los rayos-X, Radiación UV, Rayos Gamma, PEM y tormentas Magnéticas lanzadas por las tormentas solares. En términos de la raza humana y la infraestructura eléctrica que conforma nuestras vidas diarias, no hay ningún mensaje positivo aquí. Este es el motivo por el que tiene que familiarizarse con los siguientes peligros de una tormenta solar:

- **Radiación Gamma;** generada durante una tormenta solar, se trata de una combinación letal de una longitud de onda corta y de un alto contenido de energía. Como los rayos-X en los esteroides, la radiación gamma provoca daños graves cuando es absorbida por células vivas.

- **Radiación de Rayos-X:** este término se aplica actualmente a la radiación hecha por el hombre, pero se utiliza en la ciencia para describir la radiación que se produce de forma natural dentro de este mismo ancho de banda. Los rayos-X son un tipo de radiación ionizante, que puede ser destructiva para todos los organismos biológicos, causar daños en el ADN y mutaciones.

- **Radiación Ultravioleta (UV):** la variante más peligrosa de alta energía de luz ultravioleta. Una exposición prolongada puede causar efectos agudos y crónicos en la salud de la piel, ojos y sistema inmune.

- **Pulso Electromagnético (PEM):** un breve impulso feroz de energía electromagnética que tiene lugar a través de varios anchos de banda. Con anchos de banda específicos, las duraciones más extensas producen resultados más graves. Sin embargo, con un PEM, sucede lo contrario. Cuanto más breve sea el pulso, más grave será. Mientras que destruye los aparatos electrónicos, no causa daños a las células vivas.

- **Tormenta Magnética:** se produce cuando las partículas cargadas procedentes de una EMC impactan en la parte externa del campo magnético de la Tierra y crean una anomalía magnética a nivel mundial.

Las erupciones Solares y las EMC, conllevan cada una su propio peligro, y algunas podrían tardar muy poco tiempo, cuestión de sólo unos minutos, en alcanzar la Tierra. Otras, tardan horas. Utilice la tabla que se reproduce a continuación para ver lo que va a impactar, cuándo y con qué intensidad.

Efecto	Riesgo	Clase de Erupción Solar	EMC	Tiempo en alcanzar la Tierra	Duración del Evento
Rayos-X		A a Y	Grave	8.3 minutos	1 - 3 horas
	Cáncer en Humanos y Cataratas	La primera preocupación es el efecto carcinogénico. Los órganos más vulnerables son el tiroides y los órganos reproductores. (Cáncer testicular en los hombres y cáncer de ovarios en las mujeres.) La segunda preocupación es la pérdida de visión debido a las cataratas y el cáncer óseo como resultado de una exposición prolongada.			
	Electrónicos	Normalmente no hay efectos. Los niveles que son mortales para la vida pueden hacer que los aparatos electrónicos fallen.			
Radiación UV		A a Y	No	8 - 15 minutos	1 - 3 horas
	En Humanos *Quemaduras y Ceguera*	Dosis elevadas pueden provocar quemaduras graves (1°, 2° y 3er grado), especialmente de mayor duración. Dosis bajas pueden causar ceguera y cáncer de piel.			
	Electrónicos	Con exposición abierta, reduce la vida útil y funcionalidad.			
Rayos Gamma		A a Y	No	8 - 15 minutos	1 - 3 horas
	En Humanos *El Beso de la Muerte*	Los efectos son similares a los Rayos-X, pero los rayos Gamma son mucho más mortales. La primera preocupación incluye todas las preocupaciones primarias y secundarias de los Rayos-X. La segunda preocupación se aplica sólo a los que dependen de aparatos médicos. Podría poner en peligro la funcionalidad de los aparatos de audición y de los dispositivos electrónicos implantados quirúrgicamente como los marcapasos.			
	Electrónicos	Normalmente no hay efectos. Los niveles que son mortales para la vida podrían hacer que los aparatos electrónicos fallen.			
PEM		X e Y	No	8 - 15 minutos	<1 minuto

Efecto	Riesgo	Clase de Erupción Solar	EMC	Tiempo en alcanzar la Tierra	Duración del Evento
	En Humanos *Malo para los Pacientes*	Es previsible que los componentes electrónicos implantados quirúrgicamente, como los marcapasos, fallen. También fallarán los aparatos auditivos. Los más afectados serán los pacientes que estén bajo tratamiento. Los hospitales y clínicas utilizan numerosos aparatos electrónicos y muchos fallarán. Los especialistas y personal de los centros hospitalarios se verán agobiados por numerosas emergencias de código rojo, mientras que al mismo tiempo se verán obligados a recurrir a los sistemas manuales.			
	Electrónicos	El Beso de la Muerte. Los transformadores, circuitos impresos y en estado sólido, sufrirán un cortocircuito y se derretirán.			
Tormenta Magnética		Ninguna	Sí	17.5 - 48 horas	24 - 48 horas
	Humanos	De forma temporal, puede inhabilitar la funcionalidad de los aparatos médicos, como los aparatos de audición y los componentes implantados quirúrgicamente, como los marcapasos.			
	Electrónicos	Disminuirá o inhabilitará cualquier dispositivo de comunicación durante todo el tiempo que dure el evento. Es previsible que la radio, televisión, y la recepción móvil se carguen de energía estática.			

Resguardarse del peligro de estas tormentas solares requiere el mismo nivel de preparación que para los tornados y las tormentas extremas. Hay que buscar un lugar seguro donde exista la suficiente tierra entre nosotros y lo que está intentando matarnos. Algunos lugares son idóneos, y otros son mejor que no tener nada.

Si tiene la suerte suficiente como para escuchar una sirena de alarma de Defensa Civil o para ver la emisión de noticias advirtiendo sobre una tormenta solar inminente, empiece a mirar a su alrededor buscando algo que sea de un material de espesor medio. En concreto, tiene que encontrar algo que pueda disminuir su exposición a uno de los mayores peligros de una tormenta solar; la radiación gamma.

La tabla que reproducimos más adelante muestra el espesor medio más común en los materiales de construcción que necesita para reducir la radiación gamma entrante a la mitad. ¡Memorice esta tabla!

MATERIAL	Valor medio Espesor (HV)	50% Menos Mínimo 1 x HV	75% Menos Pasable 2 x HV	87.5% Menos Bueno 3 x HV	99% Menos Excelente 7 x HV
Hierro o acero	0.7" (18 mm)	0.7" (18 mm)	1.4" (36 mm)	2.1" (54 mm)	4.9" (126 mm)
Ladrillo	2.0" (51 mm)	2.0" (51 mm)	4.0" (102 mm)	6.0" (153 mm)	14.0" (357 mm)
Cemento	2.2" (56 mm)	2.2" (56 mm)	4.4" (112 mm)	6.6" (168 mm)	15.4" (392 mm)
Lodo	3.3" (84 mm)	3.3" (84 mm)	6.6" (168 mm)	9.9" (252 mm)	23.1" (588 mm)
Hielo	6.8" (173 mm)	6.8" (173 mm)	13.6" (346 mm)	20.4" (519 mm)	47.6" (1211 mm)
Madera Blanda	8.8" (224 mm)	8.8" (224 mm)	17.6" (448 mm)	26.4" (672 mm)	61.6" (1568 mm)
Nieve	20.3" (516 mm)	20.3" (516 mm)	40.6" (1032 mm)	60.9" (1548 mm)	142.1" (3612 mm)

Cuando busque un refugio para una tormenta solar, utilice los valores medios de espesor para la radiación gamma de la tabla antes mencionada y siga las tres normas siguientes:

1. **ACUDA RÁPIDAMENTE AL REFUGIO:** en el momento en el que sepa que se acerca una tormenta solar mortal, deje de hablar, enfoque toda su atención en encontrar el mejor refugio disponible y acuda a él – ¡rápido!

2. **MAYOR ESPESOR ES MEJOR:** cuanto más espeso sea el material, mejor le protegerá. Situarse bajo 0.7" (18 mm) de hierro reducirá su exposición a la mitad, y es mejor que estar de pie a la intemperie como en un horno microondas.

3. **PROTEGERSE DE ARRIBA:** contrariamente a los huracanes, tsunamis y tornados, que se acercan de costado, los peligros de las tormentas solares se desplazan en línea recta desde el Sol, directamente a usted.

Para ayudarle a mejorar aún más su capacidad de evitar daños personales y la destrucción de sus valiosos dispositivos electrónicos, hemos creado un sencillo plan de supervivencia para las tormentas solares.

El Plan de Supervivencia 8-18 a una Tormenta Solar CS

El propósito del Plan de Supervivencia 8-18 a una Tormenta Solar CS, que exponemos en este libro, es el de ayudarle a prepararse para el peor de los escenarios posibles. Una tormenta solar perfecta: una erupción de clase-Y, dirigida a la Tierra, junto con una EMC. En el caso de que se produzca una tormenta solar perfecta, tendrá que enfrentarse a ella, esté donde esté, por lo tanto recuerde siempre esta premisa del siglo XV: "Dondequiera que vaya, allí estará". Conviértala en su mantra de 2012.

En el "Capítulo 11 — Conviértase en un Rambo de 2012", vimos cómo la toma de consciencia de la situación (CS) puede aumentar significativamente su capacidad para sobrevivir catástrofes naturales y producidas por el hombre. Este es el motivo por el que la CS es una parte clave en este plan.

Ocho minutos después de que se produzca la explosión de una tormenta perfecta, la radiación gamma de la erupción penetra en su cuerpo como si se tratara de perdigones nucleares. Esta lluvia mortal puede durar hasta tres horas. Entonces, 18 horas más tarde, el plasma de la EMC empieza a golpear los campos magnéticos de la Tierra.

Si la polaridad de una EMC grave es opuesta a la de la Tierra (hacia el Sur desde el Sol frente al Norte de la Tierra) puede interrumpir nuestras defensas del campo magnético de la Tierra, empujando nuestra atmósfera exterior y alcanzando nuestra atmósfera con consecuencias mortales.

Después de que el Planeta X cruce la elíptica, nuestros gobiernos estarán en guardia para la primera tormenta perfecta. Cuando suenen las alarmas (si es que lo hacen), los agentes del servicio secreto recogerán a nuestros líderes y se los llevarán a un lugar seguro.

Antes de que la mayoría de los ciudadanos de a pie comprendan lo que está sucediendo, nuestros líderes ya estarán en un lugar seguro, en las profundidades de la tierra. Sus refugios se habrán perfeccionado para resistir los peligros de las tormentas solares, provistos de sistemas de comunicación, medio ambientales y electrónicos, que también puedan superarlas.

¿Y qué sucederá con el resto de nosotros? Cuando suenen las alarmas, no habrá agentes secretos para recogernos y llevarnos a un lugar seguro. Por lo tanto, no sólo tenemos que cuidarnos a nosotros mismos. También tenemos que proteger nuestros equipos electrónicos. Sin ellos, estaremos haciendo carretas de bueyes a mano, igual que nuestros hermanos del tercer mundo.

Por lo tanto, el primer paso en el Plan de Supervivencia 8-18 a una Tormenta Solar CS es encontrar zonas seguras bajo tierra.

Zonas Seguras bajo tierra

Acurrucarse en búnkers y en sótanos durante meses y años, sin duda es una forma segura de evitar el final. Sin embargo, la vida continúa y tenemos que seguir cuidando de nuestras familias, trabajar en empleos, ir a la compra, y hacer todo lo demás de las actividades normales de nuestra vida diaria. Por este motivo tiene que encontrar diferentes zonas de supervivencia para las tormentas solares que encajen en sus patrones de movimiento diarios.

Encontrar Protección en su Casa

- Habitaciones seguras
- Refugios contra tormentas
- Bodegas
- Sótanos

Encontrar Protección en las Ciudades

- Estacionamientos subterráneos
- Túneles para peatones y vehículos
- Sistemas de paso subterráneo
- Edificios altos con sótanos profundos
- Bancos con bóvedas abiertas
- Catacumbas (criptas funerarias subterráneas)
- Sistemas de alcantarillado
- Sistemas de aguas de pluviales

Encontrar Protección en el Campo

- Cualquier cueva
- Cualquier mina
- Cualquier túnel
- Alcantarillas de carreteras
- Salientes de acantilados
- Arcos de piedra naturales

Las partículas cargadas procedentes de las erupciones solares pueden empezar a golpear su cuerpo tan sólo 8 minutos después de la erupción, por lo que tiene que empezar a encontrar zonas seguras lo antes posible.

Recuerde el mantra de 2012. "Dondequiera que vaya, allí estará". Empiece a buscar las zonas seguras de su mundo ahora, para perfeccionar esta habilidad con la práctica. Con el tiempo, sabrá reconocerlas de forma instintiva. Incluso puede usar su teléfono móvil para ayudarse a encontrar zonas seguras menos obvias.

Usar los Teléfonos Móviles para Encontrar Zonas Seguras

Gracias a la moderna tecnología móvil, la mayoría de nosotros ya tenemos una forma fácil y efectiva de encontrar posibles zonas seguras con nuestros teléfonos móviles, del mismo modo en el que los personajes de Star Trek usaron sus pequeños dispositivos multifunción para encontrar toda clase de cosas.

La mejor manera de determinar las zonas seguras frente a la radiación es mediante un equipo de prueba muy costoso y el entrenamiento necesario para interpretar los resultados de forma científica. Sin embargo, una forma menos precisa, pero una alternativa de gran ayuda, es la de controlar la señal de las barras de potencia de nuestro teléfono móvil cuando exploramos edificios, cuevas, túneles, etcétera.

> **La Regla de Recepción:** las zonas con una señal de recepción perfecta (todas las barras) no deben considerarse como zonas de supervivencia frente a las tormentas solares. Más bien son el opuesto. Son zonas de muerte, porque ¡no aportan ningún escudo protector electromagnético (OE)!

Recuerde siempre que las zonas ubicadas dentro de la cobertura de los móviles y que ofrecen unos niveles más bajos de recepción son posibles lugares de protección contra las ondas electromagnéticas (OE). Obviamente, si se encuentra en una tienda dentro de un centro comercial y en su teléfono tiene cinco barras de recepción, ese no es el mejor lugar para enfrentarse a una tormenta solar.

Por otro lado, ese mismo centro comercial normalmente suele tener un garaje subterráneo de varios niveles. Conforme vaya caminando por el garaje, encontrará un nivel en el que su teléfono móvil no muestre barra alguna. ¡Bingo! Ese es el lugar que estaba buscando.

Cuando busque las zonas seguras bajo tierra para las tormentas solares con su teléfono móvil, he aquí cinco cosas que puede hacer para conseguir mejores resultados:

1. **Minimice las interferencias en su teléfono móvil:** cuando esté buscando zonas seguras, vaya a pie, ya que los coches pueden distorsionar las lecturas del teléfono móvil. Si también suele llevar otros aparatos electrónicos, como un PDA o un portátil, asegúrese de haberlos apagado completamente y que no estén en hibernación de bajo consumo.

2. **Establezca una Línea Base de Recepción Externa:** la recepción fuera de línea con el repetidor de móvil más cercano puede afectar la lectura de la fuerza de la señal. Especialmente cuando el edificio se encuentra en una zona donde hay poca o no hay cobertura móvil. Empiece rodeando el edificio o la estructura a pie, y tenga en cuenta cualquier diferencia en los valores de alta recepción.

3. **Busque Zonas de Baja Recepción en el Interior:** camine por los niveles bajos del edificio, y compruebe continuamente la señal de recepción. Asegúrese de verificar también las escaleras. Recuerde, la radiación vendrá directamente desde arriba, así que cuanto más abajo, mejor. Las paredes exteriores no son un factor determinante para la supervivencia humana.

4. **No llame la atención:** si alguien le pregunta por lo que está haciendo, dígale sencillamente lo que está haciendo. Buscar dónde hay cobertura para su móvil. Dado que se trata de algo muy normal en la vida moderna, perderán el interés y seguirán su camino. En algunos casos, puede que voluntariamente le comenten los lugares donde hay menos cobertura en el edificio. Esta información es oro puro. Cuando reciba esta información, tome nota y de las gracias.

5. **Compare las Lecturas del Interior con las Líneas de Base del Exterior:** digamos, por ejemplo que la cara norte de un edificio es donde hay más barras de cobertura, y que encuentra una zona en el extremo norte del edificio donde no hay ningún tipo de señal de cobertura. Esto le indica que ha encontrado el lugar de seguridad óptimo dentro de esa estructura.

Este procedimiento mediante el teléfono móvil puede o puede que no le conduzca a la zona de seguridad óptima en su trayectoria diaria, pero es mejor que correr de un sitio a otro como una gallina sin cabeza. Ahora, hablemos del lugar donde vive.

Zonas de Seguridad en el Hogar

Parafraseando nuestro mantra de 2012: "Dondequiera que viva, allí estará", así que cuando esté buscando una zona segura en su casa, lo único que importa es qué material hay entre usted y el Sol que tiene encima y cuánto de él hay.

En la tabla del espesor medio anterior, se muestran varios materiales comunes, incluyendo la nieve. Cuando esté comprobando la protección real de su casa, mantenga estos valores en mente, porque lo que a primera vista puede parecer un refugio excelente para una tormenta solar, más tarde podría resultar decepcionante.

Por ejemplo, los habitantes de las zonas rurales propensas a sufrir tornados suelen tener un sótano cerca de la casa que también sirve como refugio para las tormentas. Dado que sólo hacen falta sesenta centímetros de lodo por encima para protegerle de forma excelente de los rayos gamma, la mayoría de estos refugios cumplen lo necesario. Sin embargo, los refugios pre-construidos modernos para tornados podrían resultar ser una trampa mortal durante una tormenta solar extrema.

Los refugios modernos contra tormentas suelen situarse parcialmente bajo tierra para acceder a ellos con facilidad. Para mantener los gastos de construcción bajos, suelen tener techos de hormigón de unas 5 pulgadas (127 mm) de grosor. Aunque este grosor en su construcción, por supuesto les aporta la resistencia suficiente como para sobrevivir a un tornado, solo ofrece un nivel medio de protección contra la radiación gamma.

Nuevamente, lo único que importa es el material que hay entre usted y el Sol que tiene encima, y cuánto de él hay. Si quiere comprar un refugio pre-construido, en lo que respecta al blindaje superior, no confíe en el vendedor. Haga sus propios cálculos, y haga que sea útil. Entonces, cuente el número de cabezas que habrá bajo él.

Refugios para Habitantes de la Ciudad

Todos miramos las trágicas escenas de las películas sobre el hundimiento de transatlánticos y nos sobrecogemos ante la visión de los botes salvavidas sobrecargados que zozobran, tirando a la gente desesperada al mar, con consecuencias desgarradoras. Y en los botes sobrecargados que no vuelcan, siempre parece haber escasez de agua y alimentos que hace aflorar toda clase de comportamiento animal.

Esto puede ser un gran entretenimiento para Hollywood, pero cuando llegue el día en el que esté ahí fuera en una peligrosa tormenta solar, será tan real como la vida misma. Cuando planifique un refugio familiar para una tormenta solar, tenga en cuenta el hacinamiento. La tabla siguiente le ofrece una guía mínima de ocupantes para el refugio de tormenta solar que tenga previsto.

# de Adultos	Ejemplo Dimensiones EEUU	Ejemplo Dimensiones Sistema Métrico
1 - 4	4' ancho x 6' largo	1.22 m x 1.83 m
5 - 7	5' ancho x 6' largo	1.52 m x 1.83 m
8 - 11	6' ancho x 8' largo	1.83 m x 2.44 m
12 - 15	6' ancho x 12' largo	1.83 m x 3.66 m
16 - 20	8' ancho x 12' largo	2.44 m x 3.66 m
21 - 25	8' ancho x 16' largo	2.44 m x 4.88 m
26 -30	8' ancho x 20' largo	2.44 m x 6.10 m

Cuando diseñe su refugio solar, empiece con lo que ya tiene o pueda acceder con facilidad. Por ejemplo, si vive en un rascacielos, ya está en una estructura con grandes cantidades de cemento y acero. Si vive en una planta baja, ya podría estar viviendo en una casa a prueba de tormentas solares. Ya está listo. Sea feliz. Si vive en una de las plantas altas, tendrá vecinos debajo, así que familiarícese con ellos. Invitar a un vecino para tomar un café y unas pastas hoy, podría salvar su vida mañana.

Alternativamente, si su edificio tiene un sótano, puede proveerle una protección excelente contra la radiación gamma. Algunos rascacielos ofrecen a sus residentes el uso de trasteros en el sótano. Estos habitáculos temporales pueden transformarse en confortables zonas seguras para las tormentas solares. De lo contrario, tendrá que construir un refugio.

Existen infinitas formas de encontrar un refugio gratuito, o construir uno barato. He aquí algunas ideas para ayudar a los propietarios autosuficientes. Si no se adaptan directamente a su situación, sí que le ayudarán a visualizar los conceptos clave.

Refugios Urbanos para Casas Independientes

Muchos de nosotros tenemos casas independientes, que ofrecen escasa protección contra las tormentas solares. Sin embargo, a estas casas se les puede añadir una protección frente a las tormentas solares por una modesta cantidad de dinero y en tan sólo un fin de semana.

Las casas en el este, así como los edificios antiguos en Europa, suelen tener sótanos. Si su casa tiene un sótano, haga sitio para convertirlo en un refugio. Por el contrario, los hogares en climas más secos, como los situados en el sudoeste de América, raramente tienen sótanos.

En este caso, puede equipar un cobertizo externo como refugio. Incluso si vive en una casa con un patio y su jardín no es más ancho que una acera, puede encontrar una protección exterior que pueda complementar el exterior de su casa.

Una vez haya decidido las dimensiones de su refugio, compruebe los almacenes de madera locales para ver si tienen estanterías con bastidores gruesos. Este tipo de estanterías de acero de alta resistencia se diseñan para las zonas de almacenamiento industriales donde se manejan materiales pesados de forma manual. Estas unidades de almacenamiento se pueden ensamblar fácilmente para cubrir sus necesidades. Asegúrese de que la estantería superior tenga una placa de acero, y consiga la mejor calidad posible.

Las paredes y el suelo no son necesarios, a menos que algún miembro de su familia tenga algún dispositivo médico implantado quirúrgicamente, como por ejemplo un marcapasos. En este caso, puede cubrir las paredes y el suelo del refugio con chapas de acero de gran calibre. Asegúrese de que los techos, paredes y suelo, si fuera necesario, estén sólidamente conectados con suficiente material conductor para crear un refugio sólido.

Una vez haya ensamblado la estructura del bastidor, estará listo para añadir la protección. Afortunadamente, esto es sencillo y barato. Encuentre un negocio local de construcción, de mampostería o una cantera que venda tierra y sacos de arena. Facilite las dimensiones de su refugio y dígales que quiere que llenen sacos con la arena suficiente como para cubrir aproximadamente 0,61 metros (2 pies) de grosor de un borde a otro borde.

Dígales que quiere que los sacos contengan arena lavada. La arena lavada consiste en arena libre de sedimentos y arcilla. Es inodora y por lo general es de color beige claro, casi blanquecina. Una vez haya calculado lo que necesita, pague en efectivo y que se lo entreguen en su casa.

Mientras espera en su casa a que lleguen los sacos de arena, entrecruce la parte superior de su refugio con varias capas de papel de aluminio, y selle los bordes con cinta adhesiva para eliminar el espacio de aire entre las superficies de contacto del aluminio. Cuando se trata de tormentas solares, piense que el aluminio es un material que no puede faltar, es la masilla solar universal.

Después de que le hayan entregado los sacos de arena y la parte superior de su refugio se encuentre cuidadosamente cubierto con aluminio, apile suavemente la pila de sacos muy juntos. Asegúrese de cruzar las capas de forma que cualquier partícula sólo pueda traspasar unos pocos sacos. Harán falta tres o cuatro capas de sacos de arena.

Como toque final, almacene en su refugio para tormentas solares los suministros de supervivencia básicos como agua, comida y un baño portátil. Incluso una lata de pintura con tabla precintable puede valer. Otro contenedor que le gustará tener a mano es una lata pequeña con una tapa que pueda cerrar herméticamente para su teléfono móvil o aparato de audición.

Protegiendo los Aparatos Electrónicos

Vivimos en un mundo de aparatos. Dependemos de ordenadores para trabajar, aprender y navegar por la red. Cada vez, un número mayor de personas cada día dependemos de los sistemas de navegación por GPS en nuestros coches con botones de emergencia que nos permiten llamar para pedir ayuda. Los abuelos ahora pueden ver a sus nietos dando sus primeros pasos a través de una cámara web o de una grabación de video digital, y muchos de ellos también tienen dispositivos médicos implantados quirúrgicamente, tales como marcapasos y dispensadores de medicamentos. Sin lugar a dudas, a muchos quinceañeros les encantaría tener sus teléfonos móviles implantados quirúrgicamente por ninguna otra razón que por la conveniencia de sus mensajes de texto.

Todos estos aparatos se han convertido en una parte tan omnipresente en nuestras vidas diarias que no podemos imaginarnos nuestro mundo sin ellos. Sin embargo, sólo hace falta una tormenta solar perfecta para silenciar nuestro ruidoso mundo electrónico. La EMP de una erupción solar de clase-Y o una tormenta magnética que alcance la Tierra por una EMC dirigida a la Tierra, será el final de todos ellos.

Es una extraña yuxtaposición que lo que más nos afecta a nosotros menos afecta a nuestros aparatos electrónicos, y viceversa. Mientras que nuestro organismo sufre más a causa de la radiación, nuestros aparatos electrónicos y eléctricos sufren más las consecuencias causadas por las anomalías en el campo magnético.

Por esta razón, los equipos electrónicos que debemos proteger serán las radios pequeñas de emergencia y de onda corta, los aparatos médicos portátiles, tales como los aparatos de audición, y otros aparatos de comunicación, como las radios CB. Puede hacer esto de dos formas: interrumpiendo el circuito y envolviéndolo en un escudo protector.

Interrumpiendo el Circuito

Cada antena y cable de alimentación conectada a sus aparatos electrónicos, como radios, televisores, y así sucesivamente, son pararrayos en una tormenta solar EMP, porque forman circuitos cerrados de corriente.

Si tenemos suerte, nuestros observatorios solares nos avisarán con tiempo suficiente para que podamos tomar medidas. Una vez suene la primera alerta, esto es lo que tiene que hacer, siempre que tenga tiempo para hacer esto y después llegar a su refugio:

- Retire las pilas de las linternas, teléfonos móviles, radios de emergencia, PDA´s y portátiles. Si tiene algún aparato de audición, retire la pila.
- Vaya a la caja de fusibles de su casa u oficina y baje todos los fusibles a la posición de apagado. Esto incluye el fusible principal que conecta su casa a la red general eléctrica.
- Desenchufe todos los enchufes de la pared de cada aparato electrónico de valor de la casa. Si es posible, desconecte también los que tengan antena.

Aunque los ordenadores de su coche son susceptibles a los EMP, tienen más posibilidades de sobrevivir a los pulsos electromagnéticos que los aparatos electrónicos del hogar, porque están diseñados para sobrevivir en el ambiente electromagnético hostil de las carreteras. Sin embargo, esto no significa que sean invulnerables. Por el contrario, probablemente estén entre los últimos tipos de aparatos electrónicos que se vean anulados por una tormenta solar.

Los aviones incluso cuentan con una protección electromagnética mayor que los coches y, por ello, esperemos que puedan aterrizar con seguridad durante una tormenta solar extrema. Claro está, si todavía están volando cuando llegue ese momento.

Sin embargo, si se encuentra en el suelo, lo mejor que puede hacer es ir a pie. Si no tiene mucho tiempo, su prioridad son los teléfonos móviles, pequeñas radios de emergencia y aparatos de audición. En cuanto al resto, si tiene que interrumpir su huida para salvar su portátil, ¿realmente vale la pena sufrir tanta radiación que pueda desarrollar cáncer de próstata o cataratas? Piénselo.

Jaulas de Protección

Como se mencionó anteriormente, piense en el papel de aluminio como la masilla solar universal. Lleve siempre un rollo de papel de este tipo en su cartera o bolso, por si se produjese una tormenta solar mientras se encuentra fuera de casa.

Una vez que haya interrumpido el circuito en su teléfono móvil retirando la batería, puede utilizar un poco de papel de aluminio para protegerlo más. Simplemente coja algo de papel de aluminio de su bolso o de su cartera, desenrolle el papel y envuelva su teléfono móvil y la batería del móvil, cualquier otro aparato electrónico, su batería, y las tarjetas de crédito. Seguramente no es un nivel de protección óptimo, pero es mejor que nada, y podría marcar la diferencia.

Una vez que la tormenta solar haya disminuido, y que la telefonía móvil se reanude, se supone que podrá llamar a sus seres queridos para decirles que está bien. Claro que, asumiendo que ellos también hayan tomado precauciones similares.

Lo que hay que recordar sobre el papel de aluminio es que puede usarse para crear una forma simple y relativamente efectiva de lo que los físicos y expertos electrónicos llaman una jaula de Faraday. Como le diría cualquier persona fascinada por la tecnología y la informática, hay maneras más complejas para crear una jaula de Faraday para sus aparatos electrónicos, y se sorprendería de lo simple que son de hacer.

Jaulas de Faraday Simples para el Hogar

Cada temporada de vacaciones, compramos latas selladas de sabroso caramelo de maíz y galletas de mantequilla, y para los que piensan que ya lo tienen todo; un pastel de frutas siempre es el regalo perfecto. Después de las vacaciones, tiramos estas latas (después de alimentar al perro del vecino con el pastel de frutas), y esto sí que es una pena.

Estas latas son jaulas de Faraday estupendas, porque lo que hace que sean ideales para los productos perecederos, también hace que sean útiles para pequeños aparatos electrónicos, siempre y cuando tengan dos de los atributos siguientes:

- **Metal Conductor:** el contenedor tiene que estar hecho de un metal conductor, como el hierro, cobre, estaño o níquel. Los contenedores de plástico o de aluminio no sirven para este propósito.

- **Tapas de Protección Herméticas:** para mantener las galletas frescas, el caramelo de maíz crujiente y el pastel de frutas sin humedad, las dos partes del envase deben encajar cerrándose de forma hermética. Porque están diseñados para evitar que entre el aire, también evitan que entren los EMP.

La próxima temporada de vacaciones; dígales a sus compañeros de trabajo que le encanta el pastel de fruta en conserva. A principios de diciembre, tendrá una pequeña jaula de Faraday para cada habitación de su casa. Entonces, utilice el dinero que se ha ahorrado para forrar el interior de sus envases de pastel de fruta con papel de aluminio para protegerlo más.

Si quiere proteger algún aparato electrónico de mayor tamaño como un grabador de vídeo o un televisor pequeño, entonces puede hacerlo con un bote de basura de metal, siempre y cuando esté nuevo y no esté dañado. Cubra la tapa del bote con mucha cantidad de papel de aluminio hasta asegurarse que hay un contacto sólido entre la tapa y el bote.

Si se toma muy en serio proteger sus aparatos electrónicos de una tormenta geomagnética, puede construir una jaula de Faraday con gruesas capas de metal conductor. Así es cómo los militares construyen sus jaulas de Faraday para que puedan soportar los EMP generados por una detonación nuclear. Por consiguiente, son virtualmente impenetrables a cualquier campo electromagnético.

Si quiere construir su propia jaula de Faraday de resistencia militar, debe utilizar metales conductores como el hierro, níquel o cobre, y la jaula debe formar un espacio completamente cerrado.

En menor escala, el tarro de galletas de metal de su abuela funcionará mejor que un contenedor sellado del ejército. Un contenedor del ejército suele tener una junta blanda para evitar que entre el agua y la humedad. Este sello rompe el contacto entre la tapa y el contenedor, lo que hace que sea inútil como jaula de Faraday a pequeña escala. Alternativamente, puede reemplazar el sello con papel de aluminio. Lo mismo sucede con su jarra de plata de café. Si apenas tiene tiempo, guarde su teléfono móvil en la jarra y forre la punta con papel de aluminio.

En los próximos años, las tres cosas que tiene que recordar si quiere salvar sus aparatos electrónicos son:

- **Interrumpa los Circuitos:** desenchufe los enchufes de las paredes, apague los interruptores automáticos, retire todas las baterías y pilas, y desconecte las antenas y cables.

- **Utilice Jaulas de Protección:** con las jaulas de Faraday de cualquier tipo, necesita metales conductores y sellados herméticamente para asegurarse unas buenas jaulas de protección.

- **Selle Todos los Huecos:** el papel de aluminio es la masilla solar universal. Tenga siempre una buena cantidad de este papel a mano.

Recuerde también que no hay métodos infalibles. Nuestro Sol es tan poderoso que tiene la habilidad de generar tormentas solares que son capaces de superar cualquier jaula de Faraday de fuerza militar, incluso reforzada. No utilice esto como una excusa. Permitirse a sí mismo que se convierta en un pastel en un microondas es una forma bastante desagradable de morir.

13

Hacer Frente a Recesiones Económicas

Conforme se acerque el 2012, veremos un aumento en el patrón de catástrofes naturales y hechas por el hombre. Muchos morirán, resultarán heridos y se quedarán sin hogar, pero la mayoría de nosotros seguiremos más o menos como estamos ahora hasta que se produzca la primera gran recesión económica. Peor aún, la causa principal será el resultado de una época única de petróleo que comenzó hace unos 150 años.

No importa cómo recemos, ni a quién, el dios económico del mundo es el petróleo, y nos hizo multiplicarnos en los años 50 con la Revolución Verde propiciada por el petróleo. En los años del boom que siguieron a la segunda guerra mundial, la población del mundo superaba los 2,2 billones. Gracias a la Revolución Verde, es de 6,5 billones y sigue aumentando.

Por mucho que creamos en nuestra ciencia y en nosotros mismos, lo cierto es que sin el petróleo, nuestra Revolución Verde morirá. En ese momento, nuestro planeta sólo podrá mantener entre 1,5 y 2 billones de humanos, siempre y cuando la biosfera permanezca en un estado estable, que no será así.

En el peor de los casos, esto significa que la mayor pérdida de vidas humanas podría tener lugar antes de que se produzcan las grandes catástrofes de 2012, debido a la hambruna, deshidratación, guerra y enfermedades.

A excepción de los líderes del gobierno y los ricos, las naciones industrializadas sufrirán menos. En todo caso, los ciudadanos de a pie serán los más castigados. De este grupo, los que sean tomados por sorpresa serán los que más sufran.

Por ello, la intención de este capítulo es la de mostrarle los puntos clave de fracaso en nuestra economía que posiblemente afectarán más a la población. Informado de esta forma, podrá ver las oportunidades que tiene a su disposición hoy en día, que le ayudarán a sobrevivir mejor estas difíciles recesiones económicas futuras.

La clave de estas oportunidades es verlas como lo que son, de forma que pueda explotarlas en su beneficio. Para ilustrar este punto, tenemos que recordar el año 1999 y el temor que sentimos muchos de nosotros ante el Y2K.

En el Caos está la Oportunidad

Resulta fácil ver nuestras economías modernas como algo perdurable; aunque la pérdida del empleo es casi tan estresante como perder a un ser querido. Este es el motivo por el que nos resulta difícil admitir los aspectos frágiles de nuestra economía. De hecho, acostumbramos a rechazar la idea de que nuestro futuro sea frágil, como fue el caso con el temor del Y2K.

El Y2K fue el Titanic que navegó, pero no se hundió nunca, aunque la historia se recuerda de otra manera. Por lo tanto, para manejar los difíciles años próximos, es necesario comprender que la amenaza catastrófica real que provocó el Y2K ofrece ventajas importantes para el 2012.

Los Especuladores del Y2K

Para el público, el Y2K sólo se trató de miedo. Nos vimos atemorizados con la idea de que muchos de los ordenadores y programas informáticos dejarían de funcionar en el momento que tuvieran que pasar del siglo XX al siglo XXI. Afortunadamente, esto no sucedió, y el Y2K fue etiquetado erróneamente como un no-evento. Sin embargo, fue una amenaza real. El desastre fue la promoción del egoísmo.

El Y2K fue promocionado por expertos en medios de comunicación, que nos hicieron mantener nuestros pulgares alejados de los controles remotos de nuestros televisores con ideas de escenarios apocalípticos sobre reactores nucleares que se volverían locos y aviones de pasajeros cayendo del cielo. Posteriormente, acusarían al gobierno diciendo, "que les corten la cabeza", por ser los creadores de lo que les sirvió para vender grandes cantidades de publicidad.

Del mismo modo, los comerciantes de oro aprovecharon los miedos del público para llenar sus bolsillos. Sobrealimentaron el frenesí de los medios con artículos en Internet y correos basura que describían el Y2K de la manera más espantosa. Todo ello orquestado para hacer creer que cualquiera que tuviera grandes cantidades de oro podría salir airoso de la situación, y además, ganar bastante dinero. Era el golpe perfecto basado en el temor y en la codicia. Posteriormente, contarían sus inesperadas ganancias y volverían al negocio de la forma habitual.

Después de estar todo dicho y hecho, ¿quién hizo más dinero? Las personas que evitaron que el Y2K se convirtiera en una catástrofe política y económica, y que consiguieron sus beneficios al estilo antiguo. Lo ganaron por prestar un servicio valioso.

Gracias a su esfuerzo, la economía global entró felizmente en el siglo XXI. Nadie vio aviones de pasajeros cayendo del cielo o una fusión nuclear del estilo de Chernobyl, excepto en los dramas de documentales de la televisión. Así que, ¿cuál fue el peligro real?

El Verdadero Peligro del Y2K

Mientras los expertos de los medios y los comerciantes de oro se llenaban los bolsillos a costa del pánico del público, los directores de los sistemas de información y sus jefes estaban invirtiendo suficiente dinero en el Y2K como para poder sufragar una guerra de grandes proporciones en Medio Oriente.

De hecho, las publicaciones industriales informaron que más del 18% de todos los presupuestos de los sistemas de información de América estaban siendo utilizados para evitar una posible crisis del Y2K. ¡Y esto por personas que eran conservadoras, que llevaban cinturón y tirantes! Creer que los expertos de los medios podían atemorizar a personas como estas requiere mucha arrogancia ingenua.

Tras una considerable investigación, estos técnicos comprendieron que no se podía dejar el problema informático del Y2K al azar. Esto es debido a que el Y2K resultaba ser una posibilidad muy real de que se produjera una interrupción catastrófica en la red global de gestión automatizada de la cadena de suministro.

¡Uy! Eso es profundizar demasiado. Desgranemos esa expresión, propia del lenguaje de la tecnología y la informática, en algo que sea lo suficientemente sencillo como para leerlo en una caja de cereales de maíz.

Cereales de Maíz y el Y2K

Pensemos que tiene el antojo de comerse un buen tazón de cereales de maíz. Se sube al coche y se marcha al supermercado local para comprarse una caja de su marca favorita y un cartón de leche. Cuando llega al supermercado, se va directamente al pasillo donde están todos los cereales, y ahí, bien a la vista, se encuentra su marca favorita.

Ya pueda ventear, llover o nevar, sabe que siempre encontrará una caja de sus cereales favoritos en el mismo sitio. Eso es porque el fabricante ha trabajado duro para conseguir que pongan sus cereales en un lugar tan visible del pasillo, y mantenerlo de ese modo significa suministrar al supermercado su marca favorita de cereales de maíz, de forma permanente.

Mantener este estante de forma permanente con el producto, significa suministrar al supermercado con las cajas de cereales de maíz suficientes de forma que no se acaben nunca. Esta es una propuesta cara, ya que entre el fabricante y el estante en su supermercado existe toda una red de intermediarios, distribuidores, vendedores, y así sucesivamente. Cada uno de los cuales es un eslabón en la cadena, y como dice un viejo refrán: "Una cadena es tan fuerte como su eslabón más débil".

En los días anteriores a los ordenadores, los ineficaces sistemas manuales hacían que un fabricante de cereales de maíz tuviera que mantener un suministro para 90 días en la cadena de suministro, de forma que funcionara más como un Slinky (un juguete helicoidal elástico para un niño) que como una cadena. No importa cuántos errores humanos se cometieran, siempre habría suficientes cereales de maíz en la cadena de suministro para mantener ese codiciado producto en su supermercado.

Entonces llegaron los ordenadores, y se abrió todo un mundo de posibilidades para ahorrar gastos, especialmente después de junio de 1974. Fue entonces cuando se instaló el primer escáner U.P.C. en un supermercado de Troy, Ohio.

Este acontecimiento histórico dio lugar a un concepto llamado gestión automatizada de la cadena de suministro. A lo largo de los años, evolucionó en un sistema nacional (o global) que combina diferentes ordenadores y programas informáticos en una Era de Información de la Torre de Babel magnífica, que ¡funciona de verdad! Los sistemas de mensajería realmente son lo más importante desde las rebanadas de pan.

Entre el tiempo que tarda el dependiente del supermercado en escanear el código de barras que hay en la caja de cereales, y el tiempo que tarda en llevárselo a casa y comerse su primera cucharada de cereales, tiene lugar una asombrosa secuencia.

El escáner envía un mensaje de la compra al ordenador del registro de caja, que envía un mensaje al ordenador de la oficina central del supermercado. Desde ahí, se transmite y es contabilizado por los ordenadores de cada vendedor, distribuidor y corredor en la cadena de suministro, hasta que finalmente llega al ordenador del fabricante.

Para cuando se siente a ver la televisión y felizmente mastique sus cereales, el fabricante ya habrá ajustado su cadena de producción para reemplazar el producto que usted acaba de comprar. Todo esto sucede sin la intervención de ningún humano en el proceso, ¡sólo el dependiente que escaneó su compra! ¡Intente exportar ese mismo tipo de productividad a la India!

Si cree que esto es asombroso, no se pierda lo siguiente. Todo esto tiene lugar utilizando una gran cantidad de modelos diferentes de ordenadores y de programas informáticos que trabajan en conjunto con una meta en común. En este caso es la de vender cereales de maíz, pero puede ser cualquier otra cosa para la que estén preparados.

Todo esto no podría ser posible sin algo denominado sistemas de mensajería. Como los traductores universales de la famosa serie Star Trek, que traducen los mensajes en tiempo real entre las diferente personas que hablan idiomas diferentes. Excepto que, en este caso, se trata de ordenadores diferentes que funcionan con diferentes tipos de programas informáticos.

Y aquí estaba el talón de Aquiles del Y2K que preocupaba a los ejecutivos y directores de empresas.

El talón de Aquiles del Y2K

Lo que temían los gestores de información es que, si se veían catastróficamente afectados un número suficiente de ordenadores antiguos y programas informáticos por el cambio de fecha, que sus fallos pudieran extenderse por el sistema como un cáncer maligno.

Otros sistemas, aunque estuvieran totalmente ajenos a los fallos del cambio de fecha del Y2K, se verían completamente anulados del sistema en red de suministro por los que sí se vieran afectados. Entonces tardarían semanas en reiniciar la red global. Mientras tanto, la distribución de comida y productos en el país se vería paralizada, mientras las empresas se apresurarían en desempolvar los antiguos manuales de procedimientos de manejo manual.

Teniendo en cuenta el supuesto de que existe un suministro de 90 días de productos en la cadena de suministro, ¿por qué preocuparse? Tiene que preocuparse, porque este supuesto es falso.

El propósito de crear una cadena de suministro automatizada global para manejar el sistema fue el de eliminar el costo y complicaciones de tener que mantener un suministro de 90 días en la cadena de suministro. Y esto, lo consiguió bastante bien.

Nuestros almacenes parecen estar llenos hasta la bandera con un sinfín de productos para satisfacer la demanda. Sin embargo, como su belleza, esta percepción sólo es superficial. El suministro de 90 días del producto, que una vez estuvo en los estantes posteriores, se redujo a un suministro de 90 horas gracias a los ordenadores.

De haber tenido lugar el Y2K, nuestros supermercados se habrían quedado como los mercados de la época de la Unión Soviética, en un abrir y cerrar de ojos. Estanterías vacías por doquier, y pan el martes, quizás.

Si no llega a ser por el coraje de algunos oficiales del gobierno y la visión de futuro de los encargados de la tecnología de la información que les escucharon, el Y2K se podría haber convertido en en un desastre político y económico.

Sin embargo, su única recompensa fue la de verse despreciados y humillados públicamente por los medios, por haber activado la alarma. Este comportamiento tonto y codicioso de los medios, sin duda tendrá ramificaciones a largo plazo cuando los fantasmas del Y2K vuelvan para acosarnos de nuevo.

Los Fantasmas del Y2K y el Planeta X

Cuando el Planeta X interactúe con nuestro Sol, podemos esperar que toda una serie de erupciones solares bombardeen la Tierra. Si no estamos preparados para ellas, nuestros ordenadores se cocerán literalmente en su propio jugo, motivo por el cual América, Europa y Japón se apresuran en lanzar una flota considerable de observatorios solares al espacio.

En órbita alrededor del Sol, podrán observar las señales tempranas de las erupciones solares masivas incluso mucho antes de que el Sol haga el más mínimo guiño. Esta capacidad nos permitirá prevenir lo que podría haber sucedido con el Y2K, de no haber estado preparados para ello.

Sin embargo, todavía hay otro eslabón débil en la cadena de suministro además de los sistemas de mensajería que utilizamos para que ordenadores y programas informáticos diferentes puedan comunicarse e intercambiar información. Se trata de nuestro sistema de transporte.

Sin un sistema bien provisto de combustible, incluso nuestro modesto suministro de 90 horas de productos de alimentación en el sistema podría terminar desperdiciándose en abandonados apartaderos de ferrocarril hasta que saqueadores hambrientos conozcan su ubicación.

En otras palabras, la cadena de suministro entre el fabricante de los cereales de maíz y el estante del supermercado de nuestro ejemplo anterior, no sólo depende de los sistemas de mensajería; es dependiente de un sistema mucho más amplio, la industria del petróleo.

Nuestra Dependencia Global en el Petróleo

El petróleo es la siguiente mejor cosa para liberar energía. Un barril de este oro negro es igual a la producción anual de 12 personas, y lo utilizamos prácticamente para todo.

De cada barril, el 70% es utilizado para combustible. El resto se usa para plásticos, medicamentos, fertilizantes, como pavimento asfáltico y mucho más. Por lo tanto:

- **El Petróleo Nos Mueve:** el 98% de toda la energía del transporte procede del petróleo. Combustibles como el gas, el combustible para aviones, diesel de camiones y diesel marino.

- **El Petróleo Nos Alimenta:** por cada caloría de comida que consumimos en el mundo Occidental, se han utilizado 10 calorías de petróleo para producirla. (Recuérdelo la próxima vez que pida una ración mayor de patatas fritas.)

- **El Petróleo Aumenta Nuestra Población:** justo después de la segunda guerra mundial, había aproximadamente 2,2 billones de personas en el mundo. Entonces llegó la "Revolución Verde," cuando la productividad agrícola aumentó cinco veces por los fertilizantes e insecticidas. Esto alimentó a una población mundial creciente hasta el punto de que ahora somos 6,5 billones, y seguimos sumando.

En aquellos días en los que las ballenas eran cazadas casi hasta la extinción para mantener nuestras lámparas de aceite, podríamos haber dicho las mismas tres cosas del trigo. Aunque eso sí, con una diferencia notable. El petróleo no es el trigo, que puede renovarse fácilmente con otra temporada de siembra.

En lugar de eso, la mayor parte de las reservas de petróleo del mundo se crearon durante dos periodos de calentamiento global extremo, hace 90 y 150 años. Es decir, el suministro es finito, y lo que queda de ello está siendo más difícil de localizar y de extraer.

Los Estados Unidos y el Petróleo

Durante cerca de cien años, los Estados Unidos de América produjeron más petróleo que cualquier otra nación de la Tierra. Creyendo que nunca se quedaría sin este maravilloso tesoro energético, América fue la Arabia Saudita del mundo y actúo como tal.

Cuando amenazaron con parar de exportar petróleo a Japón en 1941, las consecuencias fueron tan extremas como lo serían hoy en día si Arabia Saudita hiciera lo mismo. Los resultados fueron el ataque sobre Pearl Harbor y la declaración de guerra de los Estados Unidos a Japón, junto con la declaración de la Alemania nazi de guerra contra los Estados Unidos.

Aunque los EE.UU. comenzaron la guerra a falta de armamento y de tropas entrenadas, tenían un suministro ilimitado de petróleo y la capacidad de fabricación necesaria para combatir una guerra mundial en dos frentes. Los Estados Unidos no ganaron la segunda guerra mundial con bonos de guerra; sino que ganaron con el petróleo que impulsó la creación del complejo industrial-militar del que el ex presidente Dwight D. Eisenhower advirtió en 1961.

Después de la segunda guerra mundial, los cansados combatientes llegaron a casa y formaron familias. Para mantener esta demanda, los americanos comenzaron la "Revolución Verde," que es la causa más importante del crecimiento de la población a 6,5 billones de personas y más allá. Empezaron a usar el petróleo para todo, y las granjas se hicieron cinco veces más productivas gracias a los fertilizantes e insecticidas con base de petróleo. También crearon toda una variedad de productos y usos.

Entre el tiempo de ganar la segunda guerra mundial y empezar la Revolución Verde, el reinado de América como el Arabia Saudita del mundo terminó en los años 50, y en diciembre de 1970, la producción del petróleo de América finalmente alcanzó su cúspide. Entonces, en 1973, Estados Unidos recibió una desagradable llamada de atención sobre el petróleo.

En la Guerra de Yom Kipur, en 1973, una coalición árabe lanzó un ataque sorpresa masivo en dos frentes sobre Israel, durante su día más sagrado del año. Estaban provocando daños cuantiosos y un número importante de víctimas, e ignorando la orden de cese del fuego de las Naciones Unidas, cuando el presidente Richard Nixon salió en defensa de Israel con información de inteligencia y un puente aéreo masivo de materiales de guerra muy necesario.

El apoyo de Nixon cambió la balanza a favor de Israel, y en represalia, los estados Árabes embargaron las exportaciones de petróleo a América, para castigar a los Estados Unidos por denegarles su genocidio de judíos. Eso fue una llamada de advertencia para el mundo.

Durante la primera y segunda guerra mundial, las reservas de petróleo habían sido el botín de guerra. Ahora, la OPEP las había convertido en armas, y la dinámica política de la energía fue reasignada por completo. Prueba de ello vendría décadas después con la invasión de Kuwait por parte de Irak, en 1991, para robar sus yacimientos de petróleo.

El embargo de 1973 creó una ganancia inesperada para la exploración de petróleo nacional en estados como Texas y Luisiana. Sin embargo, el resto de la nación se vio obligada a sufrir las consecuencias económicas del embargo árabe del petróleo.

Houston, Texas, la capital del petróleo del mundo, disfrutó momentos de gloria como nunca había vivido antes, pero en última instancia no pudo cumplir. Esto sucedió a pesar de aumentar en cuatro veces las perforaciones, y la producción americana de petróleo siguió en declive.

El resultado es que hoy por hoy, Estados Unidos posee el 2% de las reservas conocidas del mundo y consume el 25% de toda la producción de petróleo del mundo. Ahora, los americanos no sólo son vulnerables a los caprichos de los dictadores fascistas y fundamentalistas, sino que también tienen a la naturaleza en su contra.

El Petróleo y los Desastres Naturales

El petróleo es un recurso de energía increíblemente barato. Extraer un barril de petróleo de las vastas reservas de Medio Oriente cuesta aproximadamente 0,70 euros (1 dólar). Después de esto, el proceso de transportarlo, refinarlo, almacenarlo y suministrarlo a sus consumidores es amplio, intenso y altamente vulnerable a los desastres naturales y provocados por el hombre.

Cuando estas redes frágiles se ven interrumpidas, los efectos son inmediatos y muy preocupantes. Un ejemplo de ello es lo que experimentó América en 2005 después de que el Huracán Katrina azotara la Costa del Golfo. No sólo causó la inundación de Nueva Orleans, también dejó lisiado el 95% de la producción de petróleo del golfo de América.

A su paso, Katrina dejó un rompecabezas inútil de plataformas, refinerías y oleoductos retorcidos. Teniendo en cuenta que la tormenta interrumpió el 95% de la producción de petróleo del golfo y el 88% de la producción de gas natural de la plataforma continental exterior, el impacto financiero en la extracción de gas fue virtualmente inmediata. Los precios se dispararon, ya que los especuladores se abrían paso a codazos en un mercado financiero sumido en el pánico por comprar, y las ganancias fueron buenas.

Meses después del Katrina, las empresas petrolíferas anunciaron un nivel histórico de beneficios vergonzosos. Citando el mantra del mercado libre, se sorprendieron ante la idea de que cualquiera pudiera atreverse a cuestionar una ganancia inesperada tan justa. Podemos hacernos callos en las manos todos los días, pero esto es lo que hacen ellos. ¿Quiere el gas? Aguántese y extráigalo. Así es la vida como ellos dicen, pero no por mucho tiempo.

El Planeta X y el Pico petrolero

Todo el asunto del Pico petrolero es objeto de acalorados debates. Los pesimistas apuntan al descubrimiento reciente en China de un yacimiento petrolífero, frente a la costa, que se calcula tiene unas reservas de 2,2 billones de barriles como prueba de que nunca nos quedaremos sin petróleo. Todo lo que tenemos que hacer es perforar un poco más profundo y exprimir un poco con más fuerza. Por un lado, esta es una proposición simple, pero que reconforta. Por otro lado, los preocupados expertos en industria ven el descubrimiento reciente en China desde otro prisma bien distinto.

Los chinos tardaron 15 años de perforaciones en encontrarlo, y si pudieran extraer cada gota de estas reservas, el yacimiento tan sólo podrá abastecer a China con 2 años de petróleo. Esto es, asumiendo que el ritmo actual de consumo permanezca estable, lo que es imposible.

China se ha convertido en una gran potencia económica, y sus ciudadanos, que ahora fabrican televisores y aparatos de aire acondicionado para los Estados Unidos, también quieren para ellos los potentes coches, lavadoras, etc., que nosotros damos por sentado. En consecuencia, pronto desplazará a los Estados Unidos de su posición como mayor emisor de gases de efecto invernadero. Llegado el momento de encontrar nuevas fuentes de petróleo, China se ha convertido en el postor más agresivo del mundo. Tiene que serlo.

Con una economía impulsada por la desenfrenada contratación de mano de obra externa de los trabajos de clase media en América, la India le sigue los talones a China en cuanto a la creciente demanda de petróleo. El resultado es que todas estas demandas crecientes, dan lugar a nuevas desavenencias políticas globales.

Porqué el Petróleo se ha convertido en un Imán para la Guerra

La desavenencia más acalorada en políticas globales es el petróleo, y uno podría decir que el mundo ha llegado a este punto porque hemos recogido la mayor parte de la fruta madura. Lo que queda de ello se encuentra en Oriente Medio, pero ¿cuánto tienen realmente?

Con objeto de doblar la cantidad de petróleo que les permite extraer la OPEP, países como Venezuela, Kuwait y Arabia Saudita han echado mano del lápiz y la goma para doblar las cantidades que dicen tener de forma instantánea. No importa cuánto extraigan, los datos de las reservas no cambian nunca. ¿A quién le importa si las cifras son falsas? Queremos el petróleo, y ellos quieren extraerlo. Como suelen decir los consumidores americanos: "esto a mí me vale".

Pero, ¿qué sucederá si un día nos damos cuenta de que la producción de Arabia Saudita ha llegado a su fin? Bueno, estaremos en un serio aprieto, porque ya nos estamos peleando por los restos esparcidos en las ramas superiores del árbol, por así decirlo. Este es el motivo por el que estamos perforando pozos a mayor profundidad, procesando petróleo y usando tecnologías modernas para aspirar lo que queda en el fondo de los pozos antiguos.

Este también es el motivo por el que los pobres de Darfur están padeciendo un genocidio a manos de las milicias árabes. Están sentados sobre una enorme, recientemente descubierta reserva de petróleo, y el gobierno étnicamente intolerante en el norte del país, lo quiere todo.

Del mismo modo, América está intentando desesperadamente apuntalar su suministro de petróleo de Medio Oriente democratizando la región en un vis-à-vis en la guerra de Irak. Este concepto neoconservador tiene el mismo sentido que casarse con la misma persona por tercera vez.

La esperanza es que con Saddam fuera de circulación, Irak no venderá el petróleo a nadie más en el mundo que a los Estados Unidos, que es exactamente lo que ha anunciado el nuevo gobierno democrático de Irak que va a hacer.

En mitad de toda esta locura, se aproxima el Planeta X, y los desastres naturales que provocará agravarán nuestras debilidades humanas de manera que nunca pudimos imaginar antes.

La Crisis Que Se Avecina

Conforme se multiplican los eventos de la escala de Katrina, y en consonancia con los eventos provocados por el hombre, vamos a ver un retorno a las directrices que había en las gasolineras en el año 1973, cuando sólo podíamos comprar 38 litros de una vez. Excepto que en esta ocasión, los precios diezman nuestros presupuestos familiares mientras disminuye progresivamente la perforación, extracción, refinamiento e infraestructura de distribución de la nación.

Como antes, las malas noticias vendrán en tandas. ¿Cuántas noticias negativas puede soportar nuestra economía, 0.91 por litro, 1.82 por litro, o más? ¿Cuánto tiempo necesitarán los que habitualmente recorren 48-80 kilómetros al día desde sus hogares suburbanos y ciudades dormitorio para ver que los días de las vacas gordas han llegado a su fin?

Cuando eso suceda, los propietarios de viviendas se encontrarán en una espiral económica viciosa. Por un lado, los precios del petróleo se dispararán, lo que significa que conducir sus coches, hacer sus compras, poner la calefacción o el aire acondicionado, será un reto para cualquier ingreso. Por otro lado, los impuestos aumentarán considerablemente ya que los gobiernos siguen la misma estela de los gastos del petróleo, y los pagos de las hipotecas alcanzarán su máximo cuando los mercados respondan a las malas noticias con unos intereses más altos.

Después de que los precios del petróleo superen el listón de 2,73 el litro, en los países industrializados como América veremos una avalancha de despidos, bancarrotas y ejecuciones hipotecarias. Las familias en América tendrán que mudarse de sus zonas residenciales en las afueras de la ciudad a las ciudades superpobladas, cuando sus una vez verdes y habitables zonas suburbanas estén tan desoladas como los barrios abandonados de

Detroit. Los europeos se verán obligados a hacer lo mismo. Y eso sólo es la primera ronda. Peor aún, sólo uno de cada cincuenta como mucho puede imaginarse que esto suceda.

Para quienes puedan imaginarse que esto sucede, hay un rayo de esperanza. Y lo crea o no, vendrá de las principales cadenas nacionales de grandes almacenes como Wal-Mart y Home Depot.

Grandes Almacenes al Rescate

Si Wal-Mart fuera un país, sería el octavo importador mayor de productos chinos. La razón oficial de este gran éxito es que Wal-Mart ha refinado su red de sistemas automatizados de la cadena de suministro (como los mencionados anteriormente) en una ciencia perfecta al por menor. El resultado es que han trazado los hábitos de compra de las personas como ninguna otra empresa en la historia del mundo. Nuevamente, esta es la versión oficial.

La verdadera historia es que no importa el poder de compra y ahorro que tengan, los grandes almacenes como Wal-Mart y Home Depot posiblemente nunca podrían conseguirlo sin una energía de petróleo barata. Esto es porque resulta barato para:

- **Fabricar** mercancías en el extranjero utilizando mano de obra barata. El coste de uso de la maquinaria, más o menos es la misma. La única diferencia es que los impuestos son más bajos, y la mano de obra es extremadamente barata.

- **Transportar** mercancías en grandes barcos contenedores por el Pacífico, el océano más grande del mundo. Este tipo de barcos utilizan de 30 a 50 toneladas de diesel marino al día.

- **Distribuir** las mercancías por la red de distribución de los grandes almacenes de Wal-Mart.

- **Almacenar** los productos en grandes almacenes Wal-Mart con una media de espacio de suelo de 17 187 metros cuadrados.

- **Potenciar** los ordenadores y los registros del almacén, iluminar el almacén, y enfriar y calentar el aire.

Para ayudar a poner esta demanda de energía al por menor en perspectiva, el edificio del Empire State en la ciudad de Nueva York se encuentra sobre una zona que ocupa 7790 metros cuadrados.

Literalmente podría albergar dos edificios de este tipo en esa misma superficie utilizada por los grandes almacenes de Wal-Mart. No es de extrañar que Wal-Mart sea considerado como el segundo comprador más importante de energía total en América, siguiendo sólo al gobierno de los Estados Unidos.

Conscientes de su propia huella en la energía, Wal-Mart ha estado experimentando con edificios de mayor eficacia energética, maximizando la eficiencia del combustible en su flota de camiones y así sucesivamente.

Todo esto queda bien como relaciones públicas con los que se preocupan por el medio ambiente, pero en realidad son medidas a medias para contrarrestar una amenaza inminente. Una crisis global del petróleo paralizará el imperio de Wal-Mart y lo llevará a la quiebra. Tendrán que responder.

Un Momento de Esperanza para los Grandes Almacenes

Conforme los problemas naturales y provocados por el hombre causen retracciones en el suministro global de petróleo, los grandes almacenes minoristas como Wal-Mart sufrirán un creciente estrés en cuanto a su habilidad operativa y de obtención de beneficios.

Almacenes con demandas de energía menores son una medida a medias. En algún momento, tendrán que enfrentarse a la amenaza de quedar fuera del negocio debido al vacilante suministro de petróleo. ¿Será beneficioso para estos minoristas porque sus negocios estaban basados en energía barata? No.

Aunque la energía no es la razón de ser de sus negocios, es un producto, y a este respecto tienen una gran experiencia que pueden aprovechar. Ya venden productos energéticos como las baterías de nuestros coches, radios, juguetes, aparatos de audición, y mucho más. Añadir productos energéticos nuevos que hagan que nuestros coches y aparatos utilicen menos combustible es una respuesta natural. Este es el momento en el que disfrutaremos el alivio temporal de pasar por el ojo de una tormenta económica.

Los minoristas nacionales se apresurarán en encontrar soluciones fácilmente disponibles, de energías alternativas. Los paneles solares son demasiado caros de fabricar en Europa o en América, por lo que serán fabricados en países del tercer mundo a gran escala.

Pronto, los coches saldrán de los aparcamientos del Home Depot en los Estados Unidos con cajas de paneles solares, a buen precio, atadas a sus techos con cuerdas y cables de sujeción. Será un momento en el que sentiremos una sensación de esperanza renovada, que tal vez; puede que tal vez, salve nuestra forma de vida. Esperemos que suceda. Este es el motivo por el que usted se tiene que convertir en uno de los primeros en hacerlo.

Como el primero en hacer el cambio, debe comprar estos productos nuevos de energía alternativa sin dudarlo. Cuando lo haga, los compradores potenciales le estarán observando, porque normalmente son reacios a comprar productos y tecnologías nuevas. Estarán pendientes de los que se adaptan primero para ver cómo les van las cosas, y esperarán a que bajen los precios. En un mundo ideal con multitud de elecciones, tiene sentido. En un mundo con problemas económicos basados en la escasez de petróleo, no significa nada.

Cuando estos aparatos nuevos de energía alternativa se introduzcan en el mercado, enfoque su atención en las tecnologías que no dependan de la red eléctrica nacional. Entonces, pida una hipoteca, venda un riñón... Haga lo que sea necesario para comprar todos los productos de energía alternativa que pueda. Algunos funcionarán, otros no, pero si actúa como un comprador cualquiera y espera, cuando tenga lugar el siguiente batacazo en la economía, posiblemente se quede sin nada que funcione.

La Siguiente Recesión

Conforme nos vayamos acercando al 2012, nuestro Sol será progresivamente más violento. Esto causará más tormentas, terremotos, tsunamis y erupciones volcánicas. Los minoristas tendrán que luchar para hacer frente a estas alteraciones del mercado, pero con el tiempo, veremos cambios importantes.

Las enormes cantidades de recursos de madera y petroquímicos que son necesarios para producir el colorido empaquetado que utiliza Wal-Mart, en gran medida será demasiado caro de mantener. El resultado es que cada vez veremos menos productos en sus estantes, y muchos estarán empaquetados de forma muy simple, o no estarán empaquetados.

También habrá otros factores que afectarán a cada eslabón de la cadena de suministro entre los productores y los almacenes, cuando los desastres naturales empiecen a pasar factura. Contrariamente al sistema fluido y rápido de hoy en día, trasladar productos a las tiendas será cada vez más difícil.

- Los tornados arrancarán tramos enteros de las carreteras del país.
- Los terremotos bloquearán las carreteras con aludes de rocas, derrumbarán puentes y pasos a nivel, y provocarán grietas profundas en las carreteras asfaltadas, siendo intransitables.
- Las inundaciones y tsunamis arrastrarán comunidades y carreteras.
- Las erupciones solares inhabilitarán los sistemas de encendido de los camiones.

Cuando las redes de transporte, dependientes del petróleo, de las que dependen los grandes minoristas, empiecen a fallar, se verán obligados a retirarse de las ciudades más pequeñas y comunidades a las grandes ciudades. En el proceso, miles de empleados se unirán a las cifras de desempleo.

Sólo cuando las cosas estén en su peor momento, y se rompa la fuerte dependencia en los intereses del petróleo, veremos emerger algunas tecnologías punteras suprimidas durante mucho tiempo. Sin duda, que serán reveladas por las mismas empresas de minería y energía que las habían mantenido ocultas en sus baúles durante décadas.

En ese momento, la aplicación de los derechos de la propiedad intelectual en América (y también en el resto del mundo) será más como lo es hoy en día en China, donde sólo se vendieron unas cientos de copias de Vista, el último sistema operativo de Microsoft.

En cuanto estas nuevas tecnologías de energías renovables se encuentren disponibles, las personas las comprarán y encontrarán el modo de hacer imitaciones más baratas para venderlas a nivel local a sus amigos y vecinos. Es más que probable que las vendan en un puesto de 10x10 de un antiguo almacén de Wal-Mart que fue abandonado y después reclamado por la ciudad por impuestos impagados. Del mismo modo, sus vecinos también pondrán en marcha su propio negocio de supervivencia para superar la recesión económica.

El Fenómeno eBay

Si hay una virtud que destaca de la cultura americana que nos beneficia a todos, es que los americanos poseen una inventiva increíble y que son personas de grandes recursos. Sólo en América puede escuchar la expresión: "Si te dan un limón, hazte una limonada", y esto es exactamente lo que hacen.

Un ejemplo de ello es lo que le sucedió a muchos trabajadores americanos de clase media. Después de dedicar toda su vida y energía para el éxito de la fábrica en la que trabajaban, tuvieron que recoger su última nómina y después contemplar cómo se llevaban la maquinaria en barco a China.

Esta ha sido una lucha para muchos, y muchos se marchan a casa y entierran sus penas en el fondo de una botella de vino. Mientras tanto, otros se encierran inmediatamente en sus áticos, recopilando cosas que vender en eBay.

Unos meses más tarde, después de haber aprendido los trucos del comercio, han conseguido ingresar la mayoría o todo el sueldo que ingresaban anteriormente. Y lo que es mejor, ahora tienen todo el tiempo del mundo para ver a sus hijos jugar a la pelota cuando les apetezca, porque han convertido el limón en una limonada.

Este es el motivo por el que tiene que empezar a planificar y a guardar sus propios artículos para su negocio de supervivencia, hoy mismo.

Nuestra Supervivencia

Durante años, los políticos en los Estados Unidos le han dicho a sus electores que "una marea creciente levanta todos los barcos". Un expresivo punto de vista empleado por el ex presidente John F. Kennedy. Él inventó esta expresión para afrontar la crítica de que su reducción de impuestos favorecería mayormente a los ricos, que fue lo que sucedió.

Del mismo modo, hay otro dicho: "Lo que sube tiene que bajar", y cuando esta marea baja, los grandes barcos de los ricos encallarán en aguas poco profundas y los barcos pequeños se harán los dueños del momento.

Para trasladar esta metáfora al siguiente paso lógico, esto es exactamente cómo el Planeta X y el 2012 van a afectar a nuestra economía, por lo que preguntarse lo que van a hacer los grandes barcos al respecto es inútil.

Es mejor que emplee su tiempo en construir un barco pequeño, de poco calado, que pueda transportar mucha carga. No hace falta que se haga un gran barco del tipo MBA, y ¡cualquiera puede hacerlo! Para ayudarle a ilustrar este punto, los siguientes ejemplos muestran cómo tres mujeres diferentes pueden empezar un negocio de productos de supervivencia para el 2012 de forma simple, pero eficaz.

Velas para Nuestra Supervivencia

¿Es usted un empleado de oficina que escribe a 80 ppm, pero que los fines de semana, le encanta hacer velas como decoración? Pues entonces va a hacer un gran negocio propio de supervivencia.

La cera de abejas o la parafina, las mechas y los moldes para velas todavía son bastante baratos y fáciles de conseguir, así que empiece a almacenarlos. Del mismo modo, guarde cajas de cerillas mientras sigan estando baratas, y busque en las tiendas de segunda mano una máquina de escribir manual que esté en buenas condiciones. Téngala preparada, y entonces compre unas cintas de tela. Guárdelo todo en un sitio seguro, junto con etiquetas en blanco para sus velas. Entonces, ponga todo lo que ha recopilado para empezar su negocio de supervivencia de velas junto, y guárdelo en un lugar seguro y seco.

Mientras lo hace, empiece a aprender a hacer sus propias velas a partir de cero, utilizando cualquier producto en lugar de otro. En lugar de hacer velas de decoración los fines de semana, hágalas desde cero de cualquier modo posible; pruebe para ver cómo funcionan. Es mejor aprender viendo lo que funciona y lo que falla, mientras los errores sigan siendo baratos.

Jardines de la Victoria para Nuestra Supervivencia

Durante la segunda guerra mundial, los americanos tuvieron que vivir con racionamientos porque el esfuerzo de la guerra necesitaba una atención exclusiva. Ingeniosos, como siempre, los americanos lo compensaron plantando Jardines de la Victoria en cualquier sitio que podían.

Muchos mayores pueden recordar las tiendas de alimentación locales que tenían habitaciones para hacer conservas, donde la gente podía preparar y conservar lo que cultivaran en sus jardines. ¿Es usted una de estas personas? ¿Ahora jubilado y viviendo de una pensión fija, mientras disfruta de la jardinería?

¡Enhorabuena! Ya tiene con lo que montar su propio negocio de supervivencia. Empiece a buscar en gangas y ventas de segunda mano herramientas de jardinería, mientras todavía estén baratas y disponibles. Así mismo, prepare su propio banco de semillas con especies que puedan cultivarse bajo una amplia gama de temperaturas y condiciones.

Lo básico, como coles, zanahorias, patatas, guisantes, maíz y hierbas para sazonar, siempre estarán en demanda. También lo estarán las flores que pueden usarse para iluminar una ventana y después ser utilizadas para hacer tazas de té nutritivo o cataplasmas de hierbas. Incluso en el 2012, todavía querremos charlar, y compartir una taza de té con un amigo es bueno para el alma.

En los años siguientes al 2014, nuestra Tierra tendrá muchas especies vegetales y animales, una vez más. Entre ellas habrá una gran variedad de hierbas, flores, y otras plantas con propiedades medicinales. Es difícil saber qué especies volverán y dónde, aunque *La Biblia Kolbrin* ofrece un listado muy útil de las que han sobrevivido a catástrofes en el pasado. Consultar "Apéndice E – Plantas y Hierbas Medicinales posteriores al 2014" para un listado detallado.

Ropa de 2012 para Nuestra Supervivencia

En la ciudad de Nueva York, las personas que van a la moda saben que los hombres que no se pueden permitir trajes nuevos llevan corbatas nuevas brillantes. Esto es porque una corbata nueva brillante es una forma barata de distraer la atención del traje que está empezando a quedar fuera de moda.

En el mundo de 2012, no nos vamos a preocupar sobre si vamos o no a la moda. Más bien, simplemente intentaremos mantener la ropa sobre nuestros hombros. Este es el momento en el que un buen sastre o costurera valdrá su peso en oro.

Si tiene la última máquina de coser Singer, con todos los patrones de costura, suerte la suya. Disfrútela mientras funcione la red eléctrica, porque en el futuro, no lo hará. En el 2012, su bonita máquina de coser eléctrica estará como muerta, porque su microprocesador se habrá frito bajo los efectos de una tormenta solar sorpresa. En este momento, usted estará cosiendo todo a mano, y esa es una forma difícil de ganarse la vida, pero hay una manera mejor.

Hoy en día, mientras todavía estén disponibles y baratas, cómprese una máquina de coser Singer del siglo pasado, que esté en buenas condiciones. De esas que se accionaban con un pedal. De hecho, hubo distintas marcas con pedales, y todas se hicieron para perdurar. Compre dos o quizás tres de ellas. Haga que un profesional las ponga a punto. Así mismo, intente conseguir piezas de repuesto, y entonces guárdelo todo bien.

Mientras los suministros para coser sigan siendo baratos, almacene todas las agujas, hilos, cintas para medir, cremalleras, botones, etc., que pueda. Consiga prendas de vestir de segunda mano a buen precio. Lo que no sea moda hoy en día, volverá a estarlo mañana. Además, lo que no pueda vender, lo puede cortar y usar como parches. Recuerde, coser y hacer arreglos será su gran negocio en los años venideros.

Además, compre lo que esté de oferta en las tiendas de segunda mano. Pero, no las prendas de los colores que están de moda. Sólo serán estéticas, y las personas lo sabrán. Cuando llegue el momento querrán ropa duradera, con la comodidad de las fibras naturales y la fiabilidad de elementos de fijación fuertes. Sobre todo, asegúrese de que tengan muchos bolsillos, ya que en los próximos años nos guardaremos todo tipo de objetos en ellos.

Empiece Hoy

Los tres ejemplos anteriores eran para mujeres, pero lo mismo sucede con los hombres. Si es usted un buen mecánico, puede empezar a buscar piezas de bicicletas y encontrarle la utilidad con alternadores de coches, y hacer generadores eléctricos, y así sucesivamente.

Igualmente, acumule su propio arsenal, almacene municiones extra, excedentes de municiones, cebos, polvos, etc. Las personas necesitarán armas de fuego que sean buenas y munición para proteger a sus familias, y los perros salvajes serán un gran problema en los difíciles años que nos aguardan. Un niño de 3 años que se aleja de sus padres que están durmiendo, es una presa fácil para un pit bull hambriento.

Esto es parte de los variados escenarios de desastres de este libro. Sin embargo, asumiendo que sucede lo peor, ¿acaso planificar y acumular suministros es una actividad inútil? ¡Por supuesto que no! En este momento, usted no está viviendo en ese escenario futuro tan difícil y tiene todo el tiempo del mundo. Úselo de forma inteligente.

14

Mochilas y Rutas de Escape

En el "Capítulo 13: Hacer Frente a Recesiones Económicas," examinamos las cosas prácticas que puede hacer para almacenar provisiones y suministros de supervivencia baratos para su negocio casero de supervivencia.

Son cosas útiles que podemos hacer hoy en día, pero ¿qué pasa con nuestras provisiones y suministros para el negocio si una catástrofe convierte nuestra ciudad en inhabitable? Igualmente, ¿cómo podremos transportar todos estos artículos a otra zona cuando las carreteras estén congestionadas de coches abandonados y en ruina?

En los próximos años, tendremos que afrontar las mismas catástrofes que estamos viviendo hoy en día, sólo que bajo circunstancias totalmente diferentes. Sucederán con mayor frecuencia, serán más intensas, y empezarán a producirse en lugares totalmente nuevos. El resultado es que cambiará la forma en la que nos enfrentaremos a estas catástrofes.

Una solución es tener preparado un plan de escape y todo lo que conlleva, de forma que cuando se produzca la catástrofe, pueda trasladar a sus seres queridos a un lugar seguro. Esta nueva realidad será bastante diferente de cómo planificamos las catástrofes hoy en día. Para comprender esa diferencia, tendremos que empezar por ver cómo la población gestiona las catástrofes en la actualidad.

Catástrofes de 3 Días

Cuando se producen las catástrofes hoy en día, nos enfocamos en proteger a nuestros seres queridos y nuestras casas durante un espacio de tiempo relativamente breve. Cualquier lumbrera de la televisión sabe lo suficiente como para decirle a sus televidentes que acumulen provisiones para 3 días. Es una apuesta segura, ya que si voluntariamente propusieran medidas más drásticas, se pondrían en el punto de mira y perderían sus empleos.

La mayoría de los estadounidenses creen tenerlo todo controlado. Piensan que si sobreviven la peor parte, tendrán un aterrizaje suave en los brazos del gobierno cuando vengan a ayudarles. En las zonas que sufren frecuentes desastres naturales, existe una mayor consciencia, si no una mayor práctica de medidas de seguridad.

En la costa oeste, los californianos están acostumbrados a prepararse para terremotos con un suministro para 3 días de agua potable, baterías, y así sucesivamente, y están mejorando sus casas para soportar mejor los efectos de los terremotos.

También les enseñan a sus hijos para que se sitúen bajo el marco de la puerta cuando sientan que el suelo empieza a temblar bajo sus pies, y algunos incluso usan la cera que utilizan en los museos de cera para fijar sus figuras de porcelana, de forma que no se caigan durante un seísmo.

En la costa este, los almacenes de madera en Florida almacenan madera de contrachapado, antes de la temporada de huracanes, para los clientes que necesitarán apuntalar sus casas antes de marcharse de la ciudad. A su favor, los floridanos se han vuelto adeptos en colaborar con su gobierno estatal para marcharse del camino de destrucción antes de la llegada de un huracán.

Las personas que viven en zonas del mundo propensas a sufrir tormentas de viento construyen habitaciones seguras para proteger a sus familias de las tormentas mortales. Los meteorólogos de las zonas propensas a padecer tormentas de viento en cualquier parte del mundo dependen de la creciente red del sistema de radar Doppler para facilitar a sus televidentes el tiempo preciso que necesitan para refugiarse en sus sótanos, bodegas, y habitaciones seguras.

Todo esto prueba el hecho de que estamos siendo cada vez más activos como especie para hacer frente a los desastres naturales, pero todavía estamos enfocados en soluciones a corto plazo. Una vez han pasado los desastres, a los que se llevan la peor parte de los daños sólo les queda rezar, enterrar a los muertos, recoger los pedazos, y discutir con las compañías aseguradoras. Al fin y al cabo, no es perfecto, y por supuesto, no es agradable. Aún así, todavía nos las arreglamos para salir del paso. Conforme se acerque el 2012, esto cambiará.

Lo Peor Será Peor que Antes

Aquellos que han investigado este tema durante años han trabajado duro para predecir qué zonas de qué países serán seguras en los próximos años y qué zonas serán inhabitables o desaparecerán.

En los Estados Unidos, desplazarse a lugares seguros como los montes Apalaches y Sierra Nevada es un consejo bastante bueno. Cualquier lugar en las regiones montañosas cercanas a su casa estará bien. No obstante, recoger y mudarse lejos de casa, de su sustento y forma de vida es más fácil de decir que de hacer. Como consecuencia de ello, sabemos que posiblemente tengamos que mudarnos en algún futuro, pero por el momento, la vida está bien donde estamos, y ya está.

Uno de estos lugares de donde resulta difícil imaginar marchándose hacia el aire frío de las montañas de Sierra Nevada es San Francisco. Sin embargo, si alguna vez hubo una ciudad en el punto de mira del año 2012, esa es San Francisco. Se describe un escenario escalofriante en cuanto a su precisión en *Godschild Covenant: Return of Nibiru*, una novela de aventuras que muestra un 2012 ficticio basado en la ciencia. Otra ciudad con perspectivas similares se encuentra situada en la otra punta del Cinturón de Fuego del Pacífico: Tokio.

2012 y el Tsunami de San Francisco

Las zonas costeras son donde encontramos la mayor densidad de población. En los próximos años, estas zonas costeras se verán azotadas por desastres naturales intensos, incluso agravados aún más por la ingenuidad del hombre como se describe perfectamente en *Godschild Covenant*. Al principio del libro, un terremoto frente a la costa genera un enorme tsunami, similar al terremoto y tsunami del Océano Índico de 2004, que causó la muerte de unas 250 000 personas.

El tsunami causa una devastación horrible cuando se abre paso por la bahía de San Francisco y las zonas del Valle del Silicio. En este escenario brutalmente realista, el sufrimiento se ve magnificado por la destrucción de las plantas petroquímicas ubicadas en el este de la bahía, junto con las plantas de fabricación de productos electrónicos, equipadas con sus metales pesados fundidos en el extremo sur de la bahía. El resultado es una sopa mortal de petróleo y metales pesados que provoca un gran número de muertes horribles.

Abrumados por muertos y moribundos, el gobierno establece un centro de clasificación en la cuenca seca de un embalse vacío, en las colinas del sur de la zona de Los Gatos. Gente procedente de toda la zona de la bahía va caminando a este centro o son trasladados en camiones por una razón: para ver si vivirán o si morirán, lo que en términos muy sencillos explica el método de clasificación de prioridades de atención médica.

Los que pueden ser salvados son tratados con los recursos limitados que hay disponibles. A los que están fuera del alcance de la ayuda, se les ofrecen métodos de suicidio asistido o son medicados continuamente con heroína hasta que mueren por causas naturales.

Por muy dramático que pueda parecer este escenario de ficción, ofrece una imagen muy realista de lo que se espera en los próximos años. O, como Oscar Wilde decía tan acertadamente: "La vida imita al arte mucho más que el arte imita a la vida".

Si la zona en la que vive sufriera un desastre como el que se describe en este escenario de *Godschild Covenant*, también usted se enfrentará a una decisión similar. ¿Desarrollará un plan de escape que pueda llevarle a usted y a sus seres queridos a un lugar más seguro? O, ¿cruzará usted ese puente cuando llegue a él, pensando que una red de seguridad del gobierno le aguardará al otro lado?

Los Gobiernos Se verán Abrumados

En comparación con hace tan sólo 20 años, la gestión proactiva actual de la amenaza de los desastres naturales en América y en Europa ha llegado lejos. Como consecuencia de ello, hay menos personas muriendo en eventos que antes se habrían cobrado muchas más vidas.

Imagine lo que podría haber sucedido si solo hubiese habido unos minutos de aviso antes de que el Katrina o Lothar entraran en tierra. Se habrían registrado los mismos daños materiales valorados en 81,2 billones de dólares (o actualmente 107,19 billones de euros), pero el número de víctimas mortales habría sido mucho peor que los 238 (150, más o menos, respectivamente) que murieron. ¡La cifra fácilmente podría haber llegado a los miles!

Para hacer frente a los desastres de los huracanes, el gobierno de Florida puso en marcha un brillante sistema de evacuación para ayudar a los habitantes de la costa a alejarse en coche de las tormentas que se aproximan, de forma que puedan evitar los mortales cuellos de botella. A pesar de todo, durante la temporada de huracanes de 2005, la escasez de gasolina demostró ser el Talón de Aquiles de este sistema de evacuación.

Conforme nos acercamos al 2012, podemos depender de dos cosas que sucedan. Cada año, habrá más tormentas como el Katrina, y la escasez de gasolina será algo habitual. Al principio, muchos se adaptarán almacenando gasolina para emergencias en sus casas o pagando cifras astronómicas a los especuladores.

Mientras tanto, los gobiernos harán lo que puedan para ayudar a los ciudadanos y para evitar la anarquía. En algún momento, la capacidad de desplazamiento de ayudas locales se acabará, y la atención se centrará en dirigir las corrientes de refugiados a refugios más allá de la zona de desastre. Al principio, habrá comida caliente, una zona donde dormir y cuidados médicos, pero con el tiempo, estos recursos se verán superados. Entonces vendrán los centros de clasificación, como se describe en *Godschild Covenant*, y no será agradable. Si quiere evitar este destino, tiene que empezar a marcharse hoy mismo.

Creando un Plan de Escape

Lo primero que tiene que hacer cuando vaya a elaborar su plan de escape es decidir a dónde va a ir caminando. Este destino debe ser un área en la que sienta confianza que va a sobrevivir a las catástrofes más probables. Por ejemplo, si vive en una zona propensa a sufrir inundaciones, encuentre una zona cercana que se encuentre bastante por encima del llano inundable.

Como hay muchas variantes de estas posibilidades, tendrá que hacer algún tipo de investigación por su cuenta. Si vive en una zona donde sabe que necesitará un plan de escape, debe hacerlo antes de:

- Organizar su negocio casero de supervivencia;
- Almacenar suministros para un refugio seguro;
- Crear su plan de escape;
- Comprar equipo y suministros para su escape.

En términos de conseguir sobrevivir los años venideros, los planes de 3 días para desastres y las mal concebidas excursiones para comprar productos de supervivencia, sólo le pondrán en peligro. Esto es porque primero tiene que decidir dónde va a establecer su lugar de escape. Una vez tenga respondida la pregunta del dónde, las respuestas para el cómo y el cuándo son obvias.

Eligiendo su Lugar de Escape

Si sabe que tendrá que marcharse en alguna fecha futura, tendrá que preparar su refugio mucho antes de que llegue ese día. Mientras las cosas estén todavía relativamente en calma, utilice el tiempo para recoger y transportar sus provisiones de supervivencia y su almacén de productos para su negocio de supervivencia a su refugio seguro.

Almacenar estas provisiones y suministros valiosos en una zona que probablemente será inhabitable es inútil. Por ello, la elección inmediata más normal para guardarlo es la casa de un amigo íntimo o de un familiar. Alguien con quien mantenga una relación estrecha y de confianza.

Del mismo modo, si usted es un abuelo jubilado, encontrar una zona así y desplazarse allí en beneficio de sus hijos y nietos, será difícil a corto plazo. A corto plazo, dejará atrás a sus amigos, así como cuidados médicos mejores, en algunos casos. A largo plazo, la sabiduría de sus años le permitirá ver a sus seres queridos vivos y saludables en un mundo enloquecido por el desastre.

Otra opción es la de acumular recursos en común con personas responsables, de ideas afines. Por ejemplo, podrían juntar el dinero y comprarse una pequeña granja en una zona segura. Crearían su propia comunidad, donde todos trabajarían juntos para acumular provisiones y suministros para negocios. Cuando lo haga, asegúrese de que siempre haya alguien viviendo en la propiedad en todo momento. Piense en ello como su multipropiedad para la supervivencia.

Si no puede crear relaciones de confianza con otros para su refugio de escape, otra opción es la de alquilar un trastero en una zona segura, y almacenar sus cosas ahí. Comparta estos lugares con otros sólo cuando sea necesario.

Independientemente de sus preparativos en el refugio, almacene en él todo tipo de herramientas manuales, como picos y palas. No sólo tendrá que empezar a cultivar su propia comida, sino que también tendrá que preparar y mantener refugios para la radiación solar.

Tanto si son búnkers subterráneos, minas abandonadas o cuevas naturales, necesitará un lugar bajo tierra cuando las tormentas solares, de las que hablamos en el "Capítulo 12, Enfrentarse a un Sol Violento" empiecen a golpear la Tierra.

Cuando se produzca lo peor, puede que consiga hacer parte del trayecto en un coche o camión, pero no cuente con ello. Más bien, piense que tendrá que caminar todo el trayecto y con poco tiempo de aviso. Por esta razón, tendrá que saber cuánto puede caminar en un día, y cuántos días puede aguantar caminando, antes de alcanzar su refugio seguro.

Planificando la Ruta de Escape

Cuando los desastres amenazan lejos en el horizonte, normalmente tenemos tiempo suficiente para reunir a nuestros seres queridos de forma que podamos refugiarnos o marcharnos juntos. En otras ocasiones, estos desastres azotan con poco o sin ningún tiempo de aviso previo. Cuando sucede esto, el primer pensamiento en la mente de la mayoría es el de regresar a casa.

El hogar, o cualquier lugar en el que se encuentren sus hijos, será un punto natural de reunión en cualquier desastre. Cuando se pierden los seres queridos, encontrarlos se convierte en una pesadilla, especialmente cuando falla la red de móviles.

Por esta razón, las familias y amigos deben desarrollar sofisticados sistemas de puntos de encuentro dependiendo de escenarios diferentes. No sólo deben incluir los puntos de encuentro naturales como las casas, colegios, y centros médicos de día, sino también refugios seguros cercanos.

Cuando planifique su propia ruta de escape, recuerde una regla primordial. Siempre debe tener un plan B, una ruta alternativa que pueda usar en el caso de que su primera opción esté intransitable. Elegir sus puntos de encuentro depende de sus circunstancias y de sus opciones de rutas de escape primaria y alternativa.

Si otros de su grupo de escape se quedan atrás porque sus pies les están matando, ¿cuánto tiempo permitirá que todos los demás esperen hasta que les alcancen? Tendrá que tomar este tipo de decisiones cuando desarrolle su plan de escape, así que asegúrese de crear un sistema de señales simple para todos.

Desarrolle un Sistema de Señales Simple

Los Vagabundos o Emigrantes de principios del siglo XX utilizaban un sistema simple de símbolos para intercambiar información valiosa entre los hombres que estaban siempre en marcha. Estos hombres sin hogar trabajaban donde podían, dormían bajo las estrellas y viajaban de polizontes en los trenes de mercancías.

Era una comunidad errante pero muy unida, así que dejaban mensajes simbólicos fácilmente reconocibles por los demás. Estos símbolos sencillos en madera les decían a los demás vagabundos si un lugar era seguro para acampar, que tuvieran cuidado con el perro, o que pasaran rápidamente para evitar un agente de policía desagradable.

Como los Vagabundos, diseñe sus propias figuras simbólicas. Si tiene niños pequeños, deje que las diseñen ellos. Les será más fácil recordar los símbolos que crearon, especialmente si lo ensaya todo en un ambiente de juegos y otras actividades divertidas. Otro aspecto positivo es que les implicará en el proceso de una forma constructiva.

Una vez haya decidido las rutas y puntos de partida, diseñe los puntos de descanso donde tenga disponible agua potable y refugio. Esto es especialmente importante si su ruta de escape le tendrá dos o más días en camino. Tómese su tiempo para recorrer esta ruta e inspeccione personalmente todos los puntos de partida y de descanso.

Sea concienzudo. Cuanto más sepa sobre sus rutas, como por ejemplo las ciudades cercanas, centros de salud, jefaturas de policía y bases militares, etc., mejor. Además, llévese a su familia en estos viajes, y haga juegos constructivos para los niños. Por ejemplo, ofrezca una recompensa a los niños por cada estanque de agua o tanque de agua que encuentren junto a la carretera.

Una vez que todo esté organizado en un completo plan de escape, asegúrese de que todos disponen de una copia de los planos, de la información de contacto, y así sucesivamente, todo ello dispuesto en una cubierta de vinilo transparente y sellada. Completada esta parte, es hora de salir a comprar los suministros y equipos de supervivencia. Lo primero que tiene que conseguir es una mochila por cada miembro adulto de la familia.

Mochilas de Espalda para Adultos

Las mochilas y mochilas de espalda son algo común en los colegios e institutos del país, ya que los estudiantes fácilmente pueden cargar hasta con trece kilogramos en libros, cuadernos, bolsas de comida, botellas de agua, etcétera.

En un ambiente catastrófico, estos versátiles paquetes tienen una virtud muy particular. A diferencia de las grandes mochilas de espalda de senderistas, con un marco de aluminio para que sean manejables a través de largas distancias, una mochila de espalda es ideal para cualquiera que huye de una catástrofe. Cargada con trece kilogramos de provisiones y equipamiento, se puede coger rápidamente en un momento dado, utilizar como escudo para la autodefensa o arrastrarla fácilmente por espacios angostos.

Su mochila de escape bien podría ser la pieza más importante para su supervivencia en el 2012. Por eso es tan importante organizarla prestando atención a los detalles. Recuerde siempre que el peso que puede cargar en su espalda varía según la edad y de su condición física.

Siempre que pueda, utilice artículos multifuncionales. Cuando tenga que elegir entre dos artículos, el más liviano es mejor, siempre y cuando funcione. En verdad, a menor peso mayor comodidad cuando esté preparando su mochila de escape personalizada.

Las sugerencias siguientes para el tipo de mochila de espalda que necesita, y para otros artículos, sólo tienen la intención de servirle como punto de partida. Utilícelas como punto de desempate para preparar su propia mochila de escape, sin olvidarse de su propia geografía, estaciones del año, tipos de amenazas y necesidades personales.

Eligiendo una Mochila de Espalda

Cuando se trata de comprar una mochila de espalda, olvídese de las ofertas del tipo "regreso al cole". Ahorrarse unos cuantos euros de esta manera, más adelante sólo le dará quebraderos de cabeza y dolores. Acuda a unos grandes almacenes de artículos deportivos como el almacén REI, y pruebe varias mochilas según su tamaño. Fíjese bien en las zonas que están en contacto con su cuerpo.

Las correas deben ser anchas, bien acolchadas y fáciles de poner y quitar. Las correas en forma de "S" son las mejores. Asegúrese de que se adaptan cómodamente a sus hombros. Las mochilas de espalda también tienen un asa en la parte superior central de la mochila. Asegúrese de que es resistente y que encaja cómodamente en su mano.

La parte trasera de la mochila debe estar rellena y ser cómoda de llevar en la espalda para evitar sudar y sufrir moratones por el contenido de la mochila. Además, debe contar con bolsillos laterales donde poder llevar jarras o vasos de boca ancha de agua.

Pregúntele a un empleado si no existe inconveniente en que cargue la mochila con algo de peso y camine por la tienda unos diez minutos para comprobar si se siente cómodo. Mientras está ahí, eche un vistazo a su alrededor por si encuentra algún otro artículo de supervivencia liviano que pueda servirle.

Mochila para Adultos, Artículos No Alimentarios en Tiendas para el Aire Libre

He aquí algunas cosas extra que puede buscar en las tiendas deportivas para el aire libre, si todavía no los tiene:

- **Compás:** conforme nos acerquemos al 2012, el campo magnético de la Tierra seguirá debilitándose, y conseguir una lectura adecuada con un compás será algo problemático. Sin embargo, tener un compás seguirá siendo algo primordial. La combinación de la observación y de la brújula del mapa es lo mejor, pero un simple compás también está bien.

- **Cuchillo de Supervivencia:** una apuesta segura es un cuchillo de supervivencia de alta calidad de 101,6 mm de hoja fina de carbono, con una empuñadura de madera o de goma, y una vaina. Para quienes estén dispuestos a pagar más, el de 178 mm de la Marina , el KA-BAR fue un diseño que ha demostrado soportar el paso del tiempo. Si bien los cuchillos son algo muy personal, asegúrese de que el cuchillo que compre esté hecho con un acero de carbono de alta calidad por una empresa de renombre de los Estados Unidos o de Europa.

  Una navaja es muy útil como apoyo y para un uso general, pero tenga en cuenta que se rompen con facilidad al cortar algo duro. En su lugar, un cuchillo Buck es una de las marcas de mayor confianza, o considere comprarse una herramienta plegable multiuso, como un Cuchillo Suizo de la Armada o un Leatherman.

- **Bastones para Caminar:** Los excursionistas utilizan bastones para ayudarse a cruzar riachuelos, arroyos y ríos, y para atravesar laderas, porque les da más potencia y equilibrio mientras evita el desgaste de las rodillas, caderas y espalda. En el futuro, los va a necesitar para que le ayuden a avanzar por las carreteras rotas y los escombros, así como para mantener a raya a los animales hambrientos.

  Aunque hay todo tipo de bastones, este es un tema en el que tendrá que invertir un poco de tiempo extra y conseguir un bastón telescópico en aluminio ionizado, altamente resistente, con un mango de corcho de perilla y punta de acero. Si tiene un telescopio terrestre y desea utilizarlo en lugar de unos prismáticos, elija material de excursión con un soporte de cámara montado con un tornillo sin cabeza.

- **Prismáticos:** el mundo del 2012 estará plagado de obstáculos y peligros. Tener la capacidad de verlos a distancia puede marcar la diferencia. Normalmente los que encuentre a la venta serán para un propósito general o prismáticos de 8x30 para observar aves, a la venta en mercadillos de segunda mano. Los almacenes de artículos deportivos suelen hacer ofertas de prismáticos compactos y plegables de 10x25. Antes de que compre unos prismáticos, pruébelos. Asegúrese de que son precisos, fáciles de enfocar, duraderos, etc.

- **Gafas de Lectura de Repuesto o Lupa:** muchos de nosotros utilizamos gafas para leer por prescripción médica, pero en ocasiones, cuando nos marchamos a toda prisa, se nos suelen olvidar. Guarde un par de gafas de lectura, de esas que venden en los grandes almacenes no muy caras, en una funda dura en su mochila de escape. De este modo, siempre podrá leer un mapa, ver una astilla bajo la piel o algo irritante que le haya entrado a alguien en el ojo. Si no necesita gafas para leer, una pequeña lupa que encaje en su cartera podría resultar muy práctica.

- **Kit de Limpieza para Lentes:** los paños para las lentes, que conseguimos con nuestras gafas prescritas para leer, serán fundamentales en el medio ambiente ventoso de 2012, cargado de polvo, piedra pómez, ceniza, humo, sales y otras partículas pequeñas. Además, querrá tener pequeños kits de limpieza para lentes como los que utilizan los fotógrafos. Vienen provistos de un cepillo o pera sopladora, pañuelos para la limpieza, y líquido especial para la limpieza de lentes.

- **Botella de Agua de 32oz:** rellenar una botella de agua con una boca ancha es más rápido y fácil que la mayoría de las cantimploras. Asegúrese de que su mochila de escape tenga un bolsillo lateral para una botella de agua de boca ancha de 32oz, y compre una botella de agua nueva junto con su paquete. Algunos traen una brújula incorporada, por lo que consigue un interesante 2 por 1.

Su botella de agua o cantimplora será su primera línea de defensa contra la deshidratación. Beba el agua suficiente como para que su orina sea de un color claro. La orina de color oscuro significa que está deshidratado y muy afectado. Cuando esto sucede, tiene que considerar la hidratación como su primera opción principal.

- **Recipiente Para Agua Plano:** la armada israelí una vez tuvo un equipo de hombres caminando durante días por el árido desierto. Se dieron cuenta que mientras esté hidratado, puede mantenerse caminando durante periodos extensos de tiempo sin perder energía. Sólo una deshidratación del 5% y habrá emprendido un camino muy peligroso.

En el año 2012, el agua potable será una necesidad que escasea, así que guarde una bolsa de agua plana en su mochila. Asegúrese de que es duradera, con costuras fuertes y un asa cómoda. Cuando están plegadas, pesan unos 30 gramos por cada litro de capacidad, por lo que una bolsa de 6 litros se puede enrollar para un fácil almacenamiento en la mochila y pesará aproximadamente unos 180 gramos, más o menos.

- **Purificador de Agua:** hay muchos filtros de agua portátiles donde elegir, y los que se pueden adaptar a la boca de la botella de agua de 32oz son muy prácticos. Sin embargo, son muy caros. Otra manera más barata de purificar su agua es con tintura de yodo al 2% o solución de Betadine del 10%, con la ventaja añadida que también lo puede usar para los primeros auxilios.

Suponiendo que esté utilizando una jarra de agua de boca ancha de 32oz, puede usar 8 gotas de tintura de Yodo al 2% o 4 gotas de Betadine al 10% para desinfectar el agua. Antes de beber, espere 30 minutos para el agua clara y 60 minutos para el agua turbia.

Esta es una forma de eficacia probada para tratar el agua, pero no es efectiva al 100%. La única forma segura de matar todo lo malo que hay en el agua es mediante una olla a presión o con un autoclave.

- **Poncho con Capucha:** un poncho con capucha no sólo aporta una excelente protección contra la lluvia, sino que puede dormir debajo como si fuera una lona o sobre ello para protegerle de la humedad del suelo. Si está huyendo de una erupción volcánica, también le ayudará a evitar que la piedra pómez queme su cuerpo y que penetre en su ropa.

- **Mantas espaciales:** mantener la temperatura corporal constante a 37°C es vital. Diseñadas por la NASA para la exploración espacial, son ideales como protección compacta de emergencia para todo tipo de condiciones climáticas.

Una manta espacial también protege contra los rayos del sol UV en el caso de una tormenta solar. En el caso de un ataque nuclear, evitará que las partículas nucleares caigan directamente sobre su cuerpo o penetren en su ropa o pelo mientras se marcha de la zona de lluvia nuclear. Una vez utilizada para este propósito, debe deshacerse de ella, así es que guarde 2 o 3 mantas espaciales en su mochila de espalda.

Nos enfrentamos a los peligros de una irradiación nuclear desde varias fuentes, por ejemplo con los ataques de misiles nucleares, las bombas terroristas "sucias" y las plantas de energía nuclear. La mayoría de estas plantas son muy seguras y pueden resistir explosiones fuertes e inundaciones. Sin embargo, las plantas más antiguas, a lo largo de las zonas costeras, podrían ser más susceptibles a terremotos y tsunamis. Además, ninguna planta nuclear está a salvo del impacto de un meteorito de gran tamaño.

En el caso de que observe una nube con forma de champiñón, recuerde que la detonación inicial libera más del 90% de la radiación de forma inmediata. De otra manera, la liberación variará. En cualquier caso, si escucha una sirena de alarma, busque refugio bajo tierra o agáchese y cúbrase lo mejor que pueda. Si le sucede durante su ruta de escape, haga lo siguiente:

- **ALÉJESE DEL PELIGRO.** Distanciarse de la fuente del peligro es su única protección real. Dondequiera que esté la radiación o vaya a estar, usted tiene que estar en otra parte.

- **SIGA EN MARCHA.** Si se tumba para dormir antes de llegar al lugar seguro, estará durmiendo en su propia tumba. ***Siga caminando.*** Utilice las pastillas de cafeína, el chocolate y los granos de café recubiertos que tiene en su mochila para seguir en marcha.

- **PROTÉJASE DEL POLVO RADIACTIVO.** Las partículas radiactivas se asentarán en su pelo y en su ropa. Sin la protección adecuada tendrá que quemar su ropa y raparse el pelo del cuerpo. Recuerde, una vez la radiación penetre en su cuerpo, no saldrá nunca. ***Utilice sus mantas espaciales para protegerse del polvo radiactivo,*** y deshágase de ellas cuando salga de la zona de peligro. Este es el motivo por el que tendrá que llevar una o dos mantas en su mochila.

- **EVITE LA CONTAMINACIÓN RADIACTIVA.** En una situación en la que caiga polvo radiactivo, ***cualquier cosa que coja del suelo estará contaminada.*** Los estanques y cualquier otro lugar donde haya agua estancada son peligrosos. Consuma sólo el agua embotellada y la comida sellada que lleva en su mochila. Para estar más seguro, tómese sus pastillas de yodo.

- **Espejo de Señales:** la ceniza volcánica de las erupciones volcánicas causará un oscurecimiento global; los cielos se tornarán de color rojizo con rayas negras. Aunque esto oscurecerá la luz reflejada por un espejo de señales, este práctico utensilio no debe faltar en su mochila de escape. Tienen una mirilla en el centro para ver su objetivo.

- **Silbato de altos decibelios:** si estuviera atrapado bajo los escombros, y su boca estuviera demasiado seca como para poder hablar por encima de un susurro, un silbato ayudará a sus rescatadores a localizarlo con mayor rapidez. Asegúrese de que el silbato sea duradero y que pueda escucharse por encima de los ruidos naturales y los causados por el hombre.

- **Abrelatas:** hacer unas paradas durante su ruta de escape para alimentarse con productos enlatados puede aportarle algunas fuentes de proteínas de inmediato, y cuando se tiene hambre, la comida grasa sabe a gloria. Del mismo modo, el maíz enlatado ofrece un impulso energético de carbohidratos y agua sabrosa para una hidratación segura.

  Tenga cuidado, abrir latas con un cuchillo o con un utensilio rudimentario es una buena manera de herirse en la mano. Lo mejor es llevar el abrelatas más pequeño jamás inventado. Durante la segunda guerra mundial, la Armada de los Estados Unidos fabricó pequeños abrelatas llamados P-38. Son baratos y es una manera segura de abrir cualquier tipo de lata. Se hizo uno más grande, el P-51, para los cocineros de campo. Funciona igual de bien y es ideal para cualquiera que tenga artritis en las manos.

- **Pedernal de Magnesio:** En términos de un escape, sólo querrá encender un fuego por el día en caso de una emergencia. Por la noche, el fuego ofrece seguridad y calor. Es entonces cuando agradecerá estos antiguos pedernales de magnesio del Ejército. Lo suficientemente pequeños como para colgarlos de un llavero, funcionan bien ante cualquier inclemencia meteorológica y pueden usarse para encender cientos de fuegos.

- **Linterna de Energía Renovable:** Una Maglite es una gran linterna, siempre y cuando esté dispuesto a cargar con pilas extra. No obstante, las linternas modernas de energía renovable son más prácticas para los próximos años, porque nunca necesitan pilas ni bombillas. Se cargan agitándolas, lo que genera bastante energía. Al pasar el imán por la bobina de alambre se genera electricidad. Tres minutos de movimiento puede aportarle unos 20 minutos de luz.

- **Pala Plegable:** para adultos, una pala plegable de campo del ejército es barata y resistente. Para quienes puedan gastar más, piense en una pala de campo plegable multiuso, de poco peso. Los diseños modernos vienen con anexos extra como una sierra. Para los niños, una pala portátil de jardinero es pequeña, pero una herramienta útil.

Todo junto, estos artículos apenas pesan unos kilogramos a lo sumo y están disponibles en cualquier tienda que venda artículos de supervivencia, así como en Internet. Su próxima lista es menos costosa de reunir, ya que tendrá la mayoría de los artículos en su casa.

Ropa para su Mochila de Escape Que Puede Comprar en el Centro Comercial

Cualquier calzado y ropa variarán, en función de sus propias necesidades y planes, pero tenga siempre en cuenta las sugerencias siguientes:

1. Cuando se encuentra en el exterior, es vulnerable a todo tipo de radiación, pero puede mitigar los efectos de la radiación de los rayos UV con la vestimenta adecuada.
2. El momento de escapar no es el momento oportuno para añadir nada nuevo. Cualquier ropa que vaya a poner aparte para su plan de escape, pruébela primero, haga los arreglos que necesite, y pruébela de nuevo.
3. Mantenga su ropa para su salida de escape limpia y bien guardada, en paquetes irrompibles, por ejemplo envasada en bolsas al vacío.

La comodidad es importante, así que si pierde o gana peso, compruebe su ropa, así como sus materiales. Para comprobarlo, sáquelo todo, revíselo, reemplace lo que sea necesario, y vuelva a guardarlo. Cuando llegue el momento, su memoria al recordar dónde se encuentran las cosas le será muy útil.

Con esto en mente, considere contar con los artículos siguientes:

- **Botas:** no importa lo demás que haga, aquí es donde tendrá que esforzarse, ponerse en marcha y comprarse unas buenas botas. Necesita un calzado que se ajuste bien, botas resistentes con las que pueda caminar entre 12 y 16 kilómetros al día. Cómprelas de una marca de renombre, confiando en que estarán bien cosidas, con cuero de grano superior que proteja los tobillos de torceduras leves y de picaduras de víboras.

   Hace tiempo que los fabricantes de botas de América y Europa dejaron de competir con los chinos, y si se compra un par de botas baratas en un chino, hechas para sus almacenes, esto es lo que sucederá.

   Durante una larga caminata, es probable que sus pies le duelan tanto que cada paso se convierta en una terrible agonía, y entonces empezará a moverse sumido en una nube de dolor. Este es el momento en el que perderá su estado de alerta y no se dará cuenta de cosas como de las serpientes venenosas, hasta que esté encima de ellas. Entonces aprenderá lo fácil que es para los colmillos de una serpiente atravesar el fino tejido de su calzado de plástico o cuero chino.

   Para quienes tengan un presupuesto limitado, por lo general se pueden encontrar un par de botas militares de combate en las muestras de armamento o en Internet. Sin embargo, lo mejor es preguntar por ahí, salir de tiendas y conseguir las mejores botas que se pueda permitir. A continuación, pruébelas recorriendo largas distancias al inspeccionar sus rutas de escape, puntos de encuentro y refugios.

- **Sombrero:** un buen sombrero será una pieza importante en su protección contra los rayos UV, así que evite los sombreros clásicos estilo Panamá y las cómodas gorras de béisbol. Querrá tener un sombrero de ala ancha, con un tejido sólido como el cuero, fieltro o tela pesada, dependiendo de su clima y preferencias. Piense que soplarán vientos fuertes en el 2012, debido al clima anormal, así que considere comprarse un sombrero vaquero con asa de sujeción o un sombrero australiano con cierres automáticos para sujetar las alas a los laterales.

- **Gafas de Protección:** perder su vista debido a un exceso de radiación UV, cenizas volcánicas o piedra pómez, en el 2012 puede ser una sentencia de muerte. Durante los periodos de poco viento, lleve siempre un par de gafas deportivas de sol con lentes de alto impacto y una protección intensa contra los rayos UV. Si usa gafas para leer por prescripción médica, también puede pedir gafas de sol graduadas con una fuerte protección contra los rayos UV.

  Para protegerse de los fuertes vientos y de los pequeños proyectiles empujados por el viento, lo mejor son unas gafas militares antiniebla, de alto impacto, con policarbonato. Son las mejores, aunque son caras. Como alternativa, puede tener un par de gafas baratas de natación en su mochila para proteger sus ojos del polvo, humo, piedra pómez, cenizas volcánicas y tierra.

  Sin tener en cuenta la marca o diseño, las gafas de natación deben ser resistentes a los golpes y tener lentes de policarbonato con protección para los rayos UV. Las que son antiniebla tienen una buena característica, pero el sellado es lo más importante. Un sellado suave, hipoalergénico, será mucho más cómodo para llevarlas puestas durante mucho tiempo.

- **Sombrero-Pañuelo Cowboy Bandana:** esta pequeña pieza de tecnología es imprescindible. Este tipo de prenda ayuda a controlar la temperatura corporal, cubre la cabeza, ayuda a mantener fuera de su boca las partículas de polvo y piedra pómez que vuelan por el aire, y evita que puedan entrarle por el cuello de la camisa. Consiga un pañuelo de tejido natural y de colores vivos para que pueda verse fácilmente si lo agita sobre su cabeza. Los pañuelos más grandes son de 1m x 1 m, y también se pueden usar como cabestrillo para el brazo.

- **Ropa:** asegúrese de llevar una camisa de algodón o franela de mangas largas, junto con un pantalón vaquero, pantalones militares o pantalones militares color caqui. Un cinturón de tela es mucho mejor que un cinturón de cuero porque es más duradero y porque se puede adaptar fácilmente para otras aplicaciones, como por ejemplo para hacer un torniquete.

- **Chaqueta o chaleco de cuero:** el cuero es lo mejor, porque actúa como una segunda piel para su cuerpo, y ofrece una protección excelente frente a la exposición, a la radiación UV y a la abrasión. Una chaqueta de cuero con forro o un chaleco aparte es lo recomendable para los climas más frescos. Para los climas más cálidos, piense en usar un chaleco ligero. Olvídese de los estilos, y vaya directamente a los que tengan bolsillos y estén fuertemente cosidos.

- **Muda de calcetines y ropa interior:** sobrevivir puede ser una ardua tarea y después de haber entrado en aguas sucias para sacar a alguien de un apuro, contar con una muda limpia es agradable.

  Guarde sus calcetines y ropa interior en una bolsa hermética de plástico e introduzca otra bolsa en su interior, de forma que tenga una bolsa con la muda limpia y otra bolsa para la sucia. Si se mancha porque ha comido algo en el camino que le ha sentado mal, disponer de una muda limpia de calzoncillos le hará sentirse más normal.

- **Guantes de Trabajo de Cuero:** en los próximos años, la atención médica será escasa, y el suministro de antibióticos y calmantes, que ahora damos por sentado, será difícil, por decir algo. Cuando tenga que hacer algo como desbrozar la zona o excavar para preparar un fuego, tómese su tiempo para ponerse unos guantes de trabajo resistentes. Recuerde, cualquier corte leve puede convertirse en una sentencia de muerte en el 2012.

Mochila de Escape de Adultos, Artículos No Alimentarios en Casa

Tenemos muchas clases de artículos no alimentarios en casa que podemos usar para nuestra supervivencia.

- **Papel del Váter:** cuando vea el rollo del papel del váter medio usado, reemplácelo por un rollo nuevo. Entonces, comprímalo y guárdelo en una bolsa hermética. Cuando la vida sea un infierno, son los detalles pequeños los que le permiten mantener un poco la higiene. Cuando esté entre los arbustos, con unas cuantas hojas de papel acolchado de doble capa en las manos, le hará recordar que sigue siendo humano.

- **Jabón y Aseo Personal:** ¿en alguna ocasión se ha traído a casa uno de esos paquetes pequeños de jabón de un hotel? Pues guarde unos pocos en una bolsa bien cerrada, junto con un pequeño cortaúñas, un cepillo de dientes y un peine.

- **Bolsas de Plástico de Auto-cierre Herméticas:** si se le cae la mochila de forma accidental a un río, o si se moja cuando llueve, cualquier cosa que lleve dentro si no es impermeable, se estropeará. Ponga todo lo que pueda dentro de bolsas de plástico de auto-cierre herméticas, y guarde las bolsas.

- **Filtros de Café Nº4:** los filtros de café del Nº4, con forma triangular, son imprescindibles en cualquier mochila de escape, porque pueden filtrar el agua turbia. También son una forma excelente de evitar que le entre polvo y piedra pómez en los pulmones.

  ¿Recuerda cómo la caída de las torres gemelas el 9 de septiembre levantó una tremenda nube de polvo en el aire? Guarde un filtro de café del Nº4 en su bolso, o cartera, por si le sucede lo mismo. Encajará perfectamente sobre su boca y nariz, y evitará que le entre polvo.

Espere que se produzcan numerosas erupciones volcánicas en los próximos años, y cuando la piedra pómez y las cenizas volcánicas empiezan a caer, dos filtros del N°4 pueden evitar que la piedra pómez se convierta en un vidrioso y mortal cemento en sus pulmones. Una bolsa de auto-cierre con 20 o más filtros del N°4 es algo liviano, y la cantidad suficiente como para que pueda compartirlos con otros. Mantenga los filtros en la parte superior del paquete, donde sean fáciles de encontrar, o en un bolsillo con cremallera.

- **Kit de Primeros Auxilios:** aunque los kits que venden para las casas como kits de primeros auxilios están bien, normalmente suelen ser demasiado voluminosos para una mochila de escape. Si bien tener un paquete de hielo químico o una compresa caliente está bien, cargar con ellos ya es otra cosa. Por su parte, las pastillas de sal y el colirio estéril para limpiarse los ojos, son imprescindibles en cualquier kit de primeros auxilios para el 2012. Este es el motivo por el que tendrá que preparar su propio kit de primeros auxilios en base a su región, sus necesidades y circunstancias.

  Cuando elija artículos sin prescripción médica, decántese por los más livianos que le permitan seguir caminando en su ruta de escape. Por ejemplo, calmantes como la aspirina y el naproxen, pastillas anti-diarrea y pastillas de carbón activado o píldoras para la intoxicación. Para ahorrar espacio, sáquelas de sus botellas o cajas y póngalas en bolsas pequeñas de plástico con auto-cierre y etiquetadas. Tampoco está de más contar con un bloqueador solar (o de óxido de zinc) y un bálsamo para los labios, como por ejemplo Carmex.

  Las ampollas y las astillas le harán perder tiempo, al igual que los dolores menstruales. Prepare un pequeño kit con cosas prácticas como unas tijeras pequeñas, agujas, pinzas, vendas y crema antibiótica. Incluya unas suturas adhesivas para cerrar las heridas graves. Puede usar una herramienta multi-uso Leatherman como pinza de punta.

- **Pastillas de Yodo:** si se encuentra a favor del viento durante una detonación nuclear, puede disminuir los efectos del yodo radioactivo en su tiroides tomando pastillas de Potasio Yodado Anti-Radiación. Estas pastillas llenan la capacidad de absorción de la tiroides con yodo normal, por lo que previenen que las glándulas del tiroides absorban el yodo radioactivo. Guarde una pastilla por cada día que tenga previsto estar en camino, en su mochila de escape (e incluya unas pastillas extra para retrasos imprevistos).

- **Cinta Adhesiva:** un método rápido de reparar un desgarro en un poncho roto. Este onmipresente producto salva vidas una y otra vez. También puede usarlo para pegar los filtros de café del N°4 en su cara, y así tener las manos libres. O, utilícelo para atar a alguien que se haya vuelto mentalmente inestable. Con un pequeño rollo o un rollo medio usado es suficiente.

- **Cuerda para la ropa:** habrá animales hambrientos al acecho, especialmente por la noche, y olerán la comida de sus mochilas. Antes de irse a dormir, cuelgue la ropa de la rama más alta que pueda de un árbol y cuelgue su comida en el aire, lejos del alcance de los bichos hambrientos. Con un conjunto de cuerdas de 7,62 metros tendrá suficiente.

Puede que considere tener un cinturón pesado como los que utilizan los albañiles de la construcción o un cinturón militar para armas. Son una gran ayuda para distribuir parte del peso de su espalda a sus caderas con clips en las cartucheras.

Todos estos artículos no alimentarios tienen una vida útil prolongada en los estantes, sin embargo tiene que inspeccionarlos de forma periódica para comprobar que funcionan bien. En cuanto a la comida perecedera que tendrá que guardar, ese ya es otro cantar.

Mochila de Escape para Adultos, Alimentos En La Casa

Despertarse por la mañana y prepararse unos copos de avena es una forma alegre de empezar un día de acampada, porque tiene todo el tiempo del mundo para empezar un fuego y preparar unos cereales y agua para preparar los copos de avena, y para limpiar la taza y los utensilios.

Cuando esté guardando comida para su ruta de escape, recuerde que estará escapando y no de acampada. En lugar de pasar unos días de relax acampado junto al murmullo de un arroyo, estará abrumado, pensando sin cesar en encontrar un lugar seguro para usted y para sus seres queridos.

En el mundo del 2012, el agua escaseará, y el humo de un fuego delatará su posición. Por lo tanto, tendrá que hacer una dieta bastante equilibrada de proteínas, grasas e hidratos de carbono que pueda comer sobre la marcha, mientras va caminando, porque estará caminando día sí y día también, hasta que llegue al refugio. Con esto en mente, he aquí algunas cosas simples que puede incluir en su mochila.

- **Beef Jerky y Frutas Deshidratadas:** se trata de alimentos estupendos, que se pueden consumir fácilmente mientras se está caminando, y que aguantan bastante. Aunque puede comprarlos en grandes cantidades, es mejor que se compre un deshidratador de alimentos y que se prepare la suya propia. Una gran idea si tiene que alimentar varias bocas en un sólo día, durante su ruta de escape.

  Hay libros con recetas estupendas para preparar jerky (proteína de ternera), así que cómprese uno y vaya haciendo experimentos hasta que consiga una mezcla de sabores agradables. Haga lo mismo con las frutas, que conforme nos acerquemos al 2012, serán cada vez más escasas. Por ejemplo, las uvas negras se convierten en pasas muy ricas en su deshidratador.

- **Mantequilla de cacahuetes y Galletas:** las nueces son un aperitivo muy popular, pero necesitan una manipulación especial para guardarlos y evitar que se queden rancios. Además, la mayoría contienen aceites aromáticos amargos, y fermentan, lo que hace que sean difíciles de digerir. Eso es lo último que necesita durante una larga caminata.

En lugar de cacahuetes o granolas, coja un frasco pequeño, aún sin abrir, de cualquier estilo de crema de mantequilla de maní y unas galletas. Es una fuente rica en proteínas de fácil digestión, especialmente para diabéticos y para quienes tengan problemas dentales. Evite la crema natural de mantequilla de maní, ya que se separa en el frasco. Los estabilizadores en marcas como Skyppy evitarán esto.

- **Chocolate Negro:** es bueno tener tabletas de chocolate negro con un alto contenido en cacao del 70% o superior. Las mejores están hechas con mantequilla pura de cacao y son muy nutritivas. Busque marcas procedentes de Francia, Suiza y Venezuela.

La cafeína en el chocolate es buena para darle fuerza y levantarle el ánimo. Es similar a la codeína para eliminar la tos persistente y ayuda a disminuir el hambre.

- **Granos de Café Cubiertos de Chocolate:** si es usted un gran bebedor de café, lo último que necesita durante su ruta de escape es tener que soportar la abstinencia de cafeína. Guarde una caja de granos de café cubiertos de chocolate negro en su mochila de escape, suficientes para tomarse unos cuantos cada mañana. Le darán energía para el día y evitarán los efectos de la falta de cafeína.

- **Pastillas Hoodia:** un conocido suplemento para perder peso, Hoodia, era utilizado originalmente por los indígenas para conseguir energía y disminuir su apetito en largas caminatas donde no había suficiente comida, y el tiempo entre una comida y otra era muy distante. Se trata de un conocido suplemento para perder peso, así que cuidado. Hay muchos estafadores vendiendo productos falsos en Internet. Lo mejor es que lo compre a nivel local, en alguna tienda con una buena reputación.

Ahora que ha organizado todas estas cosas, posiblemente se estará preguntando si es el momento de comprarse un arma, si aún no lo tiene.

¿Es Hora de Conseguir un Arma?

Si aún no tiene un arma, tenga en cuenta que conforme aumenten las revueltas civiles, el gobierno empezará a confiscar las armas. Si su ruta de escape pasa por un puesto de control, es posible que tenga que entregar sus armas a un sargento impaciente mientras uno de los miembros de su equipo le está apuntando con un arma.

Sin lugar a dudas, el sargento estará tan disgustado con este proceso como usted, pero será su trabajo, y gracias a su trabajo, su familia disfruta de una casa en la base, de atención médica gratuita y de lo suficiente para comer. Como dicen en el mundo del espectáculo: "Este es un acto difícil de seguir". O en otras palabras, no espere que su constitución pueda sobrevivir a la escasez de carne, pan y patatas que tendrá lugar en el 2012.

Teniendo en cuenta el recorte de libertades con respecto a la Ley Patriótica o leyes similares en el mundo, esto no se encuentra fuera del alcance. La confiscación de armas muy probablemente incluirá las armas semiautomáticas y las automáticas.

En las primeras etapas, las armas más sencillas como los rifles de caza con acción de perno, las escopetas y revólveres, estarán exentos, pero esto probablemente irá cambiando. Un buen ejemplo es lo que sucedió con los excedentes de munición de guerra del fusil de cerrojo .303 British Lee- Enfield durante la administración de Clinton.

De Un Modo U Otro

El Enfield se utilizó en la primera guerra mundial, en la segunda guerra mundial y en Corea, y es muy popular entre los cazadores americanos, porque es un rifle que se maneja fácilmente. Además, el ritmo de disparo de un Enfield es el doble de rápido que el los fusiles militares de la segunda guerra mundial, como el Mauser alemán y el Moison Nagant ruso.

Contrariamente a las capacidades de los rifles alemán y ruso, que utilizan un cargador para cinco proyectiles, el Enfield usa un cargador automático para diez proyectiles que es mucho más fácil de recargar. Dado que apenas hay que ejercer fuerza física para usarlo, es la elección ideal para mujeres y niños.

Eso sí, los tres rifles son una elección excelente como arma de supervivencia, especialmente para quienes cuentan con un presupuesto limitado. Esto es debido a que la munición que utilizan es menos costosa en comparación con las armas modernas que cuesta diez veces más.

Este es el motivo por el cual el presidente Clinton prohibió la venta del Enfield en América, a pesar de estar ampliamente disponible en cualquier otro lugar del mundo. El presidente Bush nunca revocó esta prohibición. ¿Por qué? Aunque el diseño del rifle es de hace más de cien años, sigue siendo el arma con el disparo más rápido de todos. Esto se debe a que utiliza un clip de munición grande y que tiene un ciclo de diseño rápido que es fácil de manejar por mamá, papá y los niños. Sigue siendo lo mismo, ¡un rifle bolt-action con un cerrojo manual!

El tema aquí es que, para el momento en el que llegue el 2012, la Corte Suprema interpretará la 2ª Enmienda como tener derecho a disponer de hondas, martillos y poco más. Así que comprarse el tipo de martillo correcto podría resultar nuestra mejor apuesta, después de todo.

Si Yo Tuviera un Martillo

Cuando hablamos hoy en día de martillos, la mayoría de nosotros pensamos en esos martillos pequeños que venden en las ferreterías grandes para fijar unos escalones y colgar unos cuadros. Los martillos de este tipo son inútiles durante nuestra ruta de escape, así que déjelos en el fondo del cajón.

Sin embargo, lo más grande de los martillos es que algunos diseños los convierten en un arma perfecta, y que no hay leyes en los libros que prohíban llevar un martillo. Con esto en mente, lo que necesita es un martillo de gran tamaño de carpintero.

Utilizados en carpintería, cuentan con una cabeza más grande y más pesada para aumentar la presión y reducir el número de golpes que son necesarios para introducir el clavo. También son el diseño más parecido al martillo de guerra medieval alemán.

Era más bien un arma desagradable, parecida a un martillo, que fue usada durante siglos por todo el mundo. Fue diseñada originalmente por los alemanes para desafiar la proliferación de las armaduras que se estaba extendiendo por toda la Europa Medieval. Contrariamente a las espadas, estas armas aplastantes podían abrir la armadura de un caballero y después producirle una devastadora conmoción cerebral a base de golpes.

La mejor manera de elegir un buen martillo de supervivencia para el 2012 es visitando su ferretería local. Para comparar, empiece con un modelo de alta gama como el 22 oz FatMax Xtreme Antivibraciones y manténgalo en la mano para ver cómo se siente. Mientras lo hace, imagínese a sí mismo en las situaciones siguientes:

- Golpeando un animal que está atacando a uno de sus hijos.
- Defendiéndose a sí mismo de un ladrón que empuña un cuchillo.
- Eliminando las ramas más bajas de un árbol y excavando un hoyo para hacer un fuego.
- Arreglando el revestimiento suelto de una casa derrumbada para hacer un refugio.
- Utilizando el martillo como forma de agarre para subir por un terraplén.

Ahora haga caso omiso de los precios y busque las características siguientes:

- **Pieza de Diseño:** el martillo debe tener una cabeza de acero de doble forjado y mango. Estos diseños son ideales para el combate porque son más fuertes y mejor equilibrados. Además, permiten liberar más fuerza al golpear, lo que resulta muy útil cuando uno se intenta liberar a sí mismo o a una víctima de entre los escombros y restos de la destrucción.

    Mientras que puede ahorrar en otros artículos, en este no debería escatimar. Los martillos baratos procedentes de lugares como la India y China son una ganga hasta que los necesita. Como sucede con los cuchillos, los martillos de calidad tienen que estar fabricados por empresas de renombre de América o Europa.

- **Peso y Longitud:** el peso normal para la mayoría de los hombres es de 22 oz. Cuanto más pesado sea el martillo, más largo será. Además, un martillo más pesado distribuirá mejor la fuerza del impacto a lo largo del movimiento y en el momento del contacto, debido a su longitud añadida. Los martillos de guerra alemanes solían ser de 54 centímetros, lo que es bastante más largo que los martillos de garra de carpintero que venden hoy en día.

- **Cabeza:** martillo enmarcado. Este diseño hace que la cabeza del martillo no se pueda resbalar de la cabeza del clavo. Lo mismo sucede con cualquier otra cosa. No importa en qué parte golpee a un matón o a un animal que le está atacando, perderá menos energía por golpes errados y será más preciso en los golpes.

- **Garra:** un martillo de garra de carpintero forma una garra ligeramente curvada, mientras que el martillo que suele haber en una casa tiene una garra curvada más pronunciada. Sin embargo, este diseño menos curvado sigue sirviendo para extraer clavos. Algo que tendrá que hacer cuando esté sacando materiales de los edificios dañados para construir un refugio.

    Evite los martillos que tengan garras muy encajadas, para extraer mejor los clavos. Este diseño le aporta una garra más endeble para excavar, desgarrar y partir. Busque diseños con garras más gruesas y con una cuña menos profunda.

- **Mango:** lo mejor es una empuñadura plana entre la cabeza y la garra con una punta fina. Cuando se defienda a sí mismo de un ataque, este tipo de mango le dará más fuerza a su golpe que un mango redondo de madera o de fibra de vidrio.

- **Agarre Anti Golpes:** busque un diseño que disminuya los efectos del esfuerzo de torsión de las muñecas y los codos, a la vez que minimiza la vibración y el impacto del golpe. No sólo le ayudará a combatir con mayor efectividad, sino que hará que el martillo sea más fácil de usar en general.

Si decide comprarse un martillo de este tipo, también le hará falta un buen cinturón para herramientas con una funda para martillos que pueda ponerse en cualquier lado de la cadera. El mejor lugar es en el que pueda desenfundar el martillo y quitarse la mochila de la espalda rápidamente para usarla como escudo provisional. Además, haga grabar su nombre en su martillo.

Cuando se enfrente a un oponente armado con un cuchillo, un martillo como este le dejará fuera de la lista de objetivos fáciles de forma rápida. Esto es debido a que mientras que su oponente tendrá que adelantar su cuchillo de 102 mm. a 203 mm. a su mochila, usted tendrá tres veces más de tiempo para alcanzar su martillo. Todo lo que necesita es un sólo golpe certero en cualquier parte del cuerpo de su atacante, y le paralizará con un dolor de huesos aplastante. Eso sí, no compre su martillo y lo guarde. Practique la lucha con su martillo, y ¡manténgase en forma!

5ª Parte – Un Futuro Iluminado

> "Cuando los seres humanos están libres de deudas, inseguridad y miedo, son mucho más amables."
>
> *Jacque Fresco*

Las generaciones del futuro comprenderán que la clave para la supervivencia de nuestras especies es la búsqueda de la unidad con el cosmos. Mirarán atrás, a estos días, y se preguntarán por qué tantos de nosotros estuvimos cegados por la codicia y la estupidez.

Entonces dirán con una sola voz, "nunca más" y conocerán el alcance de esa expresión, y así lo cumplirán.

15

El 2012 como un Evento Evolutivo

Cómo podremos superar esta inminente catástrofe es importante, pero de mayor importancia es el por qué. Eso, a fin de cuentas, es realmente de lo que trata el 2012. También es el motivo por el que los autores de este libro acostumbramos a decir, "nos vemos después".

Aunque muchos piensan en el 21 de diciembre de 2012 como una fecha irrevocable, en realidad es un punto medio de un acontecimiento evolutivo de proporciones asombrosas. Una vez crucemos esta cúspide, nuestra especie se bifurcará, como hizo cuando los cromañones y los neandertales empezaron a caminar juntos por la Tierra.

En el año 2012, el Planeta X será el "eslabón perdido" de una bifurcación similar. Tras su paso, el Hombre Moderno y el Hombre Iluminado, una nueva generación del Homo Sapiens, emergerán de la destrucción. Juntos, reconstruirán el mundo.

El Moderno Homo Sapiens procederá principalmente de los descritos en el "Capítulo 10, Arcas para Los Elegidos," que serán salvados por las élites del mundo para perpetuar sus normas en el después.

El Iluminado Homo Sapiens, serán los que fueron abandonados a su suerte por las élites del poder para defenderse por sí mismos. De entre ellos, surgirá el que Jesús profetizó durante su Sermón en el Monte cuando dijo: "Los mansos heredarán la Tierra".

Usado en este contexto, la palabra "mansos" ha sido un enigma durante mucho tiempo. Después de todo, ¿cómo iban a heredar la Tierra las personas que eran sumisas, sin espíritu y dóciles? Por el contrario, la definición usada en tiempos de Jesús describía personas amables y bondadosas.

Para que suceda todo esto, la humanidad debe pasar por un gran salto evolutivo hacia adelante, y esto es lo que Jesús, Buda, y posiblemente la mayoría de los líderes de muchas otras religiones nos dicen que sucederá: que llegará el día del Hombre Iluminado. Si quiere encontrar a quienes se oponen directamente a esta visión iluminada del futuro de la humanidad, busque los que han pervertido este antiguo y hermoso mundo, sumiso. Son los aniquiladores de los sueños.

Se trata de una declaración audaz, y algunos pueden sentir la necesidad impulsiva de rechazarla de plano, con un alarde gran indignación. No porque hayan investigado concienzudamente la lógica de este argumento, sino porque actúan siguiendo su propio condicionamiento pavloviano.

Evolución y Adoctrinamiento

Desde tiempos muy remotos, las élites gobernantes nos han adoctrinado en sistemas de creencias que se complementan con sus agendas. Este es el motivo por el cual existen tantas variantes políticas, teológicas y filosóficas.

Muchos de nosotros, de forma ocasional, nos salimos de los parámetros de estos sistemas de creencias para echar un vistazo porque pensamos que contamos con el libre albedrío. Esta es la razón por la que de vez en cuando, sentimos la imperiosa necesidad de buscar más allá de nuestros sistemas de creencias. Pero, en demasiadas ocasiones, nuestro libre albedrío tan sólo es un placebo manufacturado, porque una vez nos encontramos en el borde, un temor interior entra en acción y tira de nosotros de nuevo hacia el centro.

Angustiados por lo que hemos presenciado, pegamos nuestros traseros al centro y repetimos el mantra: "¡Oh! Dios mio. ¡Hacer eso ha sido una locura por mi parte!" Esta es la razón por la que muchos no consiguen ver cuán profundamente arraigada se encuentra la respuesta de obediencia que despierta este miedo dentro de la psique del ser humano.

Sin embargo, de vez en cuando el centro ya no nos parece tan reconfortante como lo fue. Quizás porque una molesta pequeña voz interior hace sonar la alarma. "Despierta. Ya lo has tenido". Las élites gobernantes saben de estas pequeñas voces interiores. Dios nos creó para escuchar la alarma, aunque sólo unos pocos de nosotros podemos resistir la tentación de volver a presionar el botón para que la alarma suene más tarde, una y otra vez.

En los próximos tormentos de 2012, nuestro sufrimiento será tan grande que no habrá botón de alarma que podamos posponer, y la alarma será ensordecedora. Entonces, o bien tenemos el coraje para enfrentarnos y desmontar esas creencias artificiales, o bien nos resignamos a cualquiera que sea el destino que nos aguarda.

A este respecto, el Planeta X nos conducirá dolorosamente hacia el siguiente escalón de la escalera evolutiva de nuestra especie. Esta escalera está atestada de matones conflictivos, cada uno de ellos intentando soltar a quienes se encuentran agarrados a la escalera.

Evolución y Poder

La evolución, si no es el tema más importante, es uno de los más importantes en el que se concentra la civilización occidental. Por consiguiente, la búsqueda de la verdad de quiénes somos y de cómo hemos llegado a este punto se basa más en la contención que en la continuidad.

En todos los bandos de este debate de siglos de antigüedad, los proponentes de una idea u otra están más interesados en ver cómo su propia visión sobre la evolución entorpece a los demás, que realmente en vivir el tiempo suficiente como para verla suceder. Lo que parecen perderse con toda esta contención es que la evolución todavía sigue siendo casi tan misteriosa para nosotros como la cosmología.

Los Cosmólogos le dirán que apenas conocemos un 1% de todo lo que hay que saber sobre nuestro universo. Suponiendo que sabemos diez veces esa cantidad sobre la evolución, ¿cómo vamos a estar absolutamente seguros sobre la evolución del universo y sobre nuestro propio papel en él? De igual modo, ¿es que el 90% de lo que todavía desconocemos sobre la evolución debe aceptarse con una fe ciega?

Evolución y las Élites Gobernantes

Si por un momento, los científicos, académicos y teólogos dejaran de darse continuos codazos y empujones para conseguir una financiación, se les podría ocurrir una idea novedosa. Todos tienen parte de razón. Cada uno de ellos aporta una pieza importante en este rompecabezas no-heterogéneo de ideas.

Mientras tanto, nosotros, los espectadores, aguantamos nuestra respiración esperando algún tipo de consenso de esta cacofonía. El verdadero daño de esta inútil espera es que no somos capaces de ver el rompecabezas como un todo por nosotros mismos. Esto nos daría poder a cada uno de nosotros de forma que las élites gobernantes no se pueden permitir. Esto es porque nuestra ignorancia es el verdadero cimiento de su poder.

Un buen ejemplo del poder de la ignorancia es lo que les sucedió a los siervos rusos (campesinos) durante el reinado de Pedro el Grande.

El Poder de la Ignorancia

Durante su reinado como zar, de 1682 a 1725, Pedro transformó rápidamente un país sumido en la miseria en un imperio de estilo Occidental. Para conseguir esto, reclutó un gran número de mano de obra barata.

Lo que se lo permitió fue que los siervos de esos tiempos aceptaban su destino como corderos. Negados el conocimiento, y gobernados con mano dura, aceptaron su baja condición social como si fuera su verdadero destino evolutivo, como les enseñaban en la iglesia. Este destino les ató a la tierra en la que trabajaban, y a su vez, a quien fuera el propietario de esa tierra.

De hecho, el estado y la iglesia se confabularon para hacer un mal uso de la teoría de la Creación, como una forma de disminuir los derechos humanos de los siervos al de los animales que atendían. Prueba de esto es San Petersburgo, Rusia, una ciudad literalmente inventada por Pedro el Grande.

Si hace una visita guiada por San Petersburgo, Rusia, hoy en día, le escoltarán de un impresionante monumento a las ambiciones de Pedro a otro. En cada punto del itinerario, su guía le contará cuántos siervos reclutó a su antojo para satisfacer sus propias ambiciones. Entonces, escuchará las estadísticas de mortalidad.

Tras conocer cuántos siervos murieron por desarrollar trabajos brutales y vivir en condiciones infrahumanas, empezará a imaginarse cómo la sangre rezuma entre los ladrillos y fluye en grandes piscinas en el suelo.

Todo esto sucedió porque la iglesia y el estado hicieron mal uso de un sistema de creencias para negarles hábilmente a los siervos rusos el derecho que les concedió Dios a explorar su patrimonio evolutivo, por sí mismos. El resultado fue un estado ateo que una vez más está gestando problemas en el mundo. Esta es la razón por la que comprender quiénes somos y cómo llegamos a ser lo que somos, es una responsabilidad personal.

El Patrimonio Evolutivo es un Esfuerzo Personal

En el 2012, nos enfrentaremos cara a cara con nuestro patrimonio evolutivo y la sabiduría que nos concedió Dios para comprenderlo. Claro está, si elegimos aceptarlo, sin importarnos lo extraño que parezca, visto según nuestras creencias actuales.

¿Y si debido al siguiente sobrevuelo del Planeta X, nos damos cuenta que somos una especie de bio-ingeniería? ¿Y si razas alienígenas nos crearon para servir a un propósito utilitario, de una manera no muy diferente de cómo creamos los cultivos modificados genéticamente para aumentar los rendimientos de nuestras cosechas?

¿Estamos preparados para la conmoción que se produciría al averiguar un patrimonio evolutivo que ambos, teólogos y científicos han estado rechazando firmemente? Sin embargo, pensamos en ello de vez en cuando.

En un discurso ofrecido en una sesión plenaria de la Asamblea General de las Naciones Unidas el 21 de septiembre de 1987, el presidente Ronald Reagan dijo: "En alguna ocasión pienso en lo rápido que se disiparían nuestras diferencias en el mundo si nos enfrentáramos a una amenaza alienígena de fuera de este mundo. Y, sin embargo, les pregunto si no habrá una fuerza extraterrestre ya entre nosotros".

Lo que Reagan destacaba no era el peligro de una amenaza extraterrestre. En su lugar, es la amenaza de nuestros propios comportamientos contenciosos y la manera en la que nos peleamos por nuestras propias pequeñas diferencias. Con esto en mente, dejemos las diferencias a un lado, y veamos otra perspectiva de la evolución a la luz del 2012.

Fusionando las Teorías Evolutivas del Presente

Para el propósito de este tema sobre la evolución del 2012, nos enfocaremos en tres doctrinas conocidas sobre el tópico de la evolución: el Creacionismo, Darwinismo y Catastrofismo.

- **Creacionismo:** Dios creó el universo, y todo lo que hay en él, en seis días al pensar en su existencia. Basado en una interpretación literal del Génesis de la Tora (Antiguo Testamento), el creacionismo en sí mismo sitúa la creación del universo en algún momento entre el 5500 AEC y aproximadamente el año 4000 AEC.

- **Darwinismo:** un proceso prodigioso de selección natural en el que las especies evolucionan en respuesta a su medio ambiente. Basado en la filosofía científica del uniformismo, suele resumirse frecuentemente mediante la afirmación: "El presente es la clave del pasado".

- **Catastrofismo:** contrariamente al Darwinismo, que supone un ciclo extenso, de evolución mercurial, los catastrofistas creen que los grandes saltos evolutivos hacia adelante son el resultado de catástrofes tales como el impacto de Chicxulub, de hace unos 65 millones de años, que causó la extinción de los dinosaurios.

Políticamente hablando, estas tres doctrinas de pensamiento son mundos aparte, así que volvamos a introducirlas como tres componentes de una nueva teoría unificada, a la que llamaremos las Tres Pruebas de la Evolución.

Las Tres Pruebas de la Evolución

A diferencia del Creacionismo, el Darwinismo y el Catastrofismo, que ayudan a explicar por qué prosperan especies nuevas, las Tres Pruebas de la Evolución nos dicen por qué fallan las especies anteriores.

Tenga en cuenta que el 99% de todas las especies que han habitado en alguna ocasión nuestro planeta ahora están extinguidas, y como los nuevos chicos del barrio, los seres humanos "tenemos que hacer nuestros huesos" como dicen en las películas de mafiosos.

En esta nueva teoría unificada, suponemos que todo organismo vivo debe superar las tres pruebas siguientes: destino, tiempo y catástrofe.

Prueba #1 — Destino (Creacionismo)

El Génesis nos dice que Dios creó todo, con un propósito, simplemente pensando en su existencia. Dado que el principio de incertidumbre de Heisenberg nos dice que podemos alterar una cosa por el simple hecho de pensar en ella, ¿en realidad quién está tomando partido en base a la fe?

¿Los Creacionistas, que nos piden que creamos que somos producto de un diseño inteligente?

¿O, los Darwinistas, que esencialmente nos dicen que hace billones de años, un rayo accidentalmente sacudió unas cuantas moléculas en una especie de sopa decisiva. Entonces, avance unos billones de años y, ¡ya está! ¡La sopa está leyendo a Shakespeare!

Los Darwinistas se burlan de los Creacionistas por su devoción a la creencia ciega, como si Dios les hubiese enviado la respuesta por fax. En la misma línea, ¿cómo pueden los Darwinistas basar su creencia de la evolución por pura suerte también en la fe ciega?

Incluso aquellos de nosotros a los que no nos importaría que nos vieran cruzar el umbral de una iglesia o de una sinagoga, no quisiéramos pasar el resto de nuestras vidas cantando: "¿Es esto todo lo que hay?"

Esto es porque tenemos la sensación de que hay algo más. Mucho más. Por consiguiente, la frase coloquial "todo sucede por alguna razón", se ha convertido en el accesorio estándar del moderno *Zeitgeist* (expresión alemana que significa "el espíritu del tiempo").

Nos dice que en todas las cosas hay un destino y un destino por cada vida. Este concepto *Zeitgeist* fue descrito de forma apropiada en la película, *The Matrix Reloaded*, en una escena en la que el personaje se enfrenta al Agente Smith y sus clones: "…sin un destino, no existiríamos. Es el destino el que nos ha creado. El destino nos conecta. El destino nos empuja. El destino nos guía. Nos conduce. Es el destino el que nos define".

Sin embargo, la diferencia entre el destino del que trata *The Matrix* y el del Génesis es la esclavitud frente a la iluminación. En *The Matrix*, tenemos un mensaje oscuro y siniestro acorde con toda la aburrida negatividad que proviene del Hollywood de estos días.

Los Creacionistas, por otro lado, ofrecen una visión iluminadora que sugiere que nuestro destino en la vida es el de evolucionar más cerca de nuestro creador. Desgraciadamente, su bella visión del destino se ve estropeada por una arrogancia similar a la de *Matrix*, de aquellos que creen que Dios castigará a los inconformistas, infieles, no-creyentes, etc., como una convalidación de su propia fe.

En el 2012, la prueba del destino decidirá este asunto, y no tiene favoritos.

Prueba #2 — Tiempo (Darwinismo)

La visión Darwininista de la evolución suele usarse a menudo para describir cualquier proceso que se desarrolla poco a poco a un ritmo prodigioso, durante un largo período de tiempo. Por otro lado, en realidad destaca que, para considerar que una especie ha tenido éxito, debe sobrevivir la prueba del tiempo.

Un ejemplo de una especie que ha superado la prueba del tiempo son los árboles Coast Redwood que crecen a 8-75 km. del océano Pacífico, a lo largo de la costa del noroeste de América. Estos resistentes supervivientes datan de hace más de 150 millones de años. Hubo un tiempo en el que estas coníferas subtropicales eran las especies dominantes del hemisferio norte.

Crecen hasta unas alturas que superan los 91,44 metros, y un Redwood adulto consumirá 1893 litros de agua al día. Comparados genéticamente con los seres humanos, los árboles Redwood son los ganadores indiscutibles.

Cada célula humana contiene normalmente 23 pares de cromosomas, uno de cada padre, lo que hace un total de 46 cromosomas. Los Redwoods tienen 11 pares de cromosomas, de seis padres diferentes, ¡lo que hace un total de 66 cromosomas! Sólo lo supera una capilla para bodas en Las Vegas.

Mientras que pocos seres humanos viven para celebrar su 100 aniversario, los Redwoods pueden vivir 2200 años o más, y se reproducen de dos formas. Como las coníferas, las semillas en sus conos propagan la especie, pero también pueden hacer brotar nuevos árboles de su sistema de raíces en lo que se conoce como catedral.

Los Redwoods son diferentes de la mayoría de las especies de árboles, porque cada árbol interconecta sus raíces con otros Redwoods de su alrededor y comparte el agua y los nutrientes. Incluso puede encontrar Redwoods Albinos, que son blancos y que sólo se alimentan de los nutrientes aportados por los sistemas de raíces de los Redwoods cercanos.

De hecho, este sistema de conexión por las raíces es tan fuerte que, si estuviera de pie en medio de un bosque de Redwoods adultos durante un terremoto, tendría la sensación de estar saltando arriba y abajo en un trampolín. Este es el motivo por el que han resistido fácilmente los vaivenes y sacudidas de los terremotos naturales más fuertes de los últimos 150 millones años.

Igualmente, los Redwoods también mueren. Son derribados por tormentas, arden en los incendios o simplemente mueren de viejos. Cuando se caen, sus troncos rotos se convierten en nodrizas que alimentan una catedral en red de Redwood jóvenes, que a su vez brotan de la raíz en un círculo casi perfecto. No hay mucha prisa en crecer, ya que el registro de nodrizas aporta nutrientes de forma continua de nuevo a la tierra durante un periodo de unos 4000 años.

Los Redwoods han estado aquí desde hace al menos 85 millones de años, antes de que el impacto Chicxulub arrasara los dinosuarios hace unos 65 millones de años, lo que significa que sobrevivieron cada sobrevuelo del Planeta X y todas las catástrofes causadas por cada uno de esos sobrevuelos. En el año 2012, lo harán de nuevo.

Por lo tanto, en lugar de poner nuestra fe en las teorías y teologías evolutivas hechas por el hombre, tratemos de ser más como los Redwoods. Una especie que ha sobrevivido cómodamente a la prueba del tiempo por su diversidad genética, auto-sacrificio y colectividad.

Prueba #3 — Cataclismo (Catastrofismo):

Antes del Darwinismo y del uniformismo, el catastrofismo fue la creencia dominante de muchas culturas. Se utilizó para explicar la creación del mundo y la evolución de las especies. En términos de la ciencia moderna, hay tres hombres que destacan como proponentes del catastrofismo:

- **Georges Cuvier:** un anatomista y paleontólogo francés que fue el primero en proponer la *Teoría de la Catástrofe o Catastrofismo* a principios del siglo XIX. La teoría de Cuvier, más tarde, se vio ahogada por la teoría de Darwin de selección natural, aunque la teoría de Darwin nunca pasó por ninguna forma creíble de revisión seria.

- **Immanuel Velikovsky:** después de haber languidecido durante muchos años, el catastrofismo volvió a la luz en 1959 con la publicación de un libro que batió cifras históricas de ventas, "Mundos en Colisión" de Immanuel Velikovsky. Un respetado psiquiatra y psicoanalista. Argumentó que la Tierra había sufrido contactos cercanos catastróficos con otros planetas en la antigüedad. Muchas de estas teorías eran problemáticas, y la comunidad académica le ridiculizó. Sin embargo, su esfuerzo reintrodujo y volvió a darle fuerzas al catastrofismo como un concepto evolutivo.

- **Luis Álvarez:** En 1980, el catastrofismo volvió de repente cuando Luis Álvarez, un físico de descendencia española, publicó un artículo sobre el cráter de un impacto de 65 millones de años que localizó en Chicxulub en la península de Yucatán, México. Un impacto de tal magnitud, que prácticamente el 70% de todas las especies de la Tierra, incluidos los dinosaurios, quedaron extinguidos. Sus hallazgos fueron tan profundos que le concedieron el Premio Nobel.

Sin embargo, para poner el catastrofismo en un contexto realmente útil, pregunte a los astrónomos que están especializados en la detección de un Objeto Cercano a la Tierra (NEO) por lo que piensan a este respecto.

Le dirán inmediatamente que los registros geológicos de hace mucho tiempo nos muestran un patrón muy claro. Uno en el que las especies de este planeta han prosperado a través de largos períodos de quietud relativamente benigna, solo para fallar en un momento puntual de violencia física extrema.

Mientras la humanidad todavía tenía que completar la prueba del tiempo, o la prueba del destino para ese asunto, es obvio que hemos superado la prueba de la catástrofe. Lo peor que nos puede ocasionar el Planeta X es un reverso de los polos junto con una inundación global. Hemos estado ahí, lo hemos visto, lo hemos vivido, y hemos comprado todas las papeletas. Podemos, y lo superaremos de nuevo.

Por otro lado, muchas de nuestras propias invenciones intelectuales no han pasado esta prueba trascendental, incluidas muchas de las religiones más importantes del mundo, el capitalismo, comunismo, socialismo, y así sucesivamente.

Todas ellas nacieron con grandes esperanzas durante este período actual de quietud, y ninguna ha escapado a la corrupción interna. Así que, ¿quién puede decir cuál de ellas prevalecerá más allá de los sufrimientos venideros?

Para las que fallen, la evolución, y no la venganza de Dios, será la que finalmente les pase factura. Y una cosa es cierta; el triunfalismo menor de los sistemas de creencias actuales del hombre se perderá en la catástrofe que está por venir, si no por otra razón que por el puro cansancio.

Mientras miramos al 2012, sabemos que el próximo sobrevuelo del Planeta X volverá a modelar nuestro mundo de formas que todavía no comprendemos plenamente. Así que nos preguntamos, ¿qué será de nosotros?

Algo maravilloso.

¿Qué Será De Nosotros?

Uno puede invertir semanas, sino meses o años, estudiando las teorías de la evolución en libros de la nueva era y en páginas web en Internet. Tanto si hablan sobre las relaciones con Gaia (La Madre Tierra), intervención extraterrestre, el surgimiento de una nueva mentalidad ilustrada mundial o lo que sea, todas nos prometen que nos convertiremos en una especie más noble.

Cuando estos autores de la nueva era cierran sus ojos, ven un universo lleno de posibilidades. Otros tan sólo ven la parte posterior de sus párpados, como los productores de Hollywood. Sus almas están tan quemadas por su ascensión a toda costa por la escalera al éxito, que preferirían ver la creencia de un futuro más noble para la humanidad como un galimatías ingenuo.

Eso sí, hasta que puedan usarlo de algún modo para mejorar sus propias agendas. Cuando eso sucede, producen películas y programas de televisión que dicen las cosas correctas sobre un futuro más noble, pero parece que siempre omiten lo principal.

Sin embargo, si hay algo que resuena en su interior y no consigue llegar al punto, la pregunta entonces es cómo vamos de aquí a allí. La respuesta es que ese camino que nos conduce ahora al futuro se abrió hace mucho tiempo, en el pasado. Todo lo que tenemos que hacer es ignorar las distracciones inútiles y ser fieles a ese camino. ¡Debemos!

En circunstancias catastróficas, los entornos pueden cambiar repentinamente o desaparecer por completo. La clave por la que los Redwoods de la Costa han sobrevivido durante más de 150 millones de años. En la profundidad de su genoma se encuentran códigos genéticos durmientes o parcialmente durmientes, claves intemporales a su supervivencia como especie.

Cuando se produce una catástrofe global, las especies que poseen los rasgos para hacer frente a este tipo de fenómenos tienen muchas más posibilidades de sobrevivir. Nuestra especie no es diferente.

Genes Humanos para la Supervivencia de Catástrofes

En junio de 2000, el Proyecto Genoma Humano de los Estados Unidos publicó el proyecto de trabajo sobre la secuencia completa del genoma humano, y las implicaciones eran profundas. El mundo se vio sorprendido por el anuncio de que casi todos de los aproximadamente 30 000 genes del ADN humano habían sido codificados (es decir, identificados). Aunque 30 000 genes es un número que impresiona, ¡tan sólo representa un 1,5% a un 5% del ADN humano conocido!

Así que, ¿qué hay del ADN no codificado compuesto por el otro 95% a 98,5%? ¿Desempeña algún papel en hacernos seres sensibles? Tan sólo hace unos años, este ADN no codificado fue descartado como "ADN Basura" porque parecía que no tenía ninguna utilidad. Como el cinturón de Kuiper en el borde de nuestro sistema solar, se pensaba que eran los escombros de los restos de nuestra creación.

En los años siguientes, los genetistas descubrieron que este "ADN Basura" sin codificar, en realidad desempeña papeles importantes, que influyen directamente en los comportamientos de la codificación del ADN. ¿Cómo de importantes?

En esta nueva era de bio-manipulación comercial, literalmente estamos abriéndonos paso a través de peligros desconocidos. ¿Qué podría suceder si los investigadores combinaran genes extraños, normalmente benignos, y accidentalmente activaran una mutación genética monstruosa de ADN sin codificar que se escapara del laboratorio? Podría suceder, o quizás ya ha tenido lugar.

Quizás Robert Burns tenía razón al decir: "Los planes mejor trazados de los ratones y de los hombres a menudo se tuercen". Dicho esto, existe un agente más poderoso y persuasivo de manipulación genética: ¡nuestro Sol!

Radiación Solar y Longevidad

Un estudio americano reciente sobre longevidad genética, descubrió que las personas nacidas en diciembre tienen una ventaja de longevidad porque fueron concebidas en marzo.

Los embriones concebidos en marzo reciben niveles menores de radiación solar en el útero, lo que puede causar mutaciones leves en su ADN cuando son más susceptibles a ello. Por lo tanto, esta exposición menor asegura una longevidad mayor y menos mutaciones genéticas.

En el último trimestre que conduce al nacimiento en diciembre, el útero se ve expuesto a los niveles de radiación ultravioleta más bajos (UVR) de esa época del año. Esto marca la diferencia en cuanto a la longevidad porque se sabe que el UVR predispone a las personas a determinadas condiciones y enfermedades.

El tema aquí está en que existe una relación inequívoca entre los niveles elevados de radiación solar y las mutaciones genéticas en el útero.

Aumento de la Radiación Solar

En el 2003, científicos alemanes del Instituto Max Planck en Alemania, junto con científicos finlandeses de la Universidad de Oulu, publicaron sus descubrimientos.

Tras reconstruir la actividad de manchas solares de los últimos mil años, llegaron a la conclusión de que nuestro Sol ha permanecido en un estado "frenético" desde 1940.

Esta fecha del siglo XX es una clave esencial para revelar el enlace entre el 2012 y la evolución humana. Esto es debido a que los humanos del mañana ya se encuentran vivos en pequeños números. Los conocemos como los Niños Índigo.

El término "Índigo" describe el tono del aura (color de la energía de la vida) que rodea a un Índigo, pero esta no es la única característica medible. Un Índigo tendrá también una inteligencia IQ de genio, un indomable sentido de sí mismo, y una fuerte intuición psíquica. Nacido con un conocimiento natural de la cosas, enseguida presienten la bondad, compasión, mala intención y crisis en los demás.

Dentro de prácticamente cada uno de nosotros se encuentran las semillas sin codificar de los Índigos del mañana. Para el final de este siglo, surgirán en número suficiente como para quizás convertirse en los "mansos" de los que habló Jesús. Por ahora, su número es bastante pequeño, pero está aumentando de forma significativa.

Una Población Creciente de Índigos

Muchos investigadores Índigos y escritores, afirman que estos niños especiales sólo empezaron a aparecer durante los últimos 40 años, más o menos. Aunque estos investigadores y escritores son personas buenas y que se preocupan por los demás, no son Índigos, o más concretamente, no son Ancianos Índigos.

Si lo fueran, de forma intuitiva sabrían que la predisposición genética Índigo siempre ha estado en la mayoría de nosotros, profundamente enterrada en nuestro ADN sin codificar, donde aguarda un evento que la ponga en marcha o alinee.

Desde 1940, dos eventos poderosos de activación de mutación Índigo se han alineado ahora por primera vez en la historia de nuestra especie; la creciente radiación solar y el aumento de la población.

Como se ha mencionado anteriormente, existe una relación directa entre la radiación solar y las mutaciones genéticas en el útero, y nuestro Sol ha estado "frenético" desde 1940.

Con esa mitad de la alineación establecida, enfoquemos nuestra atención ahora en la otra mitad. En el proceso, uniremos esencialmente ambas hojas de lo que es una afilada tijera genética muy fuerte.

Índigos y el Crecimiento de la Población Global

En julio de 2007, más de 6,6 billones de personas caminan cada día por la Tierra, y este número seguirá aumentando hasta los 8-12 billones de almas para finales del siglo XIX, asumiendo que no suceda nada que revierta esta tendencia. En pocas palabras, hay más personas vivas hoy en día que nunca.

Esto se traduce en un aumento estadístico enorme de la creciente población global. Como resultado de ello aumentan las minorías hasta alcanzar un número que las hace visibles a la población en general.

Aunque los Índigos son visibles para los psíquicos, debido a sus auras de color púrpura, no hay una forma práctica para quienes forman parte de la población en general de determinar estos hallazgos subjetivos, paranormales. Existe, sin embargo, una forma empírica para nosotros de determinar las tendencias globales de la población Índigo. Es posible a través del criterio básico para determinar la tendencia Índigo: el IQ.

Si piensa que su hijo podría ser un Índigo, su primer paso no debe ser llevar a su hijo a un psíquico. En su lugar, haga que su hijo pase por una prueba de IQ, como las facilitadas por Mensa (mensa.org), una organización internacional para individuos con un alto nivel de IQ fundada en el Reino Unido en 1946.

Para poder formar parte de Mensa, necesita superar una prueba de inteligencia IQ (o superar una de las pruebas administrada por Mensa) y lograr un resultado que le clasifique dentro del 2% destacado de la población (Nota: los tres autores de este libro superaron la prueba y fueron admitidos en Mensa.)

Cuando se fundó Mensa, este 2% de la población del mundo equivalía a 45 millones de personas; cerca de la población total de hoy en día en Corea del Sur. Desde entonces, la población del mundo casi se ha duplicado, y esto ha creado un aumento estadístico enorme de los Índigos.

Para poner esto en perspectiva, miremos cuántos Mensans elegibles ha habido en el mundo desde el 1 A.D., hasta el anuncio en el año 2003 realizado por el Instituto Max Planck en Alemania de que nuestro Sol está "frenético".

Fecha E.C. (A.D.)	Población Global	Mensans Elegibles
1	150 millones	3 millones
1350	300 millones	6 millones
1700	600 millones	12 millones

Fecha E.C. (A.D.)	Población Global	Mensans Elegibles
1800	900 millones	18 millones
1900	1,6 billones	32 millones
1950	2,4 billones	48 millones
1985	5,0 billones	100 millones
2003	6,3 billones	126 millones

Sólo para permanecer en el lado conservador, asumamos que hoy en día sólo hay 100 millones de personas elegibles como Mensa. Pensemos que sólo el 2 por ciento de los elegibles como Mensans también son Índigos. El resultado es que, incluso siendo conservadores, podría haber cerca de 2 millones de Índigos en el mundo hoy en día.

En las décadas siguientes al 2012, habrá un gran número de nacimientos de Niños Índigo. Esto conlleva a una pregunta lógica: ¿cómo? Para responder esto tenemos que hacer unas palomitas de maíz.

Fenómeno de Población Palomitas de Maíz

Antes comentamos que la mayoría de nosotros somos portadores del código genético Índigo en nuestro ADN sin codificar. Este misterioso 98,5% de lo que somos, todavía desconcierta a los científicos.

Igualmente, vimos la relación entre la actividad solar y la mutación de genes en el útero. Así que para poder hacer una comparación, veamos nuestro Sol como el mayor microondas de la evolución y los genes de los no natos en los úteros de sus madres, como granos de ADN de maíz.

Hora de pulsar el botón de inicio:

- **Palomitas Precoces:** conforme la radiación empieza a calentar nuestro maíz, los granos con una mayor predisposición son los primeros en explotar. Su presencia se anuncia con pequeñas explosiones vacilantes, que se producen en pausas largas e irregulares. Cuando está listo, serán más fáciles de ver. Serán las explosiones más grandes y las palomitas más tiernas.

- **Palomitas Corrientes:** con el tiempo, escuchamos un aumento en el ritmo del número de palomitas precoces hasta que finalmente se produce un sonido continuo de explosiones de las palomitas. Son los típicos "pufs" que conforman el 90%, o más, de los resultados finales. No son tan mullidas como las primeras palomitas, pero son sabrosas, igualmente.

- **Palomitas Parciales Tardías:** después del aumento de las palomitas corrientes, viene el estruendo de los granos reacios. Normalmente terminan siendo las palomitas más pequeñas, con granos sin explotar mezcladas entre ellas. Si realmente tenemos ganas de un aperitivo, iremos por ellas.

- **Palomitas Sin Explotar:** cuando sacamos la bolsa de las palomitas de maíz del microondas, siempre nos encontramos con algunos granos que no han explotado. Podemos volverlos a meter hasta que se pongan como el carbón y la cocina quede irradiada, pero no explotarán nunca. Así es como son las cosas.

Ahora, apliquemos esta analogía de las palomitas a la evolución de los Índigos y de los humanos.

- **Palomitas Precoces:** son los Índigos precoces. Los genios iluminados, que a lo largo de la historia han aparecido de vez en cuando en beneficio de la humanidad. Después de que nuestro Sol empezara a comportarse de forma "frenética" en 1940, eso, además del aumento de la población, hizo que empezaran a aparecer más palomitas precoces. Esa rápida, suave aparición, que precede al aumento de las palomitas corrientes, comenzó después de la segunda guerra mundial.

- **Palomitas Crecientes:** en los años posteriores al 2012, después de que el mundo vuelva a una quietud pacífica, las personas del mundo empezarán a reconstruir y a repoblar. Los que estén en edad fértil, que hayan tenido que sobrevivir por sí mismos, habrán recibido una dosis mayor de radiación solar que los que hayan superado las catástrofes de forma segura en un búnker subterráneo. Sin embargo, incluso a esas profundidades, habrán recibido la radiación suficiente como para ocasionar el nacimiento de un pequeño, pero importante número de Índigos.

- **Palomitas Parciales Tardías:** la inanición será un problema, especialmente para las mujeres. Una preocupación real para las atletas, que entrenan para reducir su grasa corporal a tan sólo un pequeño porcentaje, es que sus ciclos menstruales suelen detenerse, y se convierten en estériles o sufren otras complicaciones graves. Muchas de las mujeres que sobrevivan el tormento, en los años siguientes tendrán problemas parecidos después del sobrevuelo.

- **Palomitas Sin Explotar:** este será un destino cruel para muchas parejas. Su ADN estará tan seriamente dañado que o bien no podrán engendrar hijos o lo que es todavía peor, sus hijos nacerán deformes, retrasados o con enfermedades terribles.

La tragedia del 2012 es que muchos padres sufrirán las penurias sólo para ver a sus hijos morir en el camino, y cuando la Tierra empiece a curarse, serán estériles. Sin embargo, en esos días, también habrá niños que vean cómo sus propios padres sufren un destino similar. Se encontrarán los unos a los otros, habrá amor, y se formará una familia, una vez más, porque realmente hay algo maravilloso por lo que vivir.

El Próximo Milenio de la Paz

Estos tiempos próximos de tormentos y evolución han sido pronosticados y profetizados hace mucho tiempo. Va a ser difícil, doloroso e inevitable, así que tenemos que aceptar el hecho de que nuestra próxima evolución no trata sobre elección.

Ninguno de nosotros tiene elección, incluidas las élites pudientes del mundo, que ven a cualquiera fuera de su círculo familiar como propiedades prescindibles. Incluso ellos no lo pueden detener, canalizar, cambiar, ni poseer.

Después del 2012, los sistemas financieros utilizados por estas élites egoístas ya no serán interesantes para un mundo con unos horizontes nuevos. Entonces, despojados de su verdadera fuente de poder y atracción, finalmente sabrán lo que es enfrentarse a un enemigo ellos mismos. Por lo tanto, ¿por qué perder el tiempo y las emociones luchando contra sus conspiraciones y cábalas? Ya son historias del pasado.

Más bien piense en la gloria de lo que será nuestro mundo después de que toda esta miseria haya venido y pasado, y será un mundo maravilloso. ¿Cómo será?

La esencia de lo que está por venir fue explicado con elocuencia por uno de los Índigos Ancianos más destacado que el mundo haya conocido jamás.

"Las antiguas apelaciones al chovinismo racial, sexual y religioso y al nacionalismo fanático están empezando a no funcionar. Se está desarrollando una nueva consciencia que ve la tierra como un organismo único y reconoce que un organismo en guerra con sí mismo está condenado al fracaso. Somos un planeta".

Cuando conoce a un Índigo, estas son las clases de reflexiones que escuchará. Eran las palabras del destacado astrónomo, Carl Sagan. Vienen en el capítulo final de su libro mejor vendido, *Cosmos*.

Él creía que somos los hijos vivos de estrellas muertas y que hemos nacido con un destino poderoso. No importa cuán difíciles se tornen las cosas, recuerde siempre:

- *Nosotros sobreviviremos.*
- *Nosotros evolucionaremos.*
- *Nosotros seremos imparables.*

Nos vemos después.

16

Construyendo un Futuro Star Trek

Según las traducciones de los textos de los antiguos sumerios de Zecharia Sitchin, la naturaleza siempre impulsaba la cadena alimentaria después de anteriores sobrevuelos de Nibiru (su nombre para el Planeta X.) Este es el motivo por el que aclamaban la llegada de este visitante celestial, incluso siendo conscientes de que traería el desastre.

Sabían que después, todo empezaría de nuevo, con mares llenos de peces y cosechas abundantes para alimentar sus cuerpos. También sabían que estos sobrevuelos fomentarían sus mentes y almas con avances tecnológicos y sociológicos importantes.

Cuando nos adentremos en este nuevo milenio, empezaremos desde cero, pero resurgiremos como el ave Fénix de sus cenizas. Las historias antiguas y el folclore nos cuentan muchas cosas, y los que sobrevivan los días que están por venir, se convertirán en los cimientos de toda una nueva encarnación de civilización humana. Una que tendrá un notable parecido a la visión de futuro de Gene Roddenberry, como expresó en su programa de televisión original Star Trek.

La Visión de Futuro de Roddenberry

Lo que convirtió a los televidentes de Star Trek en fans incondicionales, y dio lugar a una gran franquicia de películas y series de televisión, fue la visión igualitaria de la vida en el siglo XXIII de Roddenberry. Una que tuvo lugar después de un periodo post-apocalíptico confuso, en mitad del siglo XXI.

Los que hicieron que Star Trek se convirtiera en una parte importante de sus vidas, son creyentes y convierten los propósitos de la serie en realidades hoy en día.

En cuanto al resto, muchos querrían ver cómo algunas de las visiones del futuro de Roddenberry se hiciesen realidad hoy en día. Dentro de unos siglos a partir de ahora, cuando el dinero y todo el dolor que ha causado se haya eliminado por una especie unida, compasiva y que busca la paz.

De todos modos, ¿y cómo funciona un mundo sin dinero? Para muchos es un concepto difícil de adoptar. ¿Podría ser que Roddenberry sólo estaba inventando ideas lunáticas para atraer a los fanáticos idealistas? No. Fue su pureza de visión la que llamó nuestra atención a su visión del futuro, a pesar de que el camino entre el aquí y el allí, en el mejor de los casos, era oscuro.

La visión del futuro de Roddenberry fue correcta para esos tiempos. Es por esto que golpeó directamente en el *Zeitgeist* del proceso evolutivo en curso y alimentó la creación de la gigantesca franquicia de Star Trek. Por el contrario, su notable ausencia después de su muerte en 1991 explica por qué todo se salió del camino.

Después de su muerte, los abogados del estudio, administradores y contables, sustituyeron su visión del futuro con secuelas más acordes con las realidades cínicas de sus propias vidas. Incapaces de creer en una visión igualitaria del futuro, se presentaron con una fórmula impulsada con escenas de humanos del siglo XX, utilizando la magia del siglo XXIV para resolver los dilemas del siglo XIX.

Si bien esto le pareció sensato a quien había tomado las riendas del trabajo de Roddenberry, sólo resultó ser la ruina de Star Trek como una franquicia principal. Aunque ha desaparecido gran parte de la magia de Star Trek, la visión del futuro de Roddenberry permanece.

Lo único que falta es la manera de vincular el período post-apocalíptico que él visionó a mediados del siglo XXI a su visión igualitaria de un siglo XXIII ilustrado.

Gracias a nuestros conocimientos del 2012 y del Planeta X, ahora tenemos la primera mitad de ese vínculo entre el 2014 y el siglo XXIII. Para el 2014, lo peor habrá pasado, y veremos la renovación de la vida, ya que la Madre Naturaleza impulsa la cadena alimentaria y nos dota con un mundo rico en recursos.

El Impulso de la Cadena Alimentaria en el 2014

Cuando el Planeta X abandone el núcleo de nuestro sistema, el polvo volcánico de las erupciones provocadas por él empezarán a asentarse. Conforme esto suceda, los cielos negros rayados, con tonos de color naranja rojizo del 2012 al 2014 se verán reemplazados lentamente por un cielo menos amenazante.

Una vez que la ceniza finalmente se haya asentado sobre la tierra y en el fondo de los mares, las aguas empezarán a aclararse. Este es el momento en el que la vida empezará de nuevo, y sucederá con o sin nosotros. Esto es debido a que comenzará con el fitoplancton en la base de la cadena alimentaria de nuestro planeta.

El fitoplancton es responsable de la mayor parte de la regulación de los niveles de oxígeno y dióxido de carbono en nuestra atmósfera, y las enormes cantidades de hierro depositadas en nuestros océanos por las tormentas de meteoritos del Planeta X, en gran medida, estimularán su crecimiento.

Conforme crezcan, ayudarán a que la atmósfera se vaya limpiando, y con el tiempo, veremos nubes blancas aborregadas sobre un fondo azul. Cuando el cielo se aclare, las especies que viven del fitoplancton, como el krill, los camarones y las ballenas, aparecerán de nuevo.

El calentamiento global, provocado por el Planeta X, también empezará a disminuir. Esto es porque el fitoplancton convertirá las grandes cantidades excesivas de dióxido de carbono de nuestra biosfera en oxígeno, mientras almacenará carbono, convirtiéndolo en el azúcar que alimenta la vida. Esto hará que las temperaturas de la superficie disminuyan, lo que a su vez hará que los sistemas climáticos globales se estabilicen.

Sin la presión de los 6,6 billones de humanos hambrientos que alimentar, y con una abundancia nueva de fitoplancton en la base de la cadena alimentaria, los bancos de peces globales aumentarán de forma masiva. En pocos años, empezarán a darle a los supervivientes del 2012 una recompensa maravillosa de proteínas para alimentar sus vidas.

Igualmente, habrá una gran riqueza de recursos alimentarios en tierra. También aquí, la Madre Naturaleza reiniciará la cadena alimentaria donde una vez las grandes ciudades del hombre dominaban las zonas costeras de nuestros continentes.

Su arquitectura y carreteras habrán desaparecido como consecuencia de numerosas catástrofes, y el terreno accidentado que ha quedado, estará cubierto de cuerpos descompuestos de hombres y animales. Entre todo esto, habrá restos en descomposición de vida marina después de que los océanos retrocedan.

Todo esto se va a descomponer y liberará grandes cantidades de nitratos y minerales en el suelo, fertilizándolo. Conforme lo hagan, cualquier resto de sal marina que haya quedado en tierra se verá arrastrada de nuevo al mar por la lluvia de los nuevos sistemas climáticos estabilizados.

En medio de toda esta nueva abundancia, en el siglo XXIII descubriremos la segunda parte de nuestra relación entre el 2014 y la visión igualitaria de Gene Roddenberry. Será parecido a la visión del siglo XXI del futuro próximo expuesto por otro visionario brillante de nombre Jacque Fresco.

Más allá del Dinero, la Pobreza y la Guerra

Como Gene Roddenberry, el futurista de renombre mundial y fundador del proyecto Venus, Jacque Fresco también ve un futuro impulsado por la tecnología, donde nos esforzaremos por vivir los unos con los otros en armonía y paz.

A lo largo de su vida adulta, Fresco ha trabajado sin descanso para ofrecernos imágenes visuales y mentales de un mundo mejor. Imágenes que han inspirado a los verdaderos animadores que han creado imágenes futuristas creíbles para Star Trek, así como para numerosas otras películas de ciencia ficción y programas de televisión. Él es literalmente el hombre que inspira a quienes inspiran nuestra propia visión del futuro.

Lo que le impulsó a desempeñar este papel fue la Gran Depresión, que comenzó con la caída del Mercado de Valores en 1929. Como un hombre joven, vivió esta experiencia, pero nunca pudo comprender por qué tantas personas sufrieron unas dificultades tan terribles cuando el país era tan rico en recursos.

No es hasta hace bien poco que hemos conocido la verdad sobre cómo las familias banqueras de la élite causaron y manipularon la Gran Depresión para amasar fortunas incluso mayores, cuando consiguieron un control más estricto sobre el suministro del dinero de América.

El resultado es que el Banco de la Reserva Federal de América es propiedad de una red de bancos privados americanos, que a su vez son propiedad de bancos en el Reino Unido. Por consiguiente, los americanos ahora tienen una moneda sin valor y una deuda nacional que no podrá devolver nunca. Otros países sin lugar a dudas están pasando por una situación financiera similar.

El objetivo general de todas estas cábalas poderosas ha sido durante mucho tiempo un gobierno mundial único, de su propiedad, y controlado por ellos. Ellos aseguran a quienes hacen sus ofertas que su objetivo es noble. Quieren liberar a la humanidad del flagelo de la guerra, los mismos tipos de guerras que ellos financian.

Para conseguir esto, su plan es implantar un dispositivo de identificación por radio frecuencia (RFID), del tamaño de un grano de arroz, en cada cuerpo humano del planeta. Una vez completado, su control será total, y los gobiernos serán impotentes y desaparecerán.

Cuando suceda esto, apártese de la corriente general, y su vida dejará de funcionar. Su coche no arrancará, su cuenta bancaria y tarjetas de crédito serán inaccesibles, no podrá hacer la compra en el supermercado, ir al colegio, trabajar, y así sucesivamente. Eso sí, hasta que se "comporte".

Los países industrializados del mundo seguramente serán los primeros en ver la puesta en marcha de este futuro Orwelliano, ya que sus ciudadanos sentirán las agujas de las inyecciones que implantarán los dispositivos RFID en sus cuerpos.

Conseguir que las personas acepten estos dispositivos no será difícil. El hambre creciente, la escasez de petróleo y la creciente batalla por los recursos decrecientes será motivación suficiente.

Incluso los que estén haciendo cola para conseguir un tazón gratuito de sopa sentirán la aguja antes de poder echarse una cuchara a la boca. Así es como serán los difíciles tiempos que están por venir. Pero eso pasará, y después del 2014, las cosas empezarán a cambiar profundamente.

Después de 2014

En el 2014, la Madre Naturaleza impulsará la vida en este planeta. Al principio será lento, pero cuando vaya más deprisa, empezaremos a ver una abundancia en la pesca y en las tierras cultivables ricas en nutrientes. Habrá muchas menos bocas que alimentar.

La mayoría de los investigadores del Planeta X prevé una pérdida global de vida de aproximadamente un 50%, y muchos calculan que habrá cifras incluso más drásticas. El peor de los cálculos afirma que la humanidad se verá reducida hasta alcanzar una cifra parecida a la población global del I A.D., es decir unos 150 millones de personas. Como con la mayoría de las cosas, el resultado final probablemente se quede en un punto intermedio.

Los que sobrevivan, afrontarán un nuevo mundo lleno de recursos y tierras nuevas para un comienzo nuevo. Este es el momento en el que pasarán sus dedos sobre los implantes RFID que tienen en sus cuerpos. Pensarán en ellos del mismo modo en que se sentían los esclavos de África cuando se tocaban las cicatrices de sus cuerpos producidas por las cadenas y los látigos, y los supervivientes del Holocausto Nazi cuando se tocaban los números de serie tatuados en sus brazos.

Este es el momento en el que dirán "ya es suficiente", y la humanidad se desviará por un camino nuevo completamente diferente.

Una vez que los supervivientes del 2012 se liberen a sí mismos de las cadenas RFID, reemplazarán los modelos económicos fallidos de la primera revolución industrial, y su dependencia moderna sobre los implantes RFID, con economías basadas en recursos, con la próxima generación.

En esencia, los implantes RFID de nuestro futuro cercano, más tarde impulsarán un deseo global imparable de los supervivientes del 2012 a ser finalmente libres de los financieros Maquiavelistas y de sus mecanismos de esclavitud-deuda, de una vez por todas.

Así es que, ¿cómo será esta nueva libertad? Tan sólo mire a su alrededor, a los precursores que ya están moldeando nuestro mundo.

Un Vistazo a las Economías Basadas en Recursos del Futuro

En el "Capítulo 15, El 2012 como un Evento Evolutivo" vimos cómo los niños Índigo, de hoy en día, son los precursores de nuestra evolución de un hombre moderno en un hombre ilustrado. Lo mismo puede decirse de las economías basadas en los recursos que conducirán nuestro futuro posterior al 2014.

Para imaginarnos cómo será este futuro posterior al 2014, sólo hay que mirar al fenómeno de Códigos Fuentes Abiertos que hay en Internet.

Los Códigos Fuentes Abiertos surgieron del deseo de ser libres de los monopolios de la industria de programas de ordenadores, como Microsoft, y dio lugar a una nueva generación de programadores que creen que los programas son demasiado importantes para la humanidad como para estar monopolizados. ¡Deben ser libres!

El resultado es que pocos conocen a los héroes de los Códigos Fuentes Abiertos de este movimiento, como Richard Stallman de GNU y el inventor de Linux, Linus Torvalds. Con todo, no podríamos disfrutar de Internet sin ellos, como lo hacemos hoy en día. Esto es debido a que más de la mitad de Internet funciona gracias a equipos informáticos que ejecutan un software libre, contribuyendo a la mejora de la humanidad.

En un sentido muy real, Stallman y Torvalds son los pioneros de la economía de recursos de hoy en día, y su condición está creciendo más allá del mundo del software.

El Comercio Justo frente al Comercio Libre

En los últimos años, los aficionados al café han empezado a ver más opciones de comercio justo de café cuando visitan su cafetería favorita para tomarse un café solo o un café con leche. Lo que distingue el café de comercio justo del café de comercio libre es el respeto por la dignidad de la vida.

Las marcas de comercio libre no están libres de sufrimiento. Los granjeros que cultivan y cosechan los granos de café apenas reciben una miseria para subsistir por parte de los intermediarios. Su café nos ayuda a mantenernos despiertos hasta tarde para prepararnos un examen de la universidad, sin embargo ellos nunca podrán darles a sus hijos una modesta educación universitaria.

Con los acuerdos de comercio justo, los comercios participantes viajan donde se cultiva el café y llegan a sus propios acuerdos directamente con los granjeros.

Los granjeros reciben el precio del mercado por su café, pero sin intermediarios que se llevan todos los beneficios. El resultado es un comercio justo que lleva un aire de esperanza a estas pobres familias, que reciben mejores dietas, mejoran su asistencia sanitaria y sí, tienen la oportunidad que se merecen de llevar a sus hijos a la universidad.

Estos comerciantes de comercio justo están demostrando que ser "quien más tiene" no da derecho a explotar sin compasión a los que "tienen menos". Este concepto igualitario es puro estilo Roddenberry, e incluso hay más ejemplos.

No Todos Somos Entidades Financieras Chupa Sangre

Una página web sin ánimo de lucro, llamada Kiva.org, pone en contacto a personas de las sociedades industriales prósperas con personas de economías del tercer mundo de un modo humano único. Los créditos son sin intereses.

Suelen ser préstamos pequeños, de tan sólo unos cientos de euros, para emprendedores y negocios pequeños, como por ejemplo dinero para abrir un comercio de fruta y verdura, o para rehabilitar un supermercado familiar pequeño.

El tema aquí es que no todos somos magnates financieros chupa sangre, que intentan dominar el mundo en beneficio de sus propias familias. Sí, tenemos muchos chupa sangre de una forma y de otra, pero cuando el Planeta X sacrifique la manada, desaparecerán rápidamente.

Los que Tienen Mayor Probabilidad de Sobrevivir

El tipo de personas con mayor probabilidad para soportar las dificultades del Planeta X y del 2012 serán las personas como los que desarrollan los códigos fuentes abiertos, los comerciantes de comercio justo de café y los prestamistas sin intereses de hoy en día.

Esto es porque su amor por las personas y su respeto permanente por la dignidad de la vida les permitirá crear la clase de comunidades de supervivencia necesarias para afrontar las dificultades que están por venir.

Una vez haya pasado lo peor, y surjan para observar a la Madre Naturaleza reiniciar la cadena alimentaria, ellos y sus hijos Índigo serán los mansos que heredarán la Tierra.

En ese tiempo, habrá más recursos de los que nos podemos imaginar ahora. No habrá necesidad de juegos financieros obtusos de petróleo para asignar recursos escasos en beneficios de unos pocos. Más bien, comprenderemos la necesidad de manejar los recursos que haya disponibles para nosotros como buenos administradores.

Lo estamos haciendo ahora. Cada vez que ve una señal en el camino diciendo que un determinado grupo ha asumido la responsabilidad de mantenerlo libre de basura, está viendo buenos administradores. Cada vez que ve personas que aparecen el fin de semana en la playa para limpiarla, está viendo buenos administradores.

Para tener la esperanza que le hará superar las dificultades del 2012 y más allá, sólo tiene que mirarse a sí mismo. En todos nosotros, en números cada vez mayores, están las personas nuevas que "hacen las cosas".

El 2012 trata sobre mantenerse en ello por el bien de la especie. Manténgase firme a ello, y podrá afrontar lo peor que esté por venir, ya que esta simple creencia alimentará su vida con una esperanza ilimitada.

Somos una especie maravillosa con un destino noble que no se puede negar.

Nos vemos después.

Apéndice

"Vivimos en una sociedad exquisitamente dependiente de la ciencia y de la tecnología, en la que prácticamente nadie sabe nada de ciencia y de tecnología."
—*Carl Sagan (1934 – 1996)*

En los años siguientes al 2012, la Tierra será verde y preciosa una vez más, y la humanidad volverá, pero ¡ay!, de los que olviden las lecciones del 2012. Esto es porque el próximo sobrevuelo traerá una destrucción completa de la Tierra y de la vida que hay en ella.

Como una especie sensible, debemos utilizar plenamente este tiempo precioso para colonizar nuevas Tierras en la galaxia. Si nos hacemos perezosos y desaprovechamos esta última oportunidad, entonces debemos perecer todos juntos, y con razón.

Apéndice A — Análisis Técnico del Presagio

Conforme el Planeta X se aproxima al sistema Solar, habrá más señales de ello que serán visibles en todos los cuerpos celestes que lo componen. Desde el exterior, todos los planetas, sus lunas, y el Sol, se verán perturbados. Igualmente, los cometas se romperán, y podrán observarse otros fenómenos físicos misteriosos.

Visto todo en conjunto, estos eventos nos muestran que algo está influyendo en todo el sistema Solar desde el exterior hacia dentro. Todo ello se puede resumir en una sola causalidad, y el mejor candidato de ello es un cuerpo celeste en aproximación. Uno que está causando los cambios siguientes:

- Anomalías en el plasma, con un comportamiento extraño del plasma.
- Desordenado cambio de temperaturas.
- Erupciones Solares y anómala actividad solar.
- Perturbaciones orbitales de objetos en el sistema Solar.
- Efectos electromagnéticos, en y entre los objetos en el sistema Solar.
- Cambios atmosféricos y en el brillo de los cuerpos celestes en el sistema Solar.
- Agrupaciones de las órbitas de los cometas.
- Objetos Perdidos del cinturón de Kuiper (KBO).
- Incremento en la intensidad de los terremotos en la Tierra.

Anomalías del Plasma

El 19 de agosto de 2002, una corriente de plasma que emanaba del Sol fue lanzada hacia fuera. La reconstrucción de la dirección de esta corriente mostró que estaba siendo desviada hacia una región del espacio entre la constelaciones de Cetus, Eridanus y Fornax, justo debajo del Zodíaco, cerca de Tauro.

En junio de 2000, el cometa 76P/West-Kohoutek-Ikemura pasó cerca de Marte. De camino hacia su propia misión, el cometa Borrelly, la sonda espacial Space 1 observó el encuentro. En ese momento, la cámara C3 de LASCO (Coronógrafo de Gran Ángulo y Espectrómetro) en el SOHO (Observatorio Solar y de la Heliosfera) capturó el encuentro en el extremo de su campo de visión.

Una ampliación de la imagen de Marte y del cometa, el 4 de junio de 2011 a las 14:18 horas (UTC), mediante la cámara C3 del SOHO, mostró una imagen borrosa del planeta. Era obvio que había algún tipo de interacción entre ambos cuerpos.

En las imágenes de LASCO, 25 horas más tarde, el Cometa 76P parecía reaparecer por encima de Marte. Todavía más importante: reaparecería una línea horizontal alrededor de Marte como la que aparece alrededor de Venus.

Este tipo de líneas en las imágenes de la cámara son conocidas como "alas CCD." Se trata de artefactos de la imagen derivados de la saturación de los chips de la cámara CCD, el tamaño de las alas depende de la intensidad de la fuente de luz reflejada.

Cuanto más luminosa e intensa sea la fuente de luz, más extensas serán las líneas CCD. Venus es mucho más luminoso que Marte. Por lo tanto, Venus tiene una línea que se extiende mucho más lejos, pero Marte también suele tener una. Sin embargo, esta línea desapareció en el momento del sobrevuelo de 76P. El paso del cometa dejó todo el planeta borroso, disminuyendo su brillo por orden de magnitud.

Un mes antes del sobrevuelo de 76P a Marte, el 5 de mayo de 2000, tuvo lugar un alineamiento planetario poco habitual. Implicó cerca de 7 cuerpos celestes en el Sistema Solar (Sol, Luna, Mercurio, Venus, Marte, Júpiter y Saturno).

Para sorpresa de los científicos, la cola de plasma de Venus había alcanzado la Tierra; SOHO lo había detectado. Una cola de plasma planetario crea un camino de conducción para el viento solar si el Sol se encuentra activo. Esta observación muestra que la interacción entre el Sol y los planetas es más fuerte de lo previsto.

En 1997, el cometa Hale-Bopp cruzó el perihelio. Cuando el planeta volvía a salir del sistema Solar, se tomó una imagen en 1999 que mostró el cometa iluminado como una araña de fuego. Sus "patas de araña" eran erupciones eléctricas; se estaba produciendo una liberación de plasma. Esta era una prueba evidente de una interacción eléctrica del cometa con algo cercano.

Los Cambios de Temperatura

Las imágenes de radar tomadas de Mercurio han revelado la presencia de hielo. Con temperaturas que alcanzan los 450 grados centígrados en el lado de Mercurio situado frente al Sol, la presencia de hielo en cualquier parte del planeta es algo notable.

La temperatura en la superficie de una de las lunas más grandes de Neptuno, Tritón, ha aumentado aproximadamente en un 5%. Mientras tanto, la temperatura media de la superficie de Plutón ha subido 2 grados centígrados (3,6 degrees Fahrenheit). Según los científicos de la

MIT, no se trata de un cambio sutil que pueda ser atribuible a los patrones climáticos estacionales.

Erupciones Solares

Desde el comienzo del siglo XX, la actividad del Sol ha aumentado notablemente. El Sol ha empezado a emitir más energía de promedio. Los investigadores han descubierto que la energía emitida por el Sol aumentó varios cientos en el porcentaje a lo largo de varias décadas. Como resultado de ello, la Tierra recibe una cantidad extra de energía del Sol equivalente a 200 000 veces el consumo de energía de 2001 en la ciudad de Nueva York.

Además, desde 1940 se han observado más erupciones solares y más manchas solares intensas que en los últimos 1000 años. Según los científicos, el próximo ciclo solar será extremadamente intenso. Pero, ¿cómo de intenso?

La investigación muestra ahora que los picos en la actividad geomagnética indican la intensidad prevista del próximo ciclo solar. En consecuencia, se ha pronosticado que será uno de los peores ciclos solares de la historia desde que se comenzara a monitorear hace unos 400 años.

El próximo máximo solar tendrá lugar en el año 2012. Con esto en mente, tenga en cuenta los hechos siguientes sobre ciclos recientes y predicciones:

- El análisis estadístico ha conducido a la predicción de 160 manchas solares al día con una variación de un 25,30 % de mayor intensidad que en el momento pico del último ciclo en 2001-2002.

- 4 de cada 5 de los ciclos solares más intensos se registraron durante los últimos 50 años.

- Durante el pico Solar de 2001/2002, el 2 de abril de 2001, el Sol desató una erupción solar de clase X20+[9], superando cualquier erupción solar anterior en la historia.

- Una erupción solar que tuvo lugar el 4 de noviembre de 2003, superó literalmente la escala de intensidades de la NASA. La NASA fue incapaz de determinar su potencia exacta, pero se calculó que fue más fuerte que una clase X40. Para hacerse una idea de la intensidad de esta erupción solar: fue unas 40 000 veces más intensa que la actividad normal del Sol.

- Tres erupciones solares golpearon la atmósfera de la Tierra poco después del 28 de octubre de 2003: las erupciones del Sol tuvieron lugar con aproximadamente una semana de diferencia. La erupción del 4 de noviembre no estuvo dirigida hacia la Tierra. Las dos primeras erupciones, por el contrario, explosionaron en dirección a la misma región del cielo hacia la que se vieron desplazadas las corrientes de plasma del Sol de hace un año. Visto desde el Sol el 28 de octubre de 2003, la Tierra se encuentra en Tauro, justo encima de Cetus.

Perturbaciones en la Órbita de Planetas

Urano fue descubierto en 1781 por William Herschel, basado en las perturbaciones orbitales de Saturno. Las perturbaciones orbitales de Urano condujeron al descubrimiento de Neptuno en 1846 por Johann Galle.

Ambos, Urano y Neptuno fueron pronosticados a partir de la observación de las perturbaciones orbitales. Igualmente, las perturbaciones en las órbitas de Neptuno y de Urano indicaron que tenía que haber otro cuerpo celeste más allá de ellos. El misterioso Planeta X, donde la X significa el planeta desconocido. Y no el décimo planeta.

En 1930, Clyde Tombaugh descubrió Plutón durante su búsqueda del Planeta X. Más pequeño que nuestra propia luna, Plutón carecía de la masa necesaria para causar las perturbaciones orbitales de Urano y de Neptuno. Desde entonces ha sido degradado al estado de planeta enano.

Dado que Plutón no explica las perturbaciones en la órbita del Planeta X, las explicaciones que suelen oírse más a menudo son:

- **Las Mates Estaban Equivocadas:** Para empezar, los cálculos orbitales de Urano y Neptuno estaban equivocados. De ser así, ¿cómo pudo permanecer por descubrir un error de cálculo tan monstruoso durante gran parte de dos siglos? Un escenario de descrédito poco probable.

- **Plutón Consigue una Mala Reputación:** otros sostienen que Plutón sí que tiene la masa suficiente como para causar las perturbaciones orbitales de Urano y de Neptuno. Un dato pasado por alto por más de 70 años de cálculos erróneos. Sin embargo, esta explicación es físicamente imposible, ya que Plutón, que es significativamente más pequeño que nuestra propia luna, simplemente carece de la masa necesaria.

Podría ser difícil de creer que la gravedad de un cuerpo mayor que Júpiter provocara las perturbaciones orbitales de Saturno, Urano y Neptuno hace cerca de dos siglos. No habría pasado desapercibido a lo largo del siglo XX con todo el mundo buscándolo ahí fuera. Pero algo debe ser el responsable de las perturbaciones orbitales que han conducido al descubrimiento de Plutón.

Hay muchas pistas que indican que debe haber algo grande ahí fuera en un lugar en concreto, ya que podemos verlo observando las órbitas de los planetas. Mirando desde el Sol, la posición probable del Planeta X, según los parámetros orbitales que se manifiestan en el "Capítulo 2 — Pronóstico del Planeta X hasta el 2014," es la región entre las constelaciones de Cetus, Eridanus y Fornax.

El 1 de julio de 1846, Urano fue localizado prácticamente justo encima de esta región del cielo. Saturno y Neptuno, en ese momento se encontraban en la constelación de Acuario. Neptuno estaba bastante cerca de esta región del cielo entre Cetus, Eridanus y Fornax en el momento de su descubrimiento; alcanzó esta región unos 25 años más tarde, en 1871. Plutón mientras tanto estaba llegando al punto más bajo de su órbita, que se encuentra en la constelación de Cetus.

La inclinación en las órbitas de ambos, Urano y Neptuno con respecto al plano de la elíptica, se encuentra casi en la misma dirección que la inclinación en la órbita de Plutón. Las órbitas más amplias parecen tener una inclinación más fuerte. Neptuno entra por debajo del plano de la elíptica en Capricornio y aparece de nuevo encima, en Cáncer. El punto más bajo de la órbita de Neptuno se encuentra en Aries. Urano entra debajo de la elíptica en Escorpio/Sagitario y vuelve de nuevo en Tauro/Géminis. El punto más bajo de la órbita de Urano se encuentra en Piscis, también encima de la región de las tres constelaciones.

El Manual de Física y Química [1] facilita ángulos de inclinación de la órbita en grados:

- 17.15 (Plutón),
- 1.77 (Neptuno),
- 0.77 (Urano),
- 2.49 (Saturno),
- 1.31 (Júpiter), todas las inclinaciones prácticamente en la misma dirección.

La masa no es el factor principal en la inclinación orbital: Neptuno es un 17 % más pesado que Urano, pero Neptuno está más inclinado que Urano. Saturno y Júpiter tienen una inclinación en la misma dirección general. Sus órbitas están inclinadas con más fuerza, nuevamente, que Urano.

Un planeta o estrella fallida, con una masa un par de veces la masa de Júpiter, acercándose periódicamente desde la región situada entre Cetrus, Eridanus y Fornax facilitaría una causa común para las inclinaciones en las órbitas de cinco planetas, dependiendo sólo de su tiempo de exposición a esta influencia. El empuje de este cuerpo celeste, que pasa de forma relativamente lenta y cerca, a intervalos regulares, inclinaría suavemente el plano orbital en pasajes múltiples.

Los cuatro planetas interiores tienen ángulos de inclinación en diferentes direcciones. Hay un efecto más aleatorio influyéndoles, posiblemente debido al hecho de que, mientras que el Planeta X se encuentra dentro de su distancia orbital alrededor del Sol, ellos completan una o más órbitas alrededor del Sol, por lo tanto su presión sobre ellos no es una constante.

Efectos Electromagnéticos

Se ha descubierto y estudiado una variedad de fenómenos electromagnéticos en el sistema solar durante la última década. El siglo pasado ha demostrado un incremento en estos efectos, y en su intensidad, y algunos de estos fenómenos están desconcertando a los científicos. Como consecuencia de ello, no tienen la menor idea de cómo explicarlos. A continuación, mencionamos algunos de los que todavía están esperando una explicación que tenga algún sentido.

El campo magnético exterior del Sol se ha más que triplicado desde el año 1900. Este aumento fue ampliamente informado en el año 2000. La doctora Judith Lean, del Laboratorio de Investigación Naval, ofreció una ponencia sobre este tema en la Asamblea General de la IAU, la Unión Astronómica Internacional, en el año 2000. Hasta ahora, no se ha encontrado una explicación sobre este aumento que encaje con la actividad "periódica regular".

Una característica intrigante en Marte es su Valles Marineris. Este cañón empequeñece el Gran Cañón que hay en la Tierra. Tiene 4000 kilómetros de largo, hasta 600 kilómetros de ancho, y en algunas zonas, una profundidad de 10 kilómetros. Visto desde el espacio, parece como si una chispa eléctrica enorme golpeara la superficie de Marte y lo esculpiera sobre la superficie del planeta.

El 25 de noviembre de 2022, se registró una anomalía en el índice del campo magnético Kp. El índice Kp se utiliza para medir el nivel de perturbación en la magnetosfera de la Tierra causado por fuerzas externas. Este índice se salió de la escala en esa fecha. Un pico intenso de actividad solar tendría que haberlo provocado, indicando erupciones solares de clase M o incluso de clase X. Sin embargo, no lo hizo y el gráfico parece que indicaba un fallo en el sistema.

Un día más tarde, el 26 de noviembre de 2002, el grupo ELFRAD (Investigación de Onda Extremadamente Baja y Desarrollo) publicó un gráfico que había sido registrado el 24 de noviembre. El gráfico mostraba lo que parecía indicar que algún tipo de onda de gravedad había golpeado la Tierra. La onda tiene una longitud de onda de aproximadamente 4,38 UA; su origen continua siendo desconocido. Sin embargo, por unas horas, coincidió con el pico del índice Kp registrado por NOAA.

Cambios Atmosféricos y de Luminosidad

Parece que todos los planetas están mostrando un aumento en su luminosidad, así como experimentando cambios en su atmósfera que desafían toda explicación mediante las teorías con las que contamos hoy en día. Más abajo mencionamos un listado de algunas de las más destacadas en nuestros sistema solar; la mayoría de ellas sigue sin ser explicada.

La cantidad de sulfuro hallado en la atmósfera de Venus ha disminuido de forma "alarmante" entre 1979 y 1983. En ese momento, una erupción volcánica gigante se ha utilizado para justificar el elevado nivel inicial de sulfuro; que parece haber tenido lugar justo antes de la primera medición en 1978.

La luminosidad nocturna del aire en Venus aumentó su magnitud en varios grados entre 1975 y 2001. Contiene niveles elevados de oxígeno. Estos niveles de oxígeno en la atmósfera de Venus no se habían detectado anteriormente.

Durante el verano de 2001, se registró una tormenta violenta en Marte. Marte suele tener una actividad de tormentas de arena de forma regular, pero raramente se había observado una tormenta tan violenta y duradera como la de 2001. En su momento pico, la tormenta envolvió todo el planeta, y duró varios meses, sin parar. En agosto de 2003, la NASA informaba que el hielo polar en Marte se estaba deshelando a un ritmo creciente. NASA explicó que se trataba de un efecto estacional. Sin embargo, algunos investigadores independientes dudan de este informe.

En Júpiter, la gran Mancha Roja, una estructura de superhuracán más grande que la Tierra, está disminuyendo rápidamente. Al ritmo actual, la Mancha Roja ya no existirá de aquí a medio siglo. Además de la aurora y de la Mancha Roja, la atmósfera de Júpiter también está cambiando rápidamente.

Los óvalos blancos en las latitudes medias de Júpiter están desapareciendo rápidamente, y se están produciendo fuertes emisiones de rayos-X en los polos geográficos de Júpiter. En agosto de 2003, se informó acerca de un punto caliente cerca del Polo Norte de Júpiter. Este punto caliente estaba emitiendo rayos-X. Parecía más bien como una aurora emitiendo cantidades enormes de energía. Por el momento, no se ha producido una respuesta definitiva sobre lo que está produciendo este fenómeno.

La principal y única erupción volcánica registrada en la historia en cualquier lugar del sistema Solar se produjo en la luna de Júpiter, Io, en febrero de 2001. No fue hasta noviembre de 2002 que la NASA completó los datos del análisis de este evento.

La causa de la actividad volcánica en Io es difícil de determinar. Existe una posible causa en el doble pico del máximo solar de 2001 que afectó a Júpiter. Y Júpiter, a su vez, afecta a Io a través de su intenso campo electromagnético. Mientras tanto, la actividad de auroras en Ganímedes, otra luna, se ha más que doblado.

Ambos, Júpiter y Saturno apenas emiten 90 Megavatios de energía de rayos-X. Júpiter tiene anillos de aurora en combinación con puntos polares calientes. Saturno sólo tiene anillos de aurora. Algunos atribuyen las emisiones de ambos planetas como un reflejo de los rayos-X solares, dado que el espectro de los rayos-X es muy similar al del Sol.

No es posible que la radiación de ambos sea totalmente por reflexión, porque Júpiter orbita a tan "sólo" 5,2 UA del Sol, mientras que Saturno orbita a una distancia mayor de 9,5 UA del Sol. Además, Júpiter es mucho más grande que Saturno, 143 000 km en comparación con los 120 000 km del otro. Debido a esto, la superficie visible de Júpiter desde el Sol es 1.4 veces mayor que Saturno a una distancia igual, pero Saturno orbita casi al doble de distancia del Sol.

Por lo tanto, la superficie efectiva de Júpiter reflectando la radiación entrante del Sol es mayor que el doble del tamaño de la de Saturno. Debido a que la cantidad de radiación solar a través de un ángulo sólido es constante, la energía reflejada por Júpiter tendría que ser al menos el doble que la de Saturno. O, Saturno debería ser 50 veces tan reflexivo con los rayos-X como lo es la Luna para que la cantidad de radiación que nos devuelve sea destacable. Tendría que parecerse a una esfera de cristal pulido para superar la reflexión de rayos-X que tiene la Luna. Por lo tanto, un factor 50 veces más reflexivo para los rayos-X es imposible. Tiene que haber otra fuente de radiación de rayos-X, además de la reflexión.

En 1986, el Voyager 2 pasó cerca de Urano y no vio ninguna característica significativa en la superficie del planeta. En 1996, el Telescopio Espacial Hubble fotografió grandes formaciones de nubes que no estaban ahí una década antes. En un principio, estas formaciones de nubes fueron atribuidas a cambios estacionales. Una estación en Urano tiene una duración de unos 21 años en la Tierra.

Sin embargo, no existe la cantidad de energía suficiente en la atmósfera de Urano como para formar este tipo de nubes tan rápidamente. En el año 2000 se vieron las nubes más brillantes nunca vistas en Urano. El cambio desde 1996 ha sido demasiado rápido como para formar parte de un patrón climático normal, según los investigadores. Alguna fuente de energía adicional debió ser la responsable de aportar la energía extra.

El aumento de la luminosidad de Neptuno es incluso mayor que el aumento de la luminosidad visto en Urano. En Neptuno se produjo un aumento de su luminosidad en tan sólo 6 años, entre 1996 y 2002. La emisión de luz azul de Neptuno aumentó en más de un 3%, de luz roja en más de un 5%, y de luz infrarroja hasta en un 40%.

Conclusión final: Neptuno se está calentando a un ritmo incluso mayor que Urano, a pesar de que Neptuno se encuentra 11 UA más lejos del Sol que Urano. Por lo tanto, el Sol probablemente no sea la causa principal del intenso calentamiento global que sufre Neptuno. Esto implica una fuente adicional, desconocida, del calor suministrado a Neptuno.

En una ocasión, Neptuno mostró un gran punto oscuro donde se encontraba un huracán en su densa atmósfera de gas. Las imágenes de Neptuno, realizadas por el Hubble después del Voyager 2 en 1989, mostraron que esta gran mancha oscura había desaparecido y que había aparecido otra, en una localización completamente diferente del planeta.

La desaparición de una tormenta desde 1989 y la aparición de otra, no pueden ser cambios estacionales. Una estación en Neptuno tiene una duración de 41 años en la Tierra. Como nota aparte, comentar que la presión atmosférica de la luna de Neptuno, Tritón, aumentó más del doble entre 1989 y 1998.

Entre 1979 y 1999, Plutón estuvo más cerca del Sol que Neptuno y llegó al perihelio en 1989. Desde entonces, su presión atmosférica ha aumentado en más de un 300%. Según los científicos, también esta cifra es demasiado alta para atribuirla sólo a un cambio estacional.

Perturbaciones en la órbita de Cometas

No sólo los planetas del sistema solar están sujetos a cambios crecientes. Otros cuerpos celestes que se encuentran, o que pasan por nuestro sistema solar, también están dando muestras de comportamientos anómalos.

Apéndice A — Análisis Técnico del Presagio **265**

En junio de 2000, el cometa 76P/West-Kohoutek-Ikemura o 76P pasó detrás de Marte y desapareció después. No se han obtenido imágenes fidedignas del cometa 76P después de su sobrevuelo en junio de 2000 tras superar a Marte.

De hecho, no se ha publicado ninguna imagen del cometa 76P o de las lunas de Marte desde ese sobrevuelo. En su lugar, se volvieron a publicar varias veces las imágenes antiguas de Marte y de sus lunas. Según alegaban los que las publicaban, se trataba de material nuevo, pero se demostró de manera concluyente que estas imágenes habían sido publicadas antes del sobrevuelo de 76P pasando a Marte.

Hubo otro paso de un cometa en el año 2000. En julio de 2000, el cometa C/1999 S4 se desintegró en su paso por el plano de la elíptica. Como consecuencia de ello, la investigación de los cometas ha conducido a afirmar que un cuerpo pesado debe estar orbitando al Sol en algún lugar de los confines de la nube de Oort interior o del cinturón de Kuiper.

Estadísticamente significativo, existen anomalías correlacionadas en las direcciones de afelio, distancias de perihelio y energías de los cometas. Ello sugiere que una enana marrón, 2-3 veces la masa de Júpiter, está orbitando a 25 000 UA.

Esta conclusión se basa en el análisis estadístico de las observaciones, que sugieren la reagrupación de las órbitas de los cometas, o mas bien de su afelio a lo largo del camino a través del extremo exterior del sistema solar. La reagrupación indica que un objeto está empujando a través del cinturón de Kuiper, o incluso desde más lejos en la nube de Oort, lanzando los cometas hacia dentro, en dirección al Sol.

Los astrónomos Matese, Whitman y Whitmire explicaron en 1999 que sus observaciones sugerían que hay un gran cuerpo perturbando desde la nube de Oort, y enviando cometas hacia el interior del sistema solar siguiendo un patrón no aleatorio. En el abstracto que publicaron afirman que: "Aproximadamente el 25% de los 82 cometas nuevos de clase I de la nube de Oort, tienen una distribución anómala de sus elementos orbitales, lo que puede entenderse si vinculado a ellos existe un perturbador en la nube de Oort exterior".

En 1984, Davis, Hut y Muller sugirieron la existencia de una enana marrón llamada Némesis, como la causa de las extinciones periódicas masivas que tenían lugar en la Tierra cada 26 millones de años. Esta enana marrón pasa a través de una región más densa de la nube de Oort cada 26 millones de años y envía millones de cometas hacia el interior del sistema Solar.

En octubre de 1999, el Dr. John Murray de la Universidad Abierta del Reino Unido afirmó que él creía que un planeta sin descubrir del tamaño de Júpiter orbita al Sol aproximadamente a 30 000 UA. Durante sus estudios de las regiones exteriores del sistema Solar, observó anomalías en las órbitas de los cometas distantes. Una explicación posible de su observación consiste en que un cuerpo celeste de gran tamaño las esté causando.

OCK Desaparecido

Alrededor de la región planetaria del sistema solar, hay una región que contiene miles de millones de rocas más pequeñas, muchas de ellas cubiertas por hielo. Este disco se conoce como cinturón de Edgeworth-Kuiper, dicho más corto; el cinturón de Kuiper. Una región de asteroides con forma de disco que se extiende hacia una concha de cometas de hielo que envuelve el sistema solar. Esta concha alrededor de todo el sistema, contiene billones de cometas helados, y se conoce como la nube de Oort.

Los astrónomos han descubierto una discontinuidad o vacío en el cinturón de Kuiper. Este Vacío en el cinturón de Kuiper o Cliff en el cinturón de Kuiper se sitúa entre 70 UA y aproximadamente 350-400 UA del Sol. Esta región se encuentra prácticamente libre de objetos. Además, existen unas agrupaciones o bandas de OCK (Objetos del cinturón de Kuiper) con objetos de densidad aumentada.

Estos OCK se encuentran en proporciones fijas de órbitas alrededor del Sol, tal y como describe la Ley de Titius-Bode. El único planeta que no cumple esta ley es Neptuno. Todos los demás lo siguen dentro de los porcentajes, y lo mismo sucede con el cinturón de Asteroides entre Marte y Júpiter. No hay ninguna explicación teórica para esta ordenación de las órbitas en nuestro sistema solar; se trata de una ley empírica.

El cinturón de asteroides, o bien utilizado para formar un planeta, o nunca consiguió formar un planeta debido a los efectos gravitatorios de Júpiter. Se calcula que la masa total del cinturón de asteroides entre Marte y Júpiter es de aproximadamente el 4% de la masa de nuestra Luna, lo que lo convertiría en un planeta muy pequeño (tan sólo ~900-1000 km de diámetro). Parece bastante realista pensar que ningún planeta se podría formar ahí, debido a la influencia de Júpiter.

Los científicos piensan que los cinturones de asteroides en el extremo exterior del sistema solar están ordenados por la resonancia de la órbita de Neptuno. Esto significa que sus proporciones en las órbitas son proporciones integradas con la de Neptuno. Las observaciones han mostrado concentraciones de densidad de los OCK de unas 2:3, unas 4:7, unas 1:2, unas 2:5, etc., siendo la base (1:1) la distancia de Neptuno con el Sol.

Sin embargo, más allá de 67 UA, la distancia de 2003 UB313, o Eris/Xena, apenas hay OCK hasta mucho más allá de 350 UA del Sol. Eris, que es ligeramente más grande que Plutón, tiene una órbita excéntrica (excentricidad 0.44) y una fuerte inclinación en su órbita (44 grados). Sedna es el OCK más grande.

Según la teoría, deberían haberse descubierto un gran número de OCK, sin embargo, el 99% de la masa pronosticada no se ha encontrado. Algo debe haber arrastrado fuera a estos OCK. Una distancia de 350 a 500 UA corresponde con el afelio de una órbita elíptica de 3660 años de un objeto pesado orbitando al Sol. El objeto se llama Planeta X.

Incremento en la Intensidad de Terremotos en la Tierra

Miles de veces a lo largo del día, los terremotos azotan la corteza de la Tierra. La gran mayoría de estos terremotos nunca llegan a ser registrados por un sismógrafo, ni tampoco son sentidos por la población. O bien son demasiado remotos para que los sienta alguien, o son demasiado débiles como para aparecer en alguno de los miles de instrumentos sísmicos que usamos en el mundo.

En un nivel más global, existe una organizada llamada USGS (Servicio Geológico de Estados Unidos). El USGS es el organismo que predomina en el seguimiento de los terremotos y estudia su comportamiento; el USGS recoge información estadística de todos los terremotos que se producen en el mundo.

Estas cifras no dicen mucho de su historia si sólo están incluidas en una tabla. Es mucho más fácil comprobar las tendencias cuando se miran los números de una tabla y se pasan a gráficos. Estos gráficos pueden mostrar una posible tendencia a lo largo del tiempo en el número de terremotos, por ejemplo por categoría de magnitud, de esta manera muestran tendencias que en principio, no destacan cuando sólo se mira la tabla.

Número de Terremotos en el Mundo de 1998 – 2007 hasta el 3 de julio de 2007

Registrados por el Servicio Nacional de Geología -Centro de Información sobre Terremotos

Magnitud	1998	1999	2000	2001	2002	2003	2004	2005	2006	2007
8.0 a 9.9	2	0	1	1	0	1	2	1	1	2
7.0 a 7.9	14	23	14	15	13	14	14	10	10	2
6.0 a 6.9	113	123	158	126	130	140	141	142	132	79
5.0 a 5.9	979	1106	1345	1243	1218	1203	1515	1694	1483	776
4.0 a 4.9	7303	7042	8045	8084	8584	8462	10888	13920	13069	5690
3.0 a 3.9	5945	5521	4784	6151	7005	7624	7932	9185	9953	4233
2.0 a 2.9	4091	4201	3758	4162	6419	7727	6316	4636	4016	1536
1.0 a 1.9	805	715	1026	944	1137	2506	1344	26	19	23
0.1 a 0.9	10	5	5	1	10	134	103	0	2	0
Sin magnitud	2426	2096	3120	2938	2937	3608	2939	865	849	911
Total	21688	20832	22256	23665	27453	31419	31194	30479	29534	13252

El número total de terremotos registrados cada año ha aumentado gradualmente desde unos 22 000 en 1998, hasta más de 30 000 en el año 2005. Después del 2005, el número total parece haber disminuido nuevamente. Cuando examinamos los números más de cerca, parece como si el aumento consistiera en un incremento en el número de terremotos más fuertes.

Sabemos que la mejora en las técnicas de detección probablemente contribuya al aumento en los números estadísticos de los terremotos que registramos; podemos detectar más terremotos. Sin embargo, las técnicas mejoradas de detección de terremotos no explican los picos que vemos en el número de terremotos dentro de los rangos de magnitud; picos que han tenido lugar o que están empezando a ocurrir.

Desde 1998, los picos en los números han cambiado a rangos de magnitudes más altas prácticamente cada año. El desarrollo de los números dentro de los rangos de magnitud no va en paralelo al desarrollo de los números generales.

Es interesante saber lo que el USGS tiene que decir al respecto, cuando tantas personas en el mundo han preguntado esta misma pregunta. ¿Están aumentado los terremotos a nivel global? La respuesta que facilita el USGS es: no. No están aumentado.

Atribuyen el aumento en los números que se han registrado, principalmente debido a la mejora de las técnicas de detección de terremotos. A pesar de que la detección obviamente también desempeña su papel, esta explicación no puede cubrir todo el aumento. No hace alusión al aumento de la intensidad que podemos ver.

Y está ahí; si miramos las estadísticas desde un punto de vista diferente, veremos por qué la respuesta del USGS no puede contestar toda la historia. Cuando normalizamos las estadísticas por año con sus números totales, tomamos el número total de terremotos fuera de la ecuación. Al sacar el número total fuera de la perspectiva, también sacamos las técnicas de detección fuera de la ecuación.

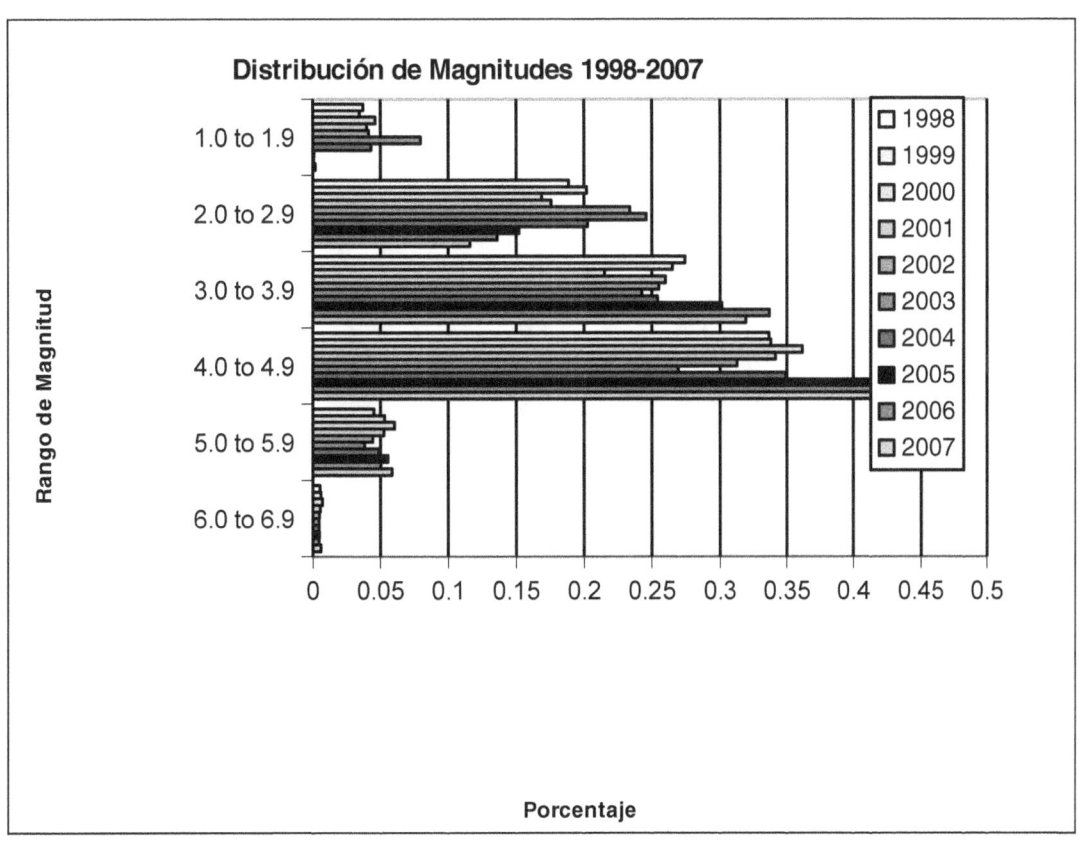

Se puede observar un cambio hacia una magnitud mayor. Por cada año y cada rango de magnitud multiplicamos el número de terremotos registrados por la intensidad media de ese rango, y entonces dividimos la suma de estos números por el número total de terremotos de ese año. Unos ejemplos numéricos explicarán lo que significa esto: la media entre 8 y 9.9 es 9; 1 vez 9 equivale a 9; la media entre 7.0 y 7.9 es 7.5; 14 veces 7.5 equivale a 105.

Estos valores los sumamos por año para todos los rangos de magnitud y dividimos esta suma por el número total de terremotos del año. Llamamos al resultado de este cálculo un valor promedio; el gráfico en barras muestra los resultados por año. Este valor promedio muestra un desarrollo interesante. Muestra un fuerte incremento después de 2003 y comienza a disminuir de nuevo en 2007.

El gráfico siguiente muestra el valor promedio de la intensidad de los terremotos, incluyendo terremotos "sin magnitud".

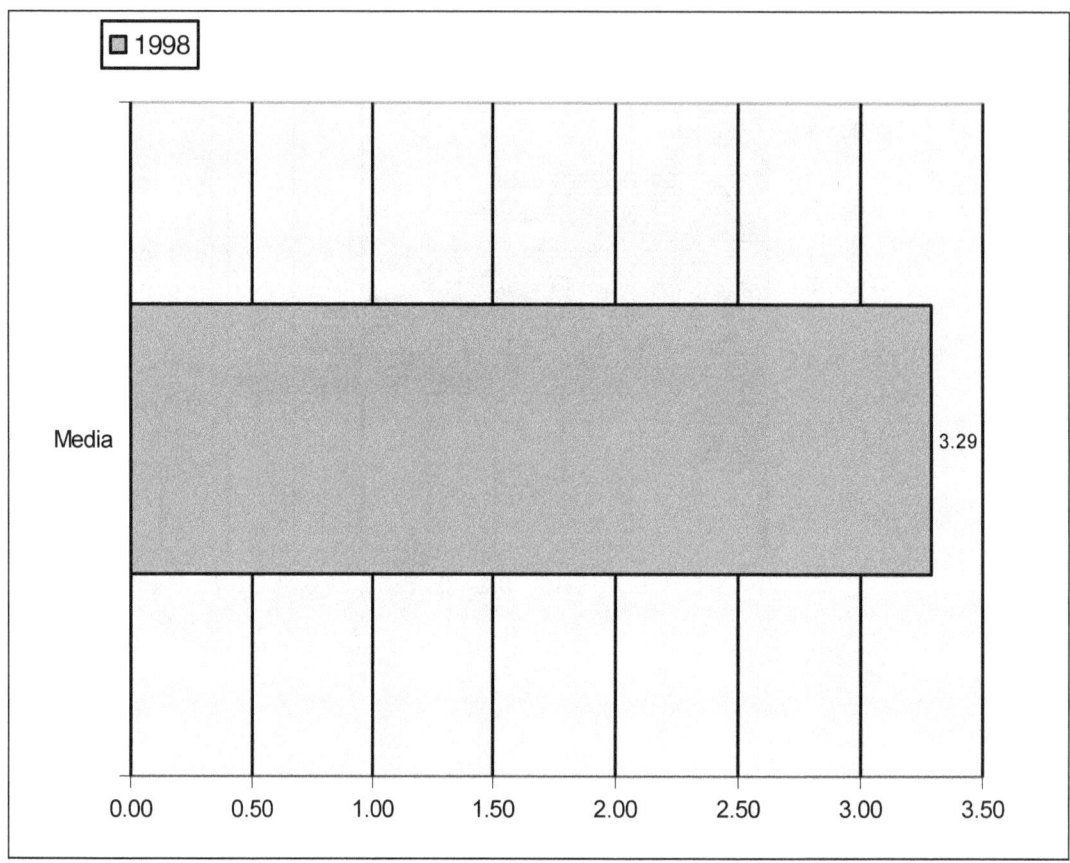

Existe, sin embargo, una parte de la tabla estadística de terremotos que manipula el resultado de la media de magnitud, lo disminuye. Se trata de la categoría "sin magnitud". Los terremotos en esta categoría añaden cero a la suma total de magnitud, pero la suma se dividirá por un número de terremotos mayor, disminuyendo el cálculo de la media de magnitud. Si dejamos esta categoría "sin magnitud" fuera de los cálculos del valor promedio, entonces obtenemos una perspectiva diferente.

Aunque el aumento relativo en la media de la magnitud no es tan fuerte, no disminuye en 2007, por el contrario ¡sigue aumentando! Algo ha causado que los terremotos sigan aumentando continuamente su intensidad desde 2003.

Cuando se vuelve a calcular el valor promedio de la intensidad de los terremotos de arriba, sin los datos de terremotos "sin magnitud", entonces se obtiene una perspectiva muy diferente.

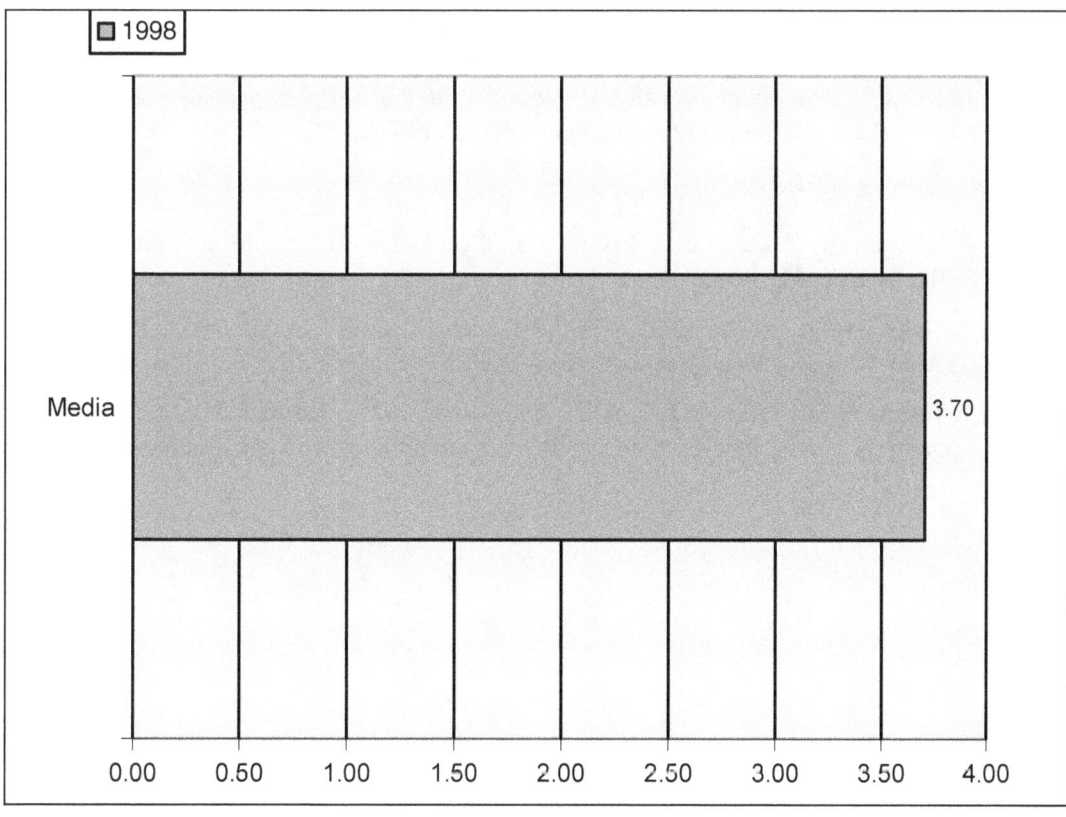

La magnitud de los terremotos se mide mediante una escala logarítmica. Un terremoto de 5.0 es diez veces más fuerte que un terremoto de 4.0 en términos de movimiento de tierra, y un terremoto de 6.0 es 100 veces más fuerte. El aumento de energía con la magnitud es incluso más fuerte que esto. Esto se muestra en la tabla de abajo; tabla que puede encontrar también en la página del USGS.

Magnitud de Terremotos frente a Movimiento y Energía		
Cambio de Magnitud	Cambio de Movimiento Tierra (Desplazamiento)	Cambio Energía
1.0	10.0 veces	unas 32 veces
0.5	3.2 veces	unas 5.5 veces
0.3	2.0 veces	unas 3 veces
0.1	1.3 veces	unas 1.4 veces

Esta tabla lo muestra con respecto a 2000, la media de terremotos de 2007 generó hasta cinco veces la energía de los de 2000. Algo está enviando esta energía a la Tierra. Un intruso que se aproxima perturbando el campo electromagnético del sistema solar es un buen candidato para ello. A este intruso lo conocemos como el Planeta X.

Referencias de Impresión:

- CRC Manual de Química y Física, David R. Lide, Editor Jefe, edición 82, 2001-2002, ISBN 0-8493-0482-2
- La Estrella Oscura. La Evidencia del Planeta X, Andy Lloyd, 2005, ISBN-10: 1-892264-18-8, ISBN-13: 978-1-892264-18-3
- Bernstein G.M., Trilling D.E., Allen R.L. , Brown K.E , Holman M., Malhotra R., El tamaño de la Distribución de cuerpos transneptunianos. Revistra Astronómica. 128, 1364-1390

Apéndice B — Historia de la *Biblia Kolbrin*

La Biblia Kolbrin: Edición Original Siglo XXI contiene las copias exactas de los 11 libros de la antología histórica y profética conocida anteriormente como *El Kolbrin*. *La Biblia Kolbrin* es un trabajo académico secular antiguo; ofrece historias alternativas a varias historias de la *Santa Biblia* y de otros textos sabios.

Denominada anteriormente como *El Kolbrin*, la obra ahora recibe el título de *La Biblia Kolbrin* por el editor. Esto es debido a que el término *"Biblia"* define con precisión la obra y también tiene sus raíces en una civilización que desempeñó un papel fundamental en su difusión.

En el sentido clásico, el término "*Biblia*" procede del griego "*Biblia*," con el significado de libros, que se deriva de *"Byblos."* Byblos fue un antiguo puerto fenicio donde ahora se encuentra la costa central del Líbano.

En aquel tiempo, los comerciantes fenicios utilizaban la flota más avanzada de barcos oceánicos de todo el mundo. Antes de su caída frente al Imperio Romano, sus rutas principales de comercio se extendían por toda la zona Mediterránea, hasta las costas del oeste de Europa y tan lejos al norte como el Reino Unido.

Lo destacado para esta obra es que los fenicios importaban el papiro de Egipto y lo vendían por el mundo con textos sabios antiguos. Al hacer esto, distribuían la primera variante conocida de *La Biblia Kolbrin,* llamada *El Gran Libro,* en sus muchos puertos de venta.

El Gran Libro fue escrito originalmente en Hierático por los académicos egipcios después del Éxodo de los judíos (ca 1500 AEC). Sus 21 volúmenes originales fueron traducidos más tarde utilizando el alfabeto fenicio de 22 letras (que después propició los alfabetos griegos, romanos, e inglés de hoy en día).

La única copia de *El Gran Libro* que se ha sabido sobrevivió al milenio fue la que los fenicios exportaron al Reino Unido en el siglo I AEC. Desgraciadamente, gran parte de la misma fue destruida durante el incendio de la abadía de Glastonbury en 1184 EC. El ataque sobre la abadía fue ordenado por el Rey Inglés Enrique II, después de que acusara a los sacerdotes de la abadía de herejes místicos.

Temiendo por sus vidas, los sacerdotes celtas de la abadía huyeron para ocultarse con lo que quedaba de *El Gran Libro*. Allí, transcribieron las traducciones fenicias que sobrevivieron a hojas en bronce y las almacenaron en cajas de madera revestidas en cobre. Este esfuerzo fue conocido como *El Libro de Bronce*.

En el siglo XVIII EC, *El Libro de Bronce* se fundió con el libro de la sabiduría celta llamado el *Coelbook* para convertirse en *La Biblia Kolbrin*.

Ediciones Your Own World Books de La *Biblia Kolbrin*

Your Own World Books publicó por primera vez varias ediciones impresas y electrónicas de *La Biblia Kolbrin* en abril de 2005. Cada edición es una copia fidedigna de la Edición Mayor del Siglo XX y utiliza el Sistema de Citas Kolbrin desarrollado por Marshall Masters.

En mayo de 2006, Your Own World Books publicó la segunda edición de *La Biblia Kolbrin*. Actualizada con más de 1600 correcciones tipográficas basadas en el *Manual de Estilo Chicago,* la verbosidad permanece exactamente la misma. También se añadió un índice.

La Biblia Kolbrin	Libros	Comentarios	Ediciones impresas	eBooks
Edición Original Siglo XXI	TODOS 1-11	Publicado para estudiantes, esta edición se encuentra disponible en un libro tamaño A4 con márgenes amplios para notas. El tipo de letra es fácil para la vista con márgenes amplios para notas.	8.268" X 11.693" Encuadernación en rústica	Adobe Microsoft Mobipocket Palm
Textos egipcios de El Libro de Bronce	1-6 Sólo	Recomendado para quienes tengan interés en las profecías de los mayas de 2012, el Planeta X (Nibiru) y en los hechos de lo sucedido durante el Diluvio de Noé y el Éxodo.	7.44" X 9.69" Encuadernación en rústica	
Textos celtas de Coelbook	7-11 Sólo	Recomendado para quienes tengan interés en la filosofía y profecías de los Druidas/celtas. También contiene historias biográficas nuevas/detalladas de Jesucristo con varias citas en primera persona.	7.44" X 9.69" Encuadernación en rústica	

Idiomas de *La Biblia Kolbrin*

Una de las preguntas más comunes es: "¿Cuál fue el idioma original de *La Biblia Kolbrin*, y quién la escribió?" La respuesta está en varias partes.

La Biblia Kolbrin: Edición Original Siglo XXI Título del Libro	AEC			EC	
	Siglo XV Original Egipcio Hierático	Siglo I Traducción Escritura Fenicia	Siglo I Original Celta Antiguo	Siglo XVIII Traducción Inglés Antiguo	Siglo XX Traducción Inglés Continental
1. Creación					
2. Pasajes					
3. Rollos					
4. Hijos del fuego					
5. Manuscritos					
6. Morales y Preceptos					
7. Orígenes					
8. La Rama de Plata					
9. Lucius					
10. Sabiduría					
11. Gran Bretaña					

Idiomas Utilizados Antes de la Era Común

Los *textos egipcios del Libro de Bronce* (los seis primeros libros de *La Biblia Kolbrin*) fueron escritos originalmente en hierático como lo fue *El Gran Libro* por los académicos egipcios, después del Éxodo de los judíos (ca 1500 AEC).

Una de varias copias de esta obra fue traducida al fenicio y pudo abrirse camino a Gran Bretaña. Esto es porque Egipto y Fenicia eran dos naciones muy poderosas en aquellos tiempos, y sus idiomas eran ampliamente utilizados.

Idiomas Utilizados Durante la Era Común

Los *Textos Celtas del Coelbook* (los últimos cinco libros de *La Biblia Kolbrin*) fueron escritos originalmente en Celta antiguo. La obra empezó en la primera parte del *Coelbook* aproximadamente en el 20 EC y terminó aproximadamente en el 500 EC.

Inspirado en el alcance de los textos egipcios, los celtas escribieron su propia antología histórica y filosófica de una manera similar, pero en su propio idioma. Visto como una obra religiosa por muchos, los textos celtas ofrecen una visión atemporal del folclore, misticismo y filosofía Druida.

Según algunos historiadores, *El Coelbook* también se inspiró en parte en la visita de Jesucristo a Gran Bretaña. En aquél tiempo, Jesús o bien estaba a finales de su adolescencia, o bien a mediados de los años veinte, y viajó en un barco mercantil fenicio de alta velocidad a Gran Bretaña junto con su tío abuelo José de Arimetea, quien utilizó el viaje para inspeccionar una mina de estaño de la que era propietario.

Estos historiadores además afirman que Jesús estudió los textos egipcios en Gran Bretaña. Esto se debe a que los textos celtas escritos tras su posible visita contienen una biografía de Jesús nunca publicada anteriormente.

Dada la naturaleza altamente reveladora y detallista de esta biografía, bien podría haberse dado el caso que el biógrafo conociera personalmente a Jesús, o que entrevistara a alguien que le conocía. La confirmación adicional proviene de fuentes históricas fidedignas que indican que José de Arimatea fundó la abadía de Glastonbury en el año, o alrededor del año 36 EC, y que finalmente se hizo depositaria de estos textos durante el primer milenio.

Almacenados en la abadía de Glastonbury, bajo los ojos cuidadosos de los sacerdotes celtas, los textos permanecieron a salvo y fueron estudiados activamente hasta el siglo XII, cuando la abadía fue atacada y quemada por los secuaces del Rey Enrique II.

Después del asalto, los sacerdotes huyeron con lo que quedaba de estas obras antiguas a una ubicación secreta en Escocia, donde los textos egipcios fueron transcritos a hojas de bronce. En aquel tiempo, ambos libros todavía no se habían unido, y el idioma de ambos permaneció siendo el que era (traducido del egipcio hierático) y del celta antiguo, respectivamente.

En el siglo XVIII, los dos libros se unieron y fueron traducidos al inglés antiguo para formar la primera edición identificable de *La Biblia Kolbrin*. En el siglo XX, los manuscritos fueron transferidos a Londres y actualizados al Inglés Continental.

La última edición de *La Biblia Kolbrin* todavía utiliza la actualización del Inglés Continental, pero ha sido editada según las normas modernas de gramática y puntuación basadas en el *Manual de Estilo Chicago*.

Las Siete Ediciones destacadas de *La Biblia Kolbrin*

Nacida de una gran sabiduría y amor, el periodo total de creación de *La Biblia Kolbrin* es mayor que el de la *Santa Biblia*.

Para facilitar un estudio histórico de la obra, Your Own World Books dividió el periodo de creación de *La Biblia Kolbrin* en siete "ediciones originales" utilizando los criterios de publicación de época y país.

Edición Original	Publicación Época País	Descripción
1ª	Siglo XV AEC Egipto	Escrito primero en hierático después del Éxodo de los judíos de Egipto (ca 1500 AEC). Publicado como *El Gran Libro*, una obra de 21 volúmenes. Los volúmenes que sobrevivieron han sido publicados ahora como los *Textos Egipcios del Libro de Bronce*. El génesis de esta obra secular fue un interés egipcio nuevo por encontrar al único Dios Verdadero de Abraham como consecuencia de su derrota a manos de Moisés. La obra contiene numerosas cuentas históricas que van en paralelo a las de la Tora (Antiguo Testamento) y advierte acerca de un gran objeto llamado el "Destructor" que se profetiza regresará en estos tiempos con resultados catastróficos para la Tierra.
2ª	Siglo I AEC Fenicia (Líbano)	La 1ª Edición Original es traducida al fenicio. El alfabeto simple de 22 letras de los fenicios finalmente se convierte en el alfabeto matriz para los alfabetos griego, romano e inglés. Antes de caer derrotados ante el Imperio Romano, distribuyeron la obra por todo el Mediterráneo, oeste de Europa y Gran Bretaña.
3ª	Siglo I EC Gran Bretaña	Desde aproximadamente el 20 EC al 500 EC, se escribieron los cinco últimos libros de lo que se convertiría finalmente en *La Biblia Kolbrin*. Publicado ahora como los *Textos Celtas del Coelbook*, esta parte de la obra se escribió por primera vez en celta antiguo. Durante este tiempo, los textos egipcios de la 2ª Edición Destacada fueron estudiados por los celtas, así como por los hijos de los adinerados y poderosos romanos. Copias de la obra finalmente encontraron su camino a la abadía de Glastonbury.
4ª	Siglo XII EC Escocia	En 1184 El Rey Inglés Enrique II ordenó un asalto a la abadía de Glastonbury, alegando que los sacerdotes celtas eran herejes. Los que sobrevivieron a la quema y al asesinato huyeron con los textos egipcios que sobrevivieron de la 2ª Edición Destacada y más tarde los grabaron en hojas de bronce. Guardadas durante siglos en una ubicación secreta en Escocia, esta edición se conoce también como *El Libro de Bronce*.
5ª	Siglo XVIII EC Escocia	El *Libro de Bronce* se fusionó con El *Coelbook*, y después ambos fueron traducidos al inglés antiguo. La nueva antología fue titulada colectivamente como *El Kolbrin* por sus cuidadores, la Fundación Esperanza de Edimburgo, Escocia.

Edición Original	Publicación Época País	Descripción
6ª	Siglo XX EC *Inglaterra* *Nueva Zelanda* *América*	En los años posteriores a la segunda guerra mundial, la 5ª Edición Destacada fue trasladada a Londres, Inglaterra, donde fue actualizada al Inglés Continental. Esta edición original permaneció sin publicar hasta 1992, cuando un miembro destacado de la Fundación Esperanza distribuyó varias copias de la obra. Una de las copias distribuidas fue impresa en 1994 en Nueva Zelanda por una pequeña orden religiosa y otra en 2005 en América por Your Own World Books. Las únicas diferencias entre las ediciones publicadas en Nueva Zelanda (1994) y en América (2005) aparecen en la primera parte, y la edición americana añadió un sistema nuevo de citas y fue publicado en ambas variantes, libro impreso y formato electrónico.
7ª	Siglo XXI EC *América*	Your Own World Books actualiza la 6ª Edición Destacada con 2 cambios significativos. Mientras que el Inglés Continental y la ortografía permanecen sin cambios, el texto se ha actualizado para cumplir con el Manual de Estilo Chicago. Se han realizado más de 1600 correcciones tipográficas. También como novedad en esta edición original, por primera vez se ha incluido un índice con más de 2700 entradas únicas. Esta edición original también se ha publicado en 2 ediciones abreviadas; los *Textos Egipcios del Libro de Bronce* y los *Textos Celtas del Coelbook*. Todas las ediciones se han publicado como libros impresos y electrónicos.

Para más información sobre las ediciones abreviada e íntegra de *La Biblia Kolbrin: Edición Original Siglo XXI,* visite www.kolbrin.com.

Apéndice C - Pronóstico Adenda

En el "Capítulo 2 -Pronóstico del Planeta X hasta el 2014," nos centramos en los eventos que podemos esperar que se produzcan durante el sobrevuelo del Planeta X a través del interior del sistema solar.

Parámetros Orbitales

El pronóstico de este próximo sobrevuelo está basado en un cálculo aproximado de la órbita del Planeta X, según los parámetros orbitales siguientes:

Parámetro	Valor
Distancia media (a)	237.50 UA
Excentricidad	0.988
Inclinación	85.00 grados
Nódulo Ascendente	200.00 grados
Argumento de pericentro	12.00 grados
Anomalía media	358.71 grados
Época	2451545 (día Juliano)

Estos parámetros describen una órbita elíptica que mide 475 Unidades Astronómicas (1 UA equivale a la distancia desde la Tierra al Sol) de extremo a extremo.

La línea de corte más larga, o eje mayor de esa elipse, pasa por el Sol, y la más cercana y puntos más lejanos de la órbita. Esta línea apunta a un punto situado por debajo de la elíptica en la dirección de la constelación Cetus, que se encuentra a unos 12 grados por debajo del plano de la elíptica, en los que se encuentran todos los signos del Zodíaco.

La órbita se encuentra en un plano, pero este plano, como la órbita de Plutón, no se inclina sólo un poco. Esta órbita se inclina; hasta en el extremo final muy por debajo de la elíptica. Pero, además de eso, la órbita está rotando alrededor de este eje mayor en 85 grados, como un barco que vuelca.

El Planeta X prácticamente vuela sobre los polos del Sol cuando cruza el perihelio. El nódulo ascendente dice dónde se situará por encima de la elíptica, comenzando a contar desde un punto de referencia en Aries. Esto hace que el punto de rotura de la elíptica sea algún lugar de Virgo/Libra, naturalmente todo ello visto desde la perspectiva del Sol.

La excentricidad nos aporta el rango entra la distancia desde el Sol al perihelio del Planeta X y la mitad de la longitud del eje mayor de la órbita. Si esa excentricidad es cero, son la misma, y la órbita es un círculo. Si esa excentricidad equivale a uno, la órbita se rompe y se convierte en una parábola.

Excentricidad = ((a) – perihelio) / (a),

...donde (a) es la distancia media; ver arriba. Con estos parámetros la solución es una órbita elíptica de aproximadamente 3661 años, que aparece a través de la elíptica el 21 de diciembre de 2012, y se desplaza por el perihelio a principios de febrero de 2013. Este es el significado de la anomalía media en combinación con la época.

La anomalía media empieza desde cero hasta 360 y dice el ángulo que se ha cubierto de un círculo completo cuando empieza a contar desde cero en perihelio. El valor 358.71 significa que se estaba aproximando de nuevo al perihelio en la fecha descrita por el número de la época. El número de época describe el número de días en lo que se llama el calendario Juliano proléptico, que básicamente cuenta los días desde el 1 de enero de 4713 AC. El valor facilitado representa el 2 de enero de 2000, en ese sistema numérico.

Encajando los datos de la órbita del Planeta X

¿Cómo llegamos a este cálculo aproximado en concreto de la órbita? Una variedad de fuentes y una variedad de pistas dieron lugar a un proceso largo de ensayo y error, que a su vez terminó por encajar más pistas halladas posteriormente. Esto nos dio confianza en el resultado de la proyección orbital y del pronóstico.

Las claves importantes que utilizamos para construir la órbita son las siguientes:

- El plasma solar fue lanzado hacia la constelación de Cetus en 2002.
- La órbita construida cuenta con un periodo de 3661 años (el "número real de la bestia" según el investigador Turco, el doctor Burak Eldem), y una aproximación encaja con ambos 2012 y 1630-1640 AC (erupción minoica en Santorini/Éxodo de Egipto).
- La distancia del perihelio se encuentra en el Cinturón de Asteroides, donde según la Ley de Titius-Bode, debería haber un planeta, pero no lo hay.

- El planeta entra por la elíptica el 21 de diciembre de 2012.
- Según las profecías de Nostradamus: un segundo Sol aparecerá en el cielo, y una estrella con barba aparecerá hacia el norte, no lejos de Cáncer (esto es donde está el Sol en el Zodíaco en julio).
- De la Santa *Biblia*, el libro de Revelaciones: La bestia esperará a los pies de la Virgen que está de parto para devorar al hijo en cuanto nazca.
- Todas las órbitas de los planetas exteriores están inclinadas en la misma dirección, su punto más profundo bajo la elíptica se encuentra en la dirección de la constelación de Cetus cuando miramos hacia ello desde el Sol.
- En una visión a distancia, alguien "vio" la dirección de Cetus bloqueada de la vista, al pasar por encima del Sol. También había una sensación de malevolencia en esa región del cielo.

La última pista fue obtenida utilizando una técnica llamada Visión Remota (VR).

Visión Remota

Este método paranormal data de los años 70 y 80 y fue desarrollado extensamente por las agencias de inteligencia CIA y KGB. Cada una investigó la posibilidad de utilizar la visión remota para obtener una ventaja sobre la otra parte, aunque ninguna fue convertir la técnica en un éxito para un uso militar.

Aunque poco se sabe de la variante de la KGB, la investigación de VR patrocinada por la CIA, puesta en marcha en la Universidad de Stanford en California está siendo estudiada y enseñada en todo el mundo. Dos profesores destacados son Echan Deravy de Japón y el Mayor Ed Dames de los Estados Unidos de América.

Los alumnos de la visión remota de Deravy lograron resultados notables del Planeta X, que situaban al objeto en medio de nuestro sistema solar, con hallazgos que se parecen bastante a los encontrados por el equipo de VR del Mayor Ed Dames en los Estados Unidos.

Los miembros del equipo de investigación de VR de los Estados Unidos, conducidos por Dames, vieron un objeto pasando cerca de la Tierra. También vieron erupciones solares masivas y la posible destrucción de una misión tripulada al espacio como evento precursor. Los hallazgos de este grupo formaron la base del documental lde Dames 2005 *Killshot*.

Comparados con otros informes paranormales, estos hallazgos de VR japonés y americano se asemejan bastante a otras experiencias paranormales. Aunque los autores no utilizan la VR como recurso final, se trata de una baza importante en el cajón.

Construyendo una Órbita del Planeta X

Si nos fijamos en el panorama general de las pistas, vemos un objeto que se aproxima desde Cetus, en un periodo de 3661 años, con su perihelio en el Cinturón de Asteroides. El planeta o asteroide, que una vez estuvo ahí, fue destruido o bien por la gravedad de interacción, o bien por una colisión directa con el objeto, el Planeta X, en un sobrevuelo anterior.

Encajando esto con un programa de astronomía de órbitas conduce a ciertas restricciones para la órbita que encajan con algunas de las otras pistas y que hicieron destacar a una de todas ellas.

El Planeta X está entrando desde y ubicado en Cetus, siguiendo una órbita elíptica con el perihelio en el Cinturón de Asteroides. Se encuentra en una órbita de 3661 años que lo traerá a través de la elíptica el 21 de diciembre de 2012. Esta fecha es importante en muchas culturas, pero es más significativa en la historia y astronomía maya. Esta fecha marca el final de una cuenta larga, su calendario más largo, que abarca más de 5100 años.

La ubicación del perihelio encaja una órbita con una posición actual en Cetus, situado en las constelaciones de Virgo/Libra cuando pase por el plano de la elíptica, el 21 de diciembre de 2012. Esta fecha es muy próxima a Navidad, la celebración del nacimiento del niño Jesús, fundador de la religión cristiana.

El Planeta X, una enana marrón con aspecto de monstruo de color rojo, pasa por los pies de Virgo en ese preciso momento. Para entonces, cumple literalmente el pasaje del libro de Revelaciones, esperando a los pies de la mujer que está de parto, preparado para devorar al hijo cuando nazca. El pasaje del Planeta X, a través de la elíptica, pondrá en marcha el periodo de interacción más violento entre él y el Sol.

Una órbita con una posición actual tan lejos bajo la elíptica significa también una inclinación elevada, prácticamente perpendicular al plano de la elíptica, si conduce al Planeta X (la Estrella con Barba) apareciendo hacia el norte (cerca de Polaris, la estrella del Polo Norte).

Con la órbita en este perihelio, marco de tiempo y posición actual en o cerca de Cetus, el Planeta X estará bastante cerca de Polaris en julio de 2013, lo que Nostradamus describió como "no lejos de Cáncer." En este momento, la interacción entre ambos será pasado lo peor, pero el Planeta X rivalizará con el Sol en luminosidad durante el día.

Finalmente, hay otra clave que apunta hacia una órbita con esta forma e inclinación. Esta clave es la inclinación de las órbitas planetarias. Todas las órbitas planetarias exteriores están inclinadas en la misma dirección, con sus "puntos más inferiores" cerca de Cetus en el cielo. Cuanto más lejos se encuentre un planeta del Sol, más lentamente se mueve en su órbita; es decir, cuanto más tiempo resida en una región del cielo.

Plutón se ve arrastrado en una dirección de un Planeta X que pasa desde hace mucho tiempo, mucho más que Júpiter o Saturno. Esto explica el motivo por el que los planetas exteriores están tan inclinados. Los planetas exteriores sólo viajan a través de parte de su órbita durante un pasaje por debajo del Planeta X, mientras que los interiores completan varias órbitas durante el sobrevuelo del Planeta X. Esto explica el fuerte empuje de los planetas exteriores.

Las Pistas que Coinciden

Resumiendo, vemos que el plasma que salió expulsado en 2002 se dirigió hacia un eléctricamente activo intruso en aproximación a nuestro sistema solar. Este intruso se aproxima en una órbita elíptica muy inclinada con el perihelio en el Cinturón de Asteroides. Esta distancia de perihelio aporta una explicación lógica al hecho de que no haya ningún planeta ahí. Podría haber estado ahí, pero ya no está, debido a los efectos de varios sobrevuelos.

La órbita coincide con la profecía de la *Biblia*, así como con las predicciones realizadas por Nostradamus y por visionarios remotos de los tiempos modernos. También coincide con las profecías de la Madre Shipton, que fue una vidente y contemporánea de Nostradamus, y con las predicciones de Edgar Cayce.

La órbita construida coincide con las inclinaciones orbitales de los planetas exteriores del sistema solar; incluso ofrece una explicación para su grado de inclinación. Coincide con un número escalofriante de claves halladas en varias fuentes, que van desde la astronomía, las cuentas históricas, hasta las profecías y visión remota. Una clave ofrece resistencia a primera vista, sin embargo, hablaremos de esta clave más en profundidad en el "Apéndice D - El Mecanismo Kozai y las Órbitas Perpendiculares."

Apéndice D - El Mecanismo Kozai y las Órbitas Perpendiculares

En el "Capítulo 2, Pronóstico del Planeta X Hasta 2014" (y en el Apéndice C – Pronóstico Adenda) hicimos mención al mecanismo Kozai (conocido también como efecto Kozai.) Este mecanismo debe su nombre a su descubridor, el astrónomo japonés-americano Yoshihide Kozai. Lo descubrió cuando analizaba las órbitas de asteroides.

El mecanismo da forma a las órbitas de los satélites irregulares alrededor de los planetas, así como a los objetos transneptunianos (Objetos del Cinturón de Asteroides), e incluso a los planetas alrededor de otras estrellas.

El mecanismo de resonancia Kozai

La característica más importante del mecanismo Kozai es que establece una relación entre la excentricidad y la inclinación de una órbita. El mecanismo tiene lugar cuando un cuerpo en el espacio perturba a otro.

En resumen, el mecanismo Kozai causa oscilaciones entre órbitas casi circulares, con una inclinación elevada y órbitas muy excéntricas, que apenas tienen o que no tienen una inclinación.

Excentricidad

Hemos hablado anteriormente de la excentricidad, pero ¿qué es exactamente la excentricidad cuando hablamos en estos términos? Se trata del ex-centro, o fuera del centro. Esto se puede explicar dibujando una simple elipse con madera, clavos y cuerdas.

Primero, coja una pieza de madera, dos clavos, una cuerda y un lápiz. Ponga los clavos a una corta distancia el uno del otro. A continuación, ate ambos extremos de la cuerda ligeramente sueltos a los clavos. Entonces, utilice el lápiz para estirar la cuerda, de forma que a través del lápiz quede tirante de un clavo a otro clavo.

Empiece a mover el lápiz tan alejado como pueda de los clavos, moviéndolo alrededor de ellos. Mientras lo hace, la línea que trace con el lápiz sobre la madera formará una elipse. Recuerde que debe mantener la cuerda tirante y presionar firmemente con el lápiz sobre la madera en todo momento.

La suma de distancia desde la punta del lápiz en la madera a un clavo y la distancia desde la punta del lápiz al otro clavo, es un valor constante (igual a la longitud de la cuerda en nuestro ejemplo). Esto funciona así en cada elipse. Teniendo esto en cuenta, volvamos a nuestra conversación sobre la excentricidad.

Asumiendo que movimos ambos clavos de lado a lado por la misma línea, tendríamos un círculo al hacer el trazo con el lápiz a su alrededor. Esto es una simulación a pequeña escala de la órbita de la Tierra alrededor del Sol.

La variación en distancia de la Tierra desde el Sol es mínima. Si el núcleo del Sol coincide con uno de los clavos, el otro clavo también se encuentra dentro del Sol. Si ambos clavos coinciden exactamente, a esto lo llamamos una excentricidad de cero.

La otra parte de la escala es una excentricidad de uno. Su usamos nuestra cuerda, esto sucederá una vez que la distancia entre los clavos se convierta exactamente en la longitud de la cuerda. La cuerda siempre se estira; ya no podemos dibujar una elipse alrededor de los clavos usando nuestro lápiz, la elipse se rompe.

El Mecanismo Kozai

Volvamos ahora al mecanismo Kozai. Su mecanismo mantiene una cantidad que, en una fórmula, se define como:

En esta fórmula la 'e' es la excentricidad de la órbita y la 'i' es el ángulo de inclinación. Lo que quiere explicar esta fórmula es que cuando la excentricidad aumenta (los clavos se mueven separándose) la inclinación de la órbita debe ser menor.

$$\sqrt{(1-e^2)}\cos(i)$$

El coseno de un ángulo es una función que varía entre cero y uno, cuando el ángulo por sí mismo varía entre 90 grados y 0 grados. El coseno tendrá como valor el 1 cuando la órbita sea perpendicular a la elíptica, y será de 0 cuando la órbita se encuentre en la elíptica.

La fórmula de resonancia anterior describe una órbita que se mueve hacia delante y hacia atrás en una órbita muy tensa, que se encuentra prácticamente en el plano de la elíptica, y una órbita circular que se mueve en perpendicular al plano de la elíptica.

En la mayoría de los casos, esta resonancia resultará en una órbita que sea demasiado elíptica para permanecer estable. Cuando sucede esto, un asteroide, luna o planeta en tal situación de resonancia se romperá desde su centro de gravedad y se alejará hacia el espacio exterior.

O puede estrellarse contra el Sol, o contra el planeta al que esté orbitando, si se acerca demasiado. Ejemplos de ello son los llamados cometas rasante del Sol tipo Kreutz, cometas que tienen una inclinación elevada, órbitas muy estrechas. Llegados a ese momento, todos ellos terminan estrellándose contra el Sol.

Gran inclinación en resonancia con la excentricidad

Es notable ver cómo este mecanismo influye en una órbita elíptica con una inclinación prácticamente perpendicular, como por ejemplo la órbita del Planeta X que proyectamos en este libro. Con esto en mente, apliquemos la fórmula a los parámetros orbitales que descubrimos del Planeta X.

La primera parte de la fórmula, el término bajo la raíz cuadrada, calcula $(1-(0.988)^2)$; lo que equivale a 0.0239. La raíz cuadrada de este valor es 0.154. La segunda parte de la fórmula, el coseno de un ángulo de inclinación de 85 grados, equivale a 0.0872.

El valor que se mantendrá ahora es igual al producto de ambos. Esto hace que 0.0872 multiplicado por 0.154, sea igual a 0.0135. Cambiemos lo que cambiemos en cuanto a la órbita en términos de inclinación o estiramiento, este valor del producto permanecerá siendo el mismo. Este es el mecanismo Kozai en acción.

Si hacemos que la órbita sea más circular, tenemos que dejar que la excentricidad sea más pequeña. Veamos cómo será el mecanismo si disminuimos el valor de la excentricidad de 0.988 a 0.5.

Nuevamente aplicamos la fórmula. Esto da un valor de 0.75 para el término bajo la raíz cuadrada; hacemos la raíz cuadrada de ello y nos da 0.866. Esto implica que la segunda parte de la fórmula, el coseno, tendrá que ser de 0.0156 para poder mantener el producto de las dos partes de la fórmula en el valor que encontramos anteriormente; esto resulta en un ángulo de inclinación de 89 grados, casi perfectamente perpendicular a la elíptica.

Ahora nos movemos de la otra manera; hacemos la inclinación más pequeña y comprobamos lo que sucede con la órbita. Si el ángulo de inclinación disminuye, el coseno del ángulo aumenta. Disminuiremos el ángulo de la inclinación a 60 grados como ejemplo. El coseno de 60 grados es 0.5. Esto significa que la segunda parte del producto en la fórmula es igual a 0.5, y debido a esto, la primera parte de la fórmula tendrá que ser igual a 0.027.

La raíz cuadrada tendrá un resultado de 0.027, lo que significa que el término bajo la raíz cuadrada será igual a 7.29e-4 (esta es una anotación científica más sencilla para 0.000729). El valor de la excentricidad que corresponde a esto es 0.9996, lo que está muy cerca de 1. Lo que será una órbita elíptica extendida.

El desarrollo de la órbita que vemos aquí varía entre una órbita más circular y perpendicular y una órbita más elíptica y más "plana". Si el ángulo de inclinación es menor de los 60 grados del ejemplo anterior, el resultado será una de las dos opciones. O bien la órbita se rompe, y el Planeta X se aleja, o bien el Planeta X se estrella contra el Sol, porque se acercó demasiado. Ninguna opción es favorable para el resto del sistema solar.

También hay otro efecto que vemos. El argumento del perihelio, o la dirección del perihelio cuando miramos hacia ello desde el Sol, empezará a moverse hacia, y después oscilará alrededor, de uno de los dos valores. Esta dirección de perihelio se moverá hacia 90 o 270 grados del nodo ascendente de la órbita.

El nodo ascendente es el lugar en el Zodíaco por el que se moverá el Planeta X en el plano de la elíptica de su órbita. En términos simples: los puntos extremos de la órbita, el más lejano del Sol (afelio) y el más cercano del Sol (perihelio), empezarán a moverse hacia, o bien 90 grados por encima de la elíptica, o bien 90 grados por debajo de la elíptica, desplazándose cerca de estos valores. Para el Planeta X, esto significaría que los extremos de la órbita se moverían gradualmente a posiciones por encima de los polos del Sol.

Desestabilización del sistema

El mecanismo de resonancia Kozai, o bien lanzará un objeto fuera de la órbita, o bien hará que se estrelle en un cuerpo parejo del sistema. Lo que es peor que eso, si el objeto en órbita es pesado, el sistema como un todo reaccionará como si la órbita extraña fuera la norma, y todos los demás objetos empezarán a ajustarse a ello.

En el caso de un sistema solar con un Planeta X de gran masa en una gran inclinación y órbita excéntrica, esto significaría que todos los demás planetas empezarían a re-alinearse con el Planeta X; sus órbitas se inclinarían 90 grados y serían más excéntricas.

Por lo tanto, debemos concluir que la gran inclinación y órbita excéntrica del Planeta X desestabilizará todo el sistema solar. La mayoría de los demás autores han llegado a conclusiones similares cuando lo han investigado en sus libros. A pesar de todo, la mayor parte de las pruebas que hemos visto apuntan a esta órbita de gran inclinación. Las simulaciones realizadas, utilizando un software disponible de forma gratuita, han mostrado una desestabilización del sistema solar después de tan sólo cinco o seis sobrevuelos del Planeta X.

Esto plantea implicaciones graves para nuestro pronóstico. Significa que la órbita que proyectamos no puede mantenerse durante mucho tiempo. El Planeta X no completará muchas órbitas más que unas pocas antes de interrumpir gravemente el orden de nuestro sistema solar.

La Profecía de Madre Shipton

Si el Planeta X realmente se encuentra en esta órbita, o bien tuvo que ser empujado a esta órbita recientemente por una causa externa, o bien ha tenido que verse atrapado por algún objeto. De cualquier modo, el sistema solar está en problemas si la órbita proyectada para el Planeta X es la correcta.

Esto aporta una visión muy distinta de las profecías de Madre Shipton. Su profecía apunta hacia este tipo de escenario: *"Un Dragón de fuego cruzará el cielo en seis ocasiones antes de que este mundo muera."*

Según las simulaciones realizadas por un programa de ordenador, seis es el número de órbitas completadas por el Planeta X, antes de que el sistema solar se volviera inestable y lanzara planetas al espacio exterior.

La única conclusión sostenible en tal caso es que el Planeta X debe ser una enana marrón recientemente capturada en su órbita. El próximo sobrevuelo en 2012 será su quinta órbita. ¿Qué sucederá la próxima vez después de este sobrevuelo?

Debido a que esta enana marrón se desplaza en una órbita cambiante, irá desestabilizando todo el sistema solar de forma progresiva. Por lo tanto, este próximo sobrevuelo será nuestra oportunidad para la supervivencia, porque el sexto seguramente será la destrucción de la Tierra y de toda la vida que exista sobre ella.

Esta conclusión aporta cierto peso y perspectiva al comentario reciente realizado por el profesor Stephen Hawking. Decía que la humanidad debe aventurarse fuera, hacia las estrellas, si queremos sobrevivir como especie.

Apéndice E - Hierbas Medicinales y Plantas Después de 2014

En los meses y años posteriores al sobrevuelo, volverán a crecer las hierbas y plantas que puedan ser utilizadas con fines medicinales. *La Biblia Kolbrin* menciona las especies concretas que son beneficiosas y que han superado catástrofes anteriores:

Britain Book 9:18 Estas son las hierbas útiles que se encontraban en en el campo, el bosque, y junto a los caminos en los tiempos pasados: acónito común (que protege de los lobos y los perros), arvense (que crece sólo cerca de los muertos), Senecio aureus, hierba de San Juan, Jacinto de los Bosques, campanilla, malas hierbas, Escutelaria de Virginia, amaranto (que cura las piedras), mora, drosera, *dick* mortal, Celidonia menor (que cura las hemorroides), rompepiedra, helecho de luna (para conjuros), Heteropogon contortus, raíces, bálsamo melisa (para ayudar a dormir), Serbal silvestre (que se pone sobre la puerta), flores de bayas del espino, arándano, *dradsweet*, ojo de elfo, helecho de hadas, susurro de brujas, azarollo, zaragatona (que purga), Berberis (para los amantes), amarantos (que no se desvanecen nunca), amapola silvestre, rosa silvestre, *wagging*, hierba de San Juan (que cura todas las heridas), Phlox perenne, hoja *laygan*, *hokanmil*, eneldo, baya, onagra vespertina (que utilizan las mujeres), *esislip*, jabonaria, índigo (lo que produce un tinte azul), planta arvense, cola de caballo (que tranquiliza el corazón), *mayslip*, parra *kode*, llantén menor, eneldo (que cura la locura del hombre), grasilla (que sólo crece en acantilados), *arkiesene*, diente de león (que cura el mal de estómago), *malbrig*, menta de gato (que cura el estómago), sábila (que alivia las quemaduras), hierba sagrada (que produce visiones), aloe vera (que cura la piel), lúpulo (que hace cerveza), hierba centella, plantago major, orquídea (que supera la impotencia), belladona, neguilla (a la que los hombres llaman cizañas), *dockumdick* (que aporta virilidad a los hombres y sólo crece bajo un árbol conocido como *shivertree*).

Para hacer que la lista sea más fácil de utilizar, la mayoría de las hierbas y plantas mencionadas anteriormente se encuentran organizadas por orden alfabético en la tabla que se muestra a continuación. Compare esta relación con las especies conocidas en su zona, y especialmente con aquellas que crezcan de forma natural en la zona donde mantiene su sitio seguro. Aprenda a reconocerlas y a utilizarlas.

Hierbas de The Britain Book en *La Biblia Kolbrin*		
Algunas de estas plantas poseen propiedades poderosas. Antes de usarlas, reviste esta relación con su médico de familia.		
Denominación antigua o nombre genérico	**NOMBRE COMÚN Alternativo** Nombre *Científico*	Usos
Amaranto	**CELOSIA** Celosia Roja, *Amaranthus*	"Nunca se desvanece," Se toma para la diarrea, disentería, hemorragia por heces, sangrado por la nariz, piedras en el riñón y menstruación abundante. Utilizado de forma tópica, sirve para problemas en la piel.
Raíces	**SÉNECA** Ageratina *Polygala Senega*	Vacía los intestinos, aumenta el volumen de orina para disminuir el contenido de fluidos en el organismo, provoca el vómito, expectorante.
Berberis	**AGRACEJO COMÚN** Bayas Berberis *Serenoa Serrulata*	Afrodisíaco; genera mayor deseo sexual y aumenta la potencia sexual.
Mora	**MORA** Hoja de mora *Rubus fructicosus*	Interno: podría ayudar a facilitar el parto, aumenta el volumen de orina para disminuir los fluidos corporales, tónico, podría curar la disentería, diarrea. Externo: úlceras en la boca y en la garganta, inflamación de encías.
Hipérico	**HIERBA DE SAN JUAN** Hipérico *Hypericum formosum*	Cura todas las heridas, antidepresivo, alivia los espasmos musculares, astringente, expectorante, calma los nervios, reduce la inflamación, destruye los microbios portadores de enfermedades, remedio estomacal, tónico, destruye y elimina los parásitos, reduce la secreción biliar, cura enfermedades pulmonares.

Apéndice E - Hierbas Medicinales y Plantas Después de 2014

Hierbas de The Britain Book en *La Biblia Kolbrin*

Algunas de estas plantas poseen propiedades poderosas. Antes de usarlas, reviste esta relación con su médico de familia.

Denominación antigua o nombre genérico	NOMBRE COMÚN Alternativo Nombre *Científico*	Usos
Sábila	**ALOE** Aloe Vera *Aloe barbadensis*	Suaviza y ayuda en la cicatrización de las quemaduras. La pulpa se puede comer para tratar las úlceras de estómago.
Candadillo	**COLA DE CABALLO** Canutillo *Equisetum arvense*	Calma el corazón, aumenta el volumen de orina para disminuir la cantidad de agua en el cuerpo.
Celidonia mayor	**CELIDONIA** *Chelidonium Majus*	Externo, de forma tópica: cura las hemorroides; mezclada con sulfuro, puede usarse para curar la tiña inguinal. Interno, como té; purifica el hígado y la vesícula.
Neguilla	**ANEGUILLA** Clavel de asno *Agrostemma githago*	¡ES TÓXICO! Reduce o detiene el sangrado (sólo uso externo).
Hierba centella	**HIERBA CENTELLA** *Primula Veris*	Alivia los espasmos musculares, ayuda a dormir.
Achicoria amarga	**DIENTE DE LEÓN** Achicoria amarga *Taraxacum officinale,*	Cura las enfermedades estomacales; de forma natural aumenta el volumen de orina para disminuir la cantidad de agua en el cuerpo y mejora la digestión. Mejora la función del páncreas, bazo, estómago y riñones. Se muele y usa como cataplasma para las mordeduras de serpientes.
Toronjil	**MELISA** Citronela *Melissa Officinalis*	Facilita el sueño, alivia los espasmos musculares, calma, baja la fiebre, remedio para el estómago.

Hierbas de The Britain Book en *La Biblia Kolbrin*

Algunas de estas plantas poseen propiedades poderosas. Antes de usarlas, reviste esta relación con su médico de familia.

Denominación antigua o nombre genérico	NOMBRE COMÚN Alternativo Nombre *Científico*	Usos
Bella dama	**BOTÓN NEGRO** Belladona *Atropa Belladonna*	¡ES TÓXICO! Narcótico, sedante.
Baya Ellen	**BAYA ELLEN**	Convertida en sidra sirve para tratar algo conocido como Fiebre Imbrium. Caer enfermo por segunda vez con Fiebre Imbrium solía ser fatal.
Amaranto	**COLA DE ZORRO** Amaranto *Amaranthus*	Cura las piedras (piedras de riñón).
Jabonaria	**HIERBA JABONERA** Saponaria *Saponaria Officinalis*	Restablece la salud de forma gradual, produce transpiración, tónico.
Escaramujo	**ROSA SILVESTRE** Agavanzo *Rosa Canina*	Posee numerosas cualidades medicinales: las más importantes para la supervivencia incluyen: antibiótico, trata infecciones, destruye los microbios portadores de enfermedades, mata o disminuye el crecimiento de bacterias, libera al usuario del veneno.
Hierba del vino	**ONAGRA VESPERTINA** Onagra *Oenothera biennis*	Astringente, trata los síntomas comunes de la menopausia, síndrome disfórico premenstrual, sedante.
Majuelo	**ESPINO BLANCO** Majuelo *Crataegus monogyna*	Posee numerosos beneficios cardiovasculares y respiratorios.
Lúpulo	**CAÑAMIZA** *Humulus lupulus*	Es lo que compone la cerveza.

Hierbas de The Britain Book en *La Biblia Kolbrin*

Algunas de estas plantas poseen propiedades poderosas. Antes de usarlas, reviste esta relación con su médico de familia.

Denominación antigua o nombre genérico	NOMBRE COMÚN Alternativo Nombre *Científico*	Usos
Albahaca	**MENTA DE GATO** Albahaca de gatos *Nepeta Cataria*	Cura los dolores, espasmos, evita o alivia la flatulencia y fortifica el estómago.
Helecho de luna	**HELECHO DE LUNA** *Botrychium lunaria*	*Mágica,* produce un conjuro, atrae el amor y la prosperidad.
Grasilla (sólo crece en acantilados)	**ROCÍO DE SOL** Grasilla, Col de mantequilla *Pinguicula vulgaris*	Es *mágico* para atraer el amor, pero también es efectivo en aliviar los dolores del parto al poner una cantidad en la parte interior de la rodilla derecha de la madre.
Serbal de los cazadores	**AZAROLLO** Serbal de los cazadores *Acuparia*	Interno: la fruta inmadura y la corteza sirven para tratar la diarrea. Externo: como ungüento o cataplasma, suavizan la garganta y el intestino.
Satirión	**ORQUÍDEA** Satirión *Orchis*	Supera la impotencia.
Hierba sagrada	**VERBENA COMÚN** Verbena *Verbena officinalis V. hastata (Azul)*	Produce visiones. Algunos tratamientos médicos incluyen el tratamiento de los ojos y el insomnio.
Eneldo	**ABESÓN DOMÉSTICO** Eneldo *Anethum Graveolens*	Cura a los hombres de la locura, calma al usuario, alivia los espasmos musculares.
Escutelaria de Virginia	**ESCUTELARIA DE VIRGINIA** *scutellaria lateriflora*	Ayuda a conciliar el sueño, alivia los espasmos musculares, convulsiones, asma, cólicos menstruales, epilepsia, insomnio, dolores, vértigo, recuperación de la adición.

Hierbas de The Britain Book en *La Biblia Kolbrin*

Algunas de estas plantas poseen propiedades poderosas. Antes de usarlas, reviste esta relación con su médico de familia.

Denominación antigua o nombre genérico	NOMBRE COMÚN Alternativo Nombre *Científico*	Usos
Zaragatona	**PSILEO** Hierba de las pulgas *Plantago Psyllium*	Laxante, aumenta el volumen de orina para disminuir la cantidad de agua en el cuerpo.
Rocío de sol	**ROCÍO DE SOL COMÚN** Rocío de sol *Drosera rotundifolia*	Combate la tos seca, como la tos ferina y la tos que viene con el sarampión. Es bueno para la tos provocada por el asma. Alivia los espasmos musculares, protege las membranas mucosas.
Savila	Aloe Vera	Cura la piel.
Escila	**JACINTO DE LOS BOSQUES** Escila española *Hyachinthus Nonscriptus*	Aumenta el volumen de orina para disminuir la cantidad de orina en el cuerpo, calma los nervios, reduce o detiene el sangrado.
Siete venas	**LLANTÉN MENOR** Alpiste pajarero *Plantago lanceolata*	Disminuye la inflamación, destruye los microbios portadores de enfermedades, astringente, alivia las membranas mucosas irritadas, aumenta el volumen de orina para disminuir la cantidad de agua del cuerpo, expectorante, baja la fiebre, laxante, refrigerante, estimulante, reduce o detiene el sangrado, cura heridas.
Anabias	**ARÁNDANO** Mirtilo *Vaccinium Mertillus*	Astringente, para el cuidado de los ojos, disminuye o detiene la lactancia.
Estrella Federal	**PASCUERO** Flor de Pascua *Anemone pulsatilla*	Alivia los espasmos musculares, calma los nervios.
Arvense	**ASPARAGAL** Zhi mu *Rhizoma Anemarrhenae*	Combate enfermedades que cursan con fiebre, acompañadas de sed excesiva, diabetes, tos seca y, junto con otras hierbas, el estreñimiento.

Apéndice E - Hierbas Medicinales y Plantas Después de 2014

Hierbas de The Britain Book en *La Biblia Kolbrin*		
Algunas de estas plantas poseen propiedades poderosas. Antes de usarlas, reviste esta relación con su médico de familia.		
Denominación antigua o nombre genérico	**NOMBRE COMÚN Alternativo** **Nombre** *Científico*	**Usos**
Serbal de los Cazadores	**AZAROLLO** Serbal silvestre *Sorbus Aucuparia*	Ver Azarollo, mencionado anteriormente.
Altamisa	**HIERBA DE SAN JUAN** Artemega *Artemesia Vulgaris*	Estimulante, calma los nervios, laxante.
Nogal de las brujas	**AVELLANO DE BRUJA** *Hamamelis virginiana*	Abrasiones, cortes, sangrado, quemaduras/quemaduras solares, eczema, cuidado del ojo, visión, picaduras de insectos, picores, cuidado de la mascota, mejora la circulación venosa.
Añil	**INDIGO VERDADERO** *Indigofera Tinctoria*	Produce tinte azul (para fibras naturales).
Hábito del diablo	**ACÓNITO COMÚN** Yerba del lobado *Aconitum Napellus* *Aconitum Falconeri*	¡ES TÓXICO! Mata lobos, perros y animales de tamaño medio (puede matar a las personas). Usar como cebo y colocar en las zonas donde se ha observado al animal y usar la punta de la flecha para untarla y disparar al animal. También se puede utilizar, CON CUIDADO, como narcótico (calma el dolor), para conciliar el sueño y como anti-diabético (para bajar el nivel de azúcar en sangre).

Apéndice F - Acerca de los Autores

Jacco van der Worp, Msc
Autor y Consejero Científico

Jacco se encuentra establecido en Holanda, y posee un Máster en Ciencias Aplicadas. Ha trabajado en protección radiológica y actualmente se encuentra especializado en sistemas complejos de análisis de fallos. Es co-autor del libro *Pronóstico* del *Planeta X y Guía de Supervivencia al 2012* y ha contribuido en numerosos artículos en la web de youwusa.com desde 1999. Como co-fundador de yowusa.com, Jacco se enfoca principalmente en las amenazas procedentes del espacio y en fuentes de energía alternativa. Es miembro de Mensa.

Marshall Masters
Autor Principal

Marshall Masters es autor, editor, invitado en medios de comunicación, locutor de radio en Internet y fundador de *The Sagan Continuation Project*. Fue productor de noticias sobre ciencias de la CNN y oficial de información pública del Ejército de los Estados Unidos. Está especializado en la investigación del Planeta X y del 2012. Entre sus obras publicadas se incluyen los libros *Pronóstico* del *Planeta X y Guía de Supervivencia al 2012, Godschild Covenant: El Retorno de Nibiru* y *La Biblia Kolbrin*. Fundó la web yowusa.com en 1999, y es miembro de Mensa.

Janice Manning Ayudante
Ayudante y Editor

Janice es co-autora del libro *Pronóstico* del *Planeta X y Guía de Supervivencia al 2012 Guide* y es editora de *La Biblia Kolbrin*, un texto sabio de hace 3600 años. Su análisis de los datos históricos de anteriores sobrevuelos del Planeta X en este texto secular antiguo, desempeñaron un papel decisivo en la correlación de las historias similares mencionadas en la *Tora (Antiguo Testamento)*. Identificada como una autoridad en *La Biblia Kolbrin*, fue reconocida por su trabajo en la edición de 2007 de *Who's Who of American Women*. También es co-fundadora de la web yowusa.com y miembro de Mensa.

Índice Alfabético

3 días para desastres..........................211
Academia Nacional de las Ciencias....152
ADN.............107, 174, 240, 241, 243, 244
ADN 240
afelio..14
Afelio...14
Ajenjo..37
Akari..133
Al Gore 91
Alaska...142
Alemania.........87, 91, 101, 195, 241, 242
Alexander Pope..................................165
algas..110, 111
Algas...65
Alpes...101
Álvarez..238
América 25, 33, 39, 42, 60, 82, 89, 91, 96, 98, 99, 100, 101, 114, 119, 133, 143, 151, 152, 153, 154, 162, 171, 191, 193, 195, 196, 197, 198, 199, 200, 201, 202, 210, 226, 227, 237, 250, 279
Amundsen-Scott............................6, 133
Andersen..58
Antártica..................................6, 114, 116
Apalaches...209
Arabia Saudita......................37, 195, 197
Arca.......................................70, 139, 152
Armstrong...128
arroyo Ebenezer...................................81
ASTRO-F...129
Aterrador..5, 37
Atlántica..109
Atlántico86, 88, 89, 90, 91, 92, 93, 94, 95, 96, 98, 100, 101, 115, 143
Atlántida..153
Australia..6, 131
Austria..101
Bangladesh..114
Barcelona...100
Bélgica..115
Betadine...216
Biblia.5, 35, 36, 37, 39, 40, 41, 51, 52, 53, 54, 56, 58, 70, 273, 277, 283, 285
Biblia Kolbrin.4, 21, 24, 35, 36, 37, 38, 39, 41, 42, 48, 51, 52, 53, 54, 56, 57, 58, 63, 64, 65, 66, 127, 134, 163, 167, 203, 273, 274, 275, 276, 277, 278, 279, 293, 294, 301
Biblia Kolbrin 41, 273
Bíblica..............................4, 39, 56, 63, 64
Bíblicas.....................................27, 51, 52
Bíblico..56
Bombardeo Intenso Tardío...................55
Bombay..103
Botnia...110
Bretaña..86, 87
Brújula Moral......................................162
Bulgaria..101
Bunker..152
Burdeos..88
Bush......................................82, 83, 226
calendario maya...................................24
California......54, 55, 95, 98, 99, 100, 141, 283

Cáncer.................31, 176, 261, 283, 284
Caribe.........................86, 89, 93, 142
Carl Sagan...........................245, 255
Caronte.......................................127
Cassini.......................................128
Cataclismo..................................238
Catástrofes................................240
Catastrofismo................70, 235, 238
Cayce............41, 42, 53, 54, 55, 56, 285
Chandra X-Ray............................135
Chernobyl...................................191
Chicxulub......................235, 237, 238
Chile...................................131, 133
China.............93, 112, 197, 201, 202, 227
Christy.......................................127
cinturón......................................266
Cinturón de Fuego......................209
cinturón de Kuiper........14, 257, 265, 266
Ciudad de Oklahoma..................97, 98
clase-Y................173, 174, 179, 185
Clemente III..................................31
Clinton................................150, 226
CO2...............108, 109, 112, 113, 114
Código de Dresden........................24
Códigos Fuentes Abiertos...........252
Coelbook......39, 274, 275, 276, 277, 278, 279
Cometa............................29, 33, 258
Cometas......................................264
Compton Gamma Ray..................135
Consumismo...............................161
Cooper..83
COROT..................................129, 136
Creacionismo.......................235, 236
cromañones...............................231
CS............................163, 164, 179
cuchillo Buck..............................215
Cuvier...238

Danubio......................................101
Darfur...198
Darwin..................................58, 238
Darwinismo....................235, 236, 238
Davis.....................................81, 265
Dennis....................................90, 91
Destructor 5, 36, 37, 63, 65, 163, 167, 278
Día Después de Mañana..94, 96, 98, 107, 115
Diluvio..............41, 52, 54, 55, 57, 275
Dinamarca..................................115
Dominio..75
Druida...277
druidas..5
Druidas.......................................275
DUMB..................148, 149, 152, 154
Ecosistema..............................75, 76
Edom..37
Efemérides.................................130
egipcio...64
Egipto...37, 42, 44, 45, 46, 47, 52, 60, 62, 64, 273, 276, 278, 282
Eisenhower................................195
El Diluvio.....................................52
El Gran Libro...38, 42, 273, 274, 276, 278
Elba...101
ELE..54, 55
Elíptica..14
EMC......27, 120, 122, 124, 130, 172, 173, 174, 175, 176, 179, 185
Emily.....................................90, 91
EMP.....................185, 186, 187, 188
Enana Marrón........................29, 135
Enfield.......................................226
Enrique II.................38, 274, 277, 278
Entrada en Tierra.....................89, 95
EPA..............................150, 151, 152
Eris..4, 266

ESA......19, 119, 120, 123, 124, 125, 128, 129, 136
Escape..........................210, 211, 212, 218
Eslovaquia..101
Estados Unidos......................................195
Estados Unidos de América 146, 148, 283
Estrella Barbuda......................................31
Estrella con Barba................................284
Europa....86, 87, 89, 96, 98, 99, 100, 101, 102, 113, 115, 119, 133, 171, 172, 193, 200, 210, 215, 227, 273, 278
Éxodo.....5, 24, 38, 42, 43, 44, 51, 52, 58, 59, 62, 63, 64, 65, 66, 167, 273, 275, 276, 278, 282
Extra-tropical..................................86, 87
extra-tropicales......................86, 88, 100
Extra-tropicales.............................86, 89
Eyección de Masa Coronal.........124, 172
FEMA...142, 164
fenicios....................38, 273, 274, 278
Finlandia..110
fitoplancton.................................109, 249
Florida...............60, 90, 91, 115, 208, 210
fósforo..60
Francia...............31, 86, 87, 88, 113, 225
Freedom of the Seas..................141, 143
Fresco..229, 250
Fujita..97, 98
Gafas de Protección............................221
Gaia..239
Galileo..128
Galle..5, 260
Génesis. 53, 54, 55, 57, 62, 139, 235, 236
Glastonbury............38, 52, 274, 277, 278
Godschild Covenant..........209, 210, 301
golfo................................93, 110, 115, 150
Golfo.................87, 89, 91, 101, 114, 196
Gorinchem..........................102, 103, 104
GPS..185
Gran Depresión.....................................250
Gran Libro..38, 42, 48, 163, 273, 274, 278
Groenlandia...................................114, 116
Hale-Bopp........................29, 33, 258
Hannity...82
Hanok..40
Hawking............................136, 137, 291
hebrea...........................52, 58, 59, 63
hebreo............................42, 58, 61, 63
Hebreo..37
hebreos........24, 38, 42, 52, 59, 62, 63, 66
Heisenberg...236
Henoch...40
Herschel.....................5, 129, 134, 260
Hierbas Medicinales...................204, 293
Hierro..109, 178
Holanda..301
Hopi...171
Hopper.............................150, 151, 152
Hubble....................129, 135, 136, 264
Huracán....82, 86, 87, 89, 90, 91, 92, 142, 196
Huracanes..90, 91
Idaho...150
India....................102, 103, 192, 197, 227
Índigo...........241, 242, 243, 245, 252, 253
Índigos.............................241, 244, 245
Infrared..134
Infrarrojo..........6, 121, 129, 130, 131, 132
Infrarrojo 121, 132
Infrarrojos...15
Instituto Max Planck............................241
Instituto Max Planck 242
Intuición..165, 167
Inundación. 40, 41, 51, 52, 53, 54, 70, 139
Inundación 53
Irak..196, 198

IRAS....6, 15, 16, 129, 131, 132, 133, 134
Israel................36, 37, 42, 45, 46, 47, 195
ISS...171
Japón.....93, 119, 133, 171, 193, 195, 283
Jardines de la Victoria.........................203
jaula de Faraday...........................187, 188
Jaulas de Protección....................186, 188
JAXA.............19, 119, 120, 124, 128, 129
Jenner..51, 63
Jeremías..36
Joel...37
José de Arimatea....................................38
Júpiter...7, 14, 15, 19, 128, 134, 135, 136, 258, 260, 261, 263, 265, 266, 284
KA-BAR..215
Katrina......82, 83, 86, 87, 89, 90, 91, 101, 142, 196, 198, 210
Kellogg...150, 151
Kennedy...202
Kolbrin..273
Kotcheff..164
Kozai........29, 33, 285, 287, 288, 289, 290
Kuiper..266
Kuwait...196, 197
lago Groom..145
Le Verrier...5, 6, 8
Leatherman...................................215, 223
Ley Patriótica..226
Libro de Bronce....36, 37, 38, 41, 48, 274, 275, 276, 278, 279
Libro de las Revelaciones......................37
Lincoln..81, 117
Linterna..219
Los Gatos...209
Lothar.........................86, 87, 88, 93, 210
Lowell...6, 127
Luisiana......................60, 90, 91, 196
Luna........24, 72, 127, 258, 263, 264, 266

Madre Shipton.......................33, 285, 291
Malaquías...31
Manuscritos....36, 37, 38, 48, 64, 65, 163, 167, 276
Marte......7, 8, 14, 19, 128, 137, 152, 257, 258, 262, 263, 265, 266
Martillo...226
Martin..87, 88, 93
Mauser...226
Maynard...133
Medio Oriente......................191, 196, 198
Mensa.....................................242, 243, 301
Mensajeros de la Muerte.....................163
Mercurio...7, 125, 258
México.......90, 91, 93, 142, 146, 152, 238
Miami...115
Mina Bunker..................................150, 151
Mina Bunker Hill...........................150, 151
mina del Rand del Este.......................148
Mirrinita..149
Mississippi....................................90, 111
Mochila..214
Mochila de Escape..............219, 222, 224
Moisés.......42, 44, 45, 46, 47, 52, 63, 278
Moison Nagant....................................226
Naciones Unidas. 146, 148, 149, 153, 234
NAFTA...153
NASA..3, 6, 17, 19, 21, 85, 119, 120, 123, 124, 125, 126, 127, 128, 129, 135, 136, 152, 217, 259, 263
Nautilus...145
NCAR..113
Nellis..145, 148
NEO...238
Neptuno..3, 5, 6, 7, 8, 127, 128, 258, 260, 261, 264, 266
Nibiru.................4, 35, 209, 247, 275, 301
Nilo.............................59, 60, 61, 62, 64

Nixon..151, 195
Noah..150
Noé...4, 39, 40, 41, 51, 52, 54, 56, 57, 70, 72, 73, 137, 139, 140, 143, 275
Nostradamus....29, 31, 33, 135, 283, 284, 285
Nueva Orleans....82, 87, 89, 90, 101, 114, 142, 196
Nueva York....82, 114, 172, 199, 204, 259
Nueva Zelanda...........................131, 279
Nuevo Orden Mundial.......................146
O'Reilly...82
Observatorio de Dinámica Solar.........120
Observatorio de Marte.......................128
Observatorio Dinámico Solar.........19, 125
OPEP......................................195, 197
Oriente Medio...................................197
Oscar Wilde......................................210
Oxígeno..112
Pacific..141
Pacific Princess................................141
Pacífico 93, 94, 96, 98, 100, 199, 209, 237
Países Bajos.....................102, 115, 132
Pasajes........................41, 54, 56, 276
Pathfinder..128
Pavlov..161
Pearl Harbor....................................195
Pedro el Grande........................233, 234
PEM..174, 176
perihelio..14
Perihelio..14
Piedra Rosetta........................51, 52, 63
Pioneer..128
Planeta X 1, 3, 4, 5, 6, 7, 8, 13, 14, 15, 16, 17, 19, 21, 24, 25, 27, 29, 31, 33, 35, 36, 37, 38, 39, 41, 49, 51, 52, 59, 60, 63, 65, 66, 69, 70, 71, 72, 78, 81, 119, 122, 123, 125, 127, 128, 130, 131, 132, 133, 134, 135, 139, 140, 143, 144, 145, 150, 152, 154, 167, 179, 193, 197, 198, 202, 231, 233, 234, 237, 238, 239, 247, 248, 249, 251, 253, 257, 260, 261, 266, 272, 275, 281, 282, 283, 284, 285, 287, 289, 290, 291, 301
Plutón. 4, 6, 8, 14, 16, 127, 135, 258, 260, 261, 264, 266, 282, 284
Primera......................................164, 167
Primera Sangre.................................162
Primeros Auxilios..............................223
Proba-2.....................19, 120, 125, 133
Pronóstico...13, 16, 17, 19, 21, 24, 27, 29, 31, 33, 260, 281, 287, 301
Proyecto Genoma Humano.................240
punto de Lagrange............................123
Queen Mary...............................141, 143
radar Doppler.............................98, 208
Radiación....121, 129, 174, 176, 223, 240, 241
radiactivas..218
Rambo 159, 162, 163, 164, 167, 168, 169, 179
Rayos-X....................120, 121, 122, 174
Reagan......................................234, 235
Redwood..237
Reino Unido.....................................132
República Checa..............................101
Reserva Federal...............................250
Revolución Verde..............189, 194, 195
RFID...250, 251
Richter..54
Rin..101
Rita..90, 91, 93
Rivera...82, 83
Robert Burns....................................240
Roddenberry..............247, 248, 250, 252
Roddenberry....................................250
Rumanía..101

Rusia..101, 234
Saffir-Simpson...................................87
Sagitario....................................15, 261
San Francisco.................54, 55, 56, 209
San Petersburgo.............................234
Sangrienta................................164, 167
Santorini..............................62, 64, 282
Satélite...................................6, 15, 132
Satélite Solar..........................120, 125
Saturno. 5, 7, 17, 128, 132, 136, 258, 260, 261, 263, 284
Schneider...145, 146, 147, 148, 149, 150, 153, 154
schreibersita..............................60, 63
Selva Negra......................................87
Shakespeare..................................236
Shepard Smith.................................82
Sherman...81
Sierra Nevada................................209
Simpson.....................................64, 87
Singer...204
Sitchin....................................4, 35, 247
SOHO....19, 120, 123, 124, 125, 171, 258
Sol 1, 3, 7, 8, 13, 14, 15, 17, 19, 21, 24, 27, 29, 31, 33, 119, 120, 121, 122, 123, 124, 125, 127, 128, 130, 132, 135, 140, 171, 172, 173, 174, 178, 179, 193, 194, 201, 212, 240, 241, 242, 243, 244, 257, 258, 259, 260, 261, 262, 263, 264, 265, 266, 281, 282, 283, 284, 288, 289, 290
solar....261, 262, 264, 265, 266, 272, 281, 282, 283, 285, 290, 291
Solar.....3, 6, 7, 13, 17, 19, 21, 24, 27, 33, 119, 120, 121, 123, 124, 128, 133, 176, 240, 241, 257, 258, 259, 263, 265
solares...........22, 200, 201, 259, 263, 283
Solares. 19, 120, 122, 123, 128, 173, 175, 257, 259

Spitzer....................................129, 135
SPT...................................6, 133, 134
Stallman..252
Stallone..................................162, 164
Star Wars......................................166
STEREO..................................120, 124
Sudáfrica.......................................148
Suecia.....................................110, 148
Suiza.................................87, 101, 225
sumerios.....................................35, 247
suministro de 90 días....................193
suministro de 90 horas.............193, 194
suministro para 90 días................192
Tanaj..37
Teléfonos Móviles..........................181
Telescopio del Polo Sur.......6, 15, 17, 133
terremotos....................................271
Terremotos.............................267, 271
Texas..91, 196
The Matrix......................................236
Titanic.....................106, 107, 110, 190
Toma de Conciencia de Situación.......164
Tombaugh...........................6, 127, 260
Tora 24, 52, 53, 55, 57, 58, 60, 62, 63, 66, 235, 278, 301
Tormenta..................119, 127, 128, 133
Tormenta Solar....127, 128, 133, 172, 179
Tormentas Solares.................171, 174
Tornado...97
Torvalds..252
Tsunami..209
Ulysses..................................120, 123
uniformismo..........................235, 238
Universidad de Oulu......................241
Uranio...149
Urano...3, 5, 7, 8, 127, 128, 260, 261, 264
USA..141

UV 120, 121, 122, 129, 130, 132, 174, 176, 217, 220, 221
Valle del Silicio..................................209
Velas..203
Velikovsky..238
Venera...128
Venezuela..................................197, 225
Venus................7, 21, 128, 250, 258, 262
Verdad Incómoda................................91
Verdugo..65
Vikingo..128
Voyager.....................................128, 264
Wal-Mart....................199, 200, 201
Wilma.....................................90, 91, 92

WISE..129, 134
Wormwood..6, 7
X-Ray..135
X-UV.................................120, 121, 122
Y2K..........................190, 191, 193, 194
Yellowstone..24
yodo...218
Yodo...216, 223
Yom Kipur..195
Yucatán......................................91, 238
Zeitgeist....................................236, 248
Zodíaco...............14, 257, 281, 283, 290
Zonas de Seguridad..........................182
Zonas Seguras............................179, 181

www.ingramcontent.com/pod-product-compliance
Lightning Source LLC
Chambersburg PA
CBHW081416230426
43668CB00016B/2251